U0276143

THE ROAD TO RELATIVITY

相对论之路

HANOCH GUTFREUND&
JÜRGEN RENN
[以色列] 哈诺赫·古特弗罗因德 著
[德] 于尔根·雷恩 著
李新洲 翟向华 译

CTSK 湖南科学技术出版社

依据已经获得的知识，这个令人快乐的成就看起来几乎是理所当然的，而且任何聪明的学生都能不费力气地掌握它。但是，那些充满强烈渴望的人，多年来，在黑暗中焦灼地探索，时而信心满满，时而精疲力竭，最终沐浴在光明之中——只有经历过这些的人，才有深刻的体会。

阿尔伯特·爱因斯坦，1934 年

《关于广义相对论起源的注记》

目录

下述用纤黑字体标记的标题是爱因斯坦手稿原件中的标题（正文未录入）；标题中注释页编码与原摹本页一致。

出版按语

我们向本书作者道贺，祝贺他们的首创精神，他们将爱因斯坦的最大智力成就——广义相对论的历史和意义呈现在非专业读者面前。本书是两位作者学术努力的成果，在这里，他们的隶属机构还承载着额外的象征价值。爱因斯坦、耶路撒冷的希伯来大学和马克斯·普朗克学会组成了一个值得关注的三角关系。

爱因斯坦是耶路撒冷希伯来大学的一位缔造者。他是校理事会成员与首任学术委员会主席。1925 年，在希伯来大学的落成典礼上，他发表了一个目标宣言，他写道，“大学是展现人类精神普适性的地方”，并祝愿“我们的大学将迅速发展成为一个伟大的精神中心，并引起全世界文明人类的尊重”。这一愿景已得到全面实现。

1950 年，爱因斯坦深切地表达了他对希伯来大学的终身承诺：他将他自己的真正财富——他的个人论文和文学遗产——捐赠给希伯来大学，这里是他的智力遗产的永恒家园。今天，由它们组成的爱因斯坦档案馆，构成了人类至为重要的文化资产。它的馆藏是独一无二的——由大量的手稿、丰富的函件和有关爱因斯坦的各类附加材料组成。档案中的这些材料，清楚地显示了爱因斯坦的科学工作、政治活动和个人生活的方方面面。这些文件能使学者们追踪引领爱因斯坦通向广义相对论的思想发展。本书的主题正是这样的智力之旅。

1915 年，爱因斯坦将他的广义相对论递交给普鲁士皇家科学院。1917 年，他成为威廉物理研究所的所长。在新理论的一个预言被证实后，《柏林画报》（*Berliner Illustrirte Zeitung*）将爱因斯坦的照片放在最显著的位置，骄傲地宣布他是“世界史上的新名人”。当纳粹掌权后，所有这些欢呼喝彩都悲凉地收场了，爱因斯坦和他的许多犹太裔同事一样，在自己的祖国变得无家可归。在纳粹德国垮台以后，纳粹的政策和意识形态给国家、民族和个人造成的巨大痛苦，众目昭彰，所以爱因斯坦多次拒绝了返回德国的邀请和建议，拒绝重新加入德国的科学机构。例如，接替威廉学会而新建了马克斯・普朗克学会的会长哈恩（Otto Hahn）① 邀请爱因斯坦加入，他的拒绝明白而干脆。1947 年，爱因斯坦还拒绝同意在德国出版任何著作。直到 1954 年，他才转变了态度，同意出版他的科普作品《狭义和广义相对论》的新德文版。

1959 年，还在德国和以色列建交之前，马克斯・普朗克学会就倡导与以色列的魏茨曼 ② 研究所建立合作交流关系。这些联系是两个国家长期且富有成效的学术合作的开端。当前，马克斯・普朗克学会的研究人员与他们的以色列同事一起致力于 88 个联合项目。在这些项目中，大约四分之一的科学家来自希伯来大学，这充分说明了两个科学机构之间的协作是多么密切。新近，"马克斯 · 普朗克希伯来大学活动大脑感觉加工中心"建立了，我们已合力使人们对大脑的功能砖块——神经回路，有了更进一步的了解。

包括戈尔姆的爱因斯坦研究所、柏林的科学史研究所在内的几个马克斯・普朗克学会的研究所，都在对本书的主题广义相对论、它的推论以及它的历史进行探究。在 1999 年到 2005 年间，马克斯・普朗克学会实现了一项大规模历史研究项目，调查它的前身学会如何介入了纳粹罪行。为了纪念爱因斯坦"奇迹年"一百周年，本书作者代表普朗克学会和希伯来大学双方，合作举办了 2005 年"阿尔伯特・爱因斯坦——宇宙的总设计师"柏林展。广义相对论发现 100 周年给我们两家机构带来了再次合作，激励了两位作者写作本书。我们感谢这一雄心勃勃的计划。

梅纳希姆・本–萨松教授（Professor Menachem Ben-Sasson）
耶路撒冷希伯来大学校长
马丁・斯特拉特曼教授（Professor Martin Stratmann）
马克斯・普朗克学会会长

---

① 哈恩是德国化学家，因在1938年发现核裂变现象而获得诺贝尔化学奖。他采用意大利物理学家费米的方法，用中子轰击天然重元素，研究得到放射性产物，从而证实核裂变现象。第二次世界大战后，他担任普朗克学会会长，他还开展了反对进一步发展和研制核武器的运动。—— 译者注

② 哈伊姆・魏茨曼（Chaim Weizmann）是以色列第一任总统，世界犹太复国主义组织主席。生于俄国一个贫穷工人家庭。第一次世界大战为英国军火工业做出了贡献。当时急需丙酮，他发明从玉米中提炼这种溶剂的方法，成为闻名遐迩的化学家。这有助于促使英政府发表贝尔福宣言，主张在巴勒斯坦建立犹太人国家。1948年以色列国正式成立。—— 译者注

前言

> 你认为相对论的最本质思想是向狭义相对论的转变，而不是向广义相对论的转变。我的想法与你恰恰相反。我认为最本质的事是克服了惯性系，一件作用于所有过程而不经受反作用的事情。原则上，这个观念并不比亚里士多德物理学中的宇宙中心观念更好。[1]

在爱因斯坦 1915 年发现广义相对论百年庆之际，出版本书是最合时宜不过了。这是标志相对论由狭义向广义飞跃的论文的注释本。本书的两位著者是有名望的学者，足以胜任他们的任务：哈诺赫·古特弗罗因德（Hanoch Gutfreund）参加了爱因斯坦狭义相对论 1912 年手稿精美摹本[2]的出版工作，该摹本含有重构狭义相对论发展的一些缺失环节；于尔根·雷恩（Jürgen Renn）是爱因斯坦 1912 年苏黎世笔记[3]的主要编辑，这是一份重构广义相对论发展的关键文献。

必须强调广义相对论发展历程中蕴含着革命性。从多方面来看，广义相对论所经历的发展对传统物理学的破坏，要比从伽利略-牛顿物理学到狭义相对论所产生的破坏大得多。在此，我们从三步着手讨论。

1. 首先，不再存在时空“真空”区域这样一种实在。不管怎样，总是存在一种时间-几何场（度规），使理想的尺和钟的行为规则化，并且存在一个协调的惯性-引力场（联络），使物体的不受力运动规则化。空间和时间是绝对的还是相关联的？在这个由来已久的争论中，现在要坚持绝对主义立场看来是很困难的。正如爱因斯坦所说的：

> ［度规张量分量］不仅描述了场，同时也描述了流形的拓扑和度量结构性质。……不存在真空，即不存在没有场的空间[4]。

利用下面这个古老的隐喻：

> 代替时间和空间作为舞台，物质在舞台上展演戏剧的老想法，我们必须想象一些超现代的剧场，在那里舞台变成了演员之一[5]。

第一步可以说成：不存在没有演员的空舞台。

2. 继续这个隐喻，我们可以说这些时空结构不再组成一个固定的舞台，以使物质和场的不同戏剧在其上演出，而是舞台和演员互相影响。新的戏剧需要新的舞台。不仅时空的局域结构（在流形的有限补丁的意义上）动态化了，而且它的整体结构（在整个流形拓扑学的意义上）不再需要先验给出。对于引力场方程的每一个局域解，人们必须确定与这个局域时空结构相容的最大扩充流形的整体拓扑[6]。

3. 最后，舞台没有独立于剧情的自身特性。相同的剧情不能在舞台的不同部分上演：当演员在舞台上运动时，他们带动着舞台一起运动。更直白的表达就是，裸流形上的点，不存在能将一个点与另一个点区分开的内在性质，这样的区别依赖于场和物质的出现。许多广义相对论的教科书仍将这些裸点称为“事件”，这正如以前的所有物理理论那样，不正确地建议了点是先验地在物理上个体化的，使这个真正革命性的特征模糊不清了。

这三步合起来产生了背景无关理论的概念：没有演员，就什么都没有。爱因斯坦这样说道：

> 时空并不声称自己存在，而仅仅是作为场的一种结构特性。

倘若我们考虑另外的空的区域，其中仅仅给定了时间-几何度规和对应的惯性-引力联络，那么这样区域的点，只能由这些场的性质个体化，而不能由别的任何东西个体化。

我新近以如下方式论述这个观点：

> 理论物理学中至关重要的发展之一，是将依赖于固定的、非动力学背景时空结构的理论，改变成背景无关理论，在这个背景无关理论中，时空结构本身是动力学实体。……时至今日，许多物理学家与哲学家尚未完全理解这个发展的意义，更不用说在实践中接受它了。人们必须假定，在时空的空区域中，点固有的个体特性，实际上是它们之间的任何空-时关系，无不依赖于某个度规场的存在……于是，广义相对论成为首个完全动力学的、背景无关的时空理论[7]。

但是，人们绝不能认为这就是故事的结尾。记住温斯顿·丘吉尔（Winston

Churchill）① 不朽的话语："现在不是结束。甚至不是结束的开始。或许这是开始的结束[8]。" 回溯历史，1915 年论文是爱因斯坦史诗[9]的顶点；展望未来，这是一个仍在进行的智力旅程的第一步。就如众多的其他基础论文一样，它起到了节点作用，既总结了过去，又为未来展现了广阔的前景。

甚至在爱因斯坦取得非凡成就的时刻，他也从不怀疑这一点。在 1916 年，他写道：

> 看来量子论不仅要修正麦克斯韦的电动力学，而且也要修正引力新理论[10]。

量子场论方法与广义相对论结构之间存在一个熟知的矛盾。非广义相对论性理论的量子化方法基于存在一个固定的运动学背景时空结构，为所有事件提供了在哪儿和在何时。这种时空结构是将动力学理论的形式论进行量子化所必需的，同样重要的是，这个时空结构也是给出这个动力学理论的物理解释所必需的：如果一个预备了这里和这时的系统是从属于某个动力学相互作用，在这个系统上测量的那里和那时的结果会是什么呢？

广义相对论并不适用于这个模式。广义相对论是一种背景无关的理论，没有固定的、非动力学的结构，因此它没有独立于它的动力学的运动学。在广义相对论这样的理论中，这里和这时，以及那里和那时，不是对系统提出的问题的一部分，而是给出的答案的一部分！

然而，还有希望存在：人们常常没有足够强调，广义相对论与狭义相对论性的量子场论共享了一个基本特征：过程重于状态。四维方法强调了时空区域中的过程，这个方法对于两者而言都是基本的。研究量子引力的理想方法，就将是以过程为主的量子化背景无关方法[11]。

寻找这种方法的挑战仍有待解决。然而，正如爱因斯坦早就认识到的，即使找到了爱因斯坦引力场方程令人满意的量子化方法，仍然不是故事的结尾。他在 1917 年早期写道：

> 但是，我毫不怀疑这一天或迟或早会来临，（引力的）这种构想方式将使它不得不让位于另一种引力理论，那将是从根本上与之不同的，我们今日甚至无法想象它的构想理由。我坚信理论的深化过程将是无止境的[12]。

约翰·施塔赫尔
（John Stachel）

---

① 丘吉尔（1874—1965），英国保守党政治家、作家、首相，第二次世界大战期间领导英国人民对德作战，著有《世界危机》《第二次世界大战》《英语民族史》等，获1952年诺贝尔文学奖。—— 译者注

注释

［1］1954年1月19日爱因斯坦致雅菲（Georg Jaffe），收于 John Stachel，*Einstein from 'B' to 'Z'*，p.294。

［2］1912年狭义相对论手稿：摹本（New York：George Braziller，1996）。

［3］Jürgen Renn 编，《广义相对论起源》，4-vol.set，in *Boston Studies in the Philosophy of Science*，vol.250（Dordrecht：Springer 2007）；Michel Janssen，John Norton，Jürgen Renn，Tilman Sauer，and John Stachel，vol.1：爱因斯坦苏黎世笔记：引论和源；vol.2：爱因斯坦苏黎世笔记：评注和短文。

［4］爱因斯坦，"相对论和空间问题"，in *Relativity：The Special and General Theory*，*Appendix V*（New York：Crown 1952），p.155。

［5］参见爱因斯坦的"奥德赛：从狭义相对论到广义相对论的旅程"，*The Science 19*（*1979*）：14–15，32–34；重印于 *Einstein from 'B' to 'Z'*，pp.225–232。

［6］如果扩充不是唯一的，扩充的准则必须预先给定。

［7］John Stachel，"洞论据"，*Living Reviews in Relativity*，http://www. livingreviews.org/lrr-2014-1，sec.1，"我们应当小心？"

［8］1942年11月9日丘吉尔在伦敦市长官邸市长午餐会上的讲话。

［9］参见爱因斯坦的"奥德赛：从狭义相对论到广义相对论的旅程"，*The Science 19*（*1979*）：14–15，32–34；重印于 *Einstein from 'B' to 'Z'*，pp.225–232。

［10］《引力场方程的近似积分》，收于爱因斯坦全集，vol.6，Alfred Engel 译，*The Berlin Years：Writings 1914–1917*（English translation supplement），Princeton University Press，1977，pp.201–209。

［11］进一步的讨论参见 John Stachel，"洞论据"，*Living Reviews in Relativity*，http://www. livingreviews.org/lrr-2014-1，sec.6.4，"量子引力问题"。

［12］1917年4月4日爱因斯坦致克莱茵（Felix Klein），收于爱因斯坦全集，vol.8A，Princeton University Press，1998，p.431。

序

本书展示了爱因斯坦 1916 年广义相对论典范论文的手稿摹本，它可以看成是一个人的头脑所能造就的最复杂的智力成就。

为了引导缺少专业知识的读者顺利阅读爱因斯坦的论证，每一页爱因斯坦手稿都伴有短文，提供了广泛的知识和历史背景。解释性文本适用于特定页面上的主题和相关历史背景。不同类型的评论是由排版风格来区分的。为了不打断流畅阅读每页短文，与每页内容有关的参考文献信息和进一步阅读建议放在本书最后。

在手稿复印件之前，是一篇综合的历史导论，解说了广义相对论如何演化成一个成熟的理论。导论和伴随手稿的文字本质上讲述的是同样的故事，但是它们的风格不同，方式也不同，有时还在不同的层次上进行阐述。希望这种双重方式，有助于读者见仁见智，从不同角度去欣赏进展，也有助于读者或车或舟，选择喜爱的追随途径。

以爱因斯坦的手稿作为背景来讲述这个故事，其优点在开场白“手稿的魅力”中解释了。在这个开场白中，也讲述了手稿如何从它的诞生地柏林移送到耶路撒冷的希伯来大学，并在那里永久保存下来。

手稿之后是一个附言，描述了理论完成的余波以及相应的宇宙学蕴涵。爱因斯坦在 1916 年所发表的论文，实际上并不代表他在广义相对论一些问题上的最后观点。为了帮助读者在 1905 年到 1932 年之间的发展中定位，我们提供了一条时间线，这个时间线覆盖了广义相对论的创始和形成岁月。为使读者具备更扎实的科学背景，本书还附加了两篇爱因斯坦 1916 年的论文。

另一个有用的部分是汇集了与爱因斯坦思想相关的科学家和哲学家，其中包括他们的肖像和生平简介。这个汇集清楚地表明了正文所传达的信息：当爱因斯坦为创造新的引力理论而努力奋斗时，他与朋友和同事之间维持了一个广泛联系交流的网络。我们感谢卡斯塔内蒂（Giuseppe Castagnetti）撰写了这些简历，同时感谢希尔基（Beatrice Hilke）在肖像方面给予的协助。

本书讲述的故事是科学史上最重要的转折点之一，慕名者众而知其者寡。本书尝试用一种易于接受的方式，为广大读者讲述这一进展过程。

我们特别选择用劳伦·陶丁（Laurent Taudin）的卡通画来作为文字的插图，以创造轻松的氛围、逸闻的趣味。我们感谢劳伦的创造性，也感谢他惊人的把握主题精髓的能力。

我们感谢普林斯顿大学出版社的格纳里希（Ingrid Gnerlich），在他引导下，我们通过了本项目的各个不同阶段，也感谢普林斯顿大学出版社聘请的匿名审阅人，我们采纳了他们的建议。特别感谢我们的同事和朋友爱森斯塔特（Jean Eisenstaedt）、舒尔曼（Robert Schulmann）和舒茨（Bernard Schutz），他们一丝不苟地审读了手稿的早期版本。特别感谢我们的朋友詹森（Michel Janssen）和施塔赫尔（John Stachel），他们的建议对改进正文十分有益。

我们感谢希伯来大学爱因斯坦档案馆工作人员的帮助，特别感谢格罗斯（Roni Grosz）主任、沃尔夫（Barbara Wolff）和贝克（Chaya Becker）。我们也感谢爱因斯坦论文项目（Einstein Papers Project）的主编科莫斯–布克沃尔德（Diana Kormos-Buchwald），她允许我们从《爱因斯坦全集》已出版的各卷中广泛引用，同时也感谢她个人在我们工作中一直给予的鼓励。

对于直接和间接参与的两个机构，本项目欠下了特别的人情债。希伯来大学允许我们使用手稿和其他档案材料，而马克斯·普朗克科学史研究所是本项目的诞生地。我们由衷地感谢这两个机构的支持。

最后，我们向迪瓦奇（Lindy Divarci）致以最诚挚的谢意，她给予我们难以估量的编辑援助和专业支持。

手稿的魅力

在人类历史中，重要文献的手稿以及名人信件和著作的印刷品比比皆是，唾手可得。尽管如此，手写的原件仍保持着它的魅力，引起人们的兴趣并且还有着美学的感染力。它们在展览会上被展示，抑或在拍卖会上公开为收藏家购置。面对这些原件，犹如作者亲临，让我们目睹他们的工作过程。正如本杰明（Walter Benjamin）在《机械复制时代的艺术品》这本书中所描述的那样，原件手稿和它的印刷品之间的差异，就类似于艺术品和它的复制品之间的差异。他在书中写道："即使是最完美的艺术品复制件，总会缺失一个要素：它恰好在它所创生的时间和空间的独特存在。"[1]

爱因斯坦在职业生涯的早期阶段，并未意识到手写工作的这一特性，通常是文章一经印刷出版，就将手写原稿处理掉了。因此，1905 年他的"奇迹年"论文的手稿荡然无存。不过，现存有关于狭义相对论 1905 年论文《论动体的电动力学》的手写版本[2]。那是在 1944 年，为了对战争作贡献，爱因斯坦重新手写了这篇论文并拿去拍卖。手稿被拍卖并筹集了 650 万美元。该手稿现为美国国会图书馆所拥有。

现存爱因斯坦最早的科学手稿，是一篇长达 70 页的关于狭义相对论的综述文章。这是由《放射学手册》（*Handbuch der Radiologie*）编辑约稿的文章，这本刊物是发表不同科学领域进展综述文章的年刊。由于出版延迟和第一次世界大战爆发，这篇文章一直没有正式发表，手稿一直保管在出版商那里。多年以后的 1995 年，手稿在纽约苏富比拍卖行进行拍卖。银行家萨福拉（Edmond Safra）买下了手稿，作为支持杰出市长"泰迪"先生①（Theodor "Teddy" Kollek）的一种姿态，他将手稿捐赠给在耶路撒冷的以色列博物馆。博物馆为每一页手稿加了框并悬挂起来，作为艺术品展示，吸引了大量观众[3]。尽管大多数参观者不了解手稿的内容、语言，甚至

① 泰迪是Theodore Edward的昵称，是指维多利亚女王之子，大不列颠和爱尔兰国王（1901—1910），讲究穿着，性喜交际。在现代英语中，引申出泰迪熊、泰迪女孩和泰迪市长等新词组。这里是指20世纪90年代耶路撒冷的市长狄奥多・科莱克。——译者注

不能辨认字迹，但他们仍然津津有味，流连忘返，着迷于展览。这就是手稿产生的效应。

本书中的手稿复印件，记录了爱因斯坦通往广义相对论智力之旅的结论[4]。大约在递交理论的最后版本给普鲁士皇家科学院之后的两个月，爱因斯坦给洛伦兹的信中写道：“我的一系列引力论文，犹如一条又一条的山路，虽然崎岖，却使我逐渐接近了目标。这正是最终的基本公式是完美的，但推导过程却不讨喜的原因；必须消除这个缺陷。”[5]爱因斯坦认为推导过程的复杂性是可以避免的，但未及清除其复杂性，他在 1916 年 3 月 19 日，将手稿提交给当时的物理学领头刊物《物理学杂志》(*Annalen der Physik*)的编辑维恩(Wilhelm Wien)①。在投稿信中，爱因斯坦告知编辑，他也同这本刊物的出版商讨论过，希望能另外出版一本这份手稿的单行本小册子。当年 5 月 11 日，《广义相对论基础》这篇文章在《物理学杂志》上发表，同时也出版了单行本。

1920 年 5 月 11 日刊印的《广义相对论基础》封面的影印件，取自 MPIWG（马普科学史研究所）图书馆。

广义相对论手稿是现在位于耶路撒冷的希伯来大学爱因斯坦档案馆珍藏品的一部分。手稿是如何到达那里的？这是一个极为复杂的故事，详情并非完全明了。据说，爱因斯坦将手稿交给了他的朋友，物理学家和天文学家弗雷温德里希(Erwin Freundlich)，当时他们正在进行对话，是关于新引力相对论性理论所预言现象的可能观测检验问题。1920 年，弗雷温德里希是爱因斯坦慈善基金会创建人之一，基金会资助了位于波茨坦的爱因斯坦塔的建造，上述观测检验将在这里实施。我们并不知道是什么时候以及为什么，爱因斯坦将手稿给了弗雷温德里希。这份“礼物”后

---

① 维恩(1864—1928)是德国物理学家，因发现黑体辐射位移律，获1911年诺贝尔物理学奖。维恩定律的精确度对较长波长会降低，经普朗克进一步研究，得到了辐射的量子论。维恩1899年任吉森大学教授，1920年任慕尼黑大学教授。他对阴极射线、X射线和极隧射线的研究也做出了贡献。著有《流体力学》《极隧射线》等。——译者注

来变成了他们之间的争吵点。1921 年 12 月底，这两位同行兼朋友之间的关系开始恶化。爱因斯坦辞去了基金会理事，并要求弗雷温德里希归还手稿。在给弗雷温德里希的信中，他怒气冲冲地写道：

> 关于我的手稿，我要求你立即把它交给我，不要再多费口舌。夏天的时候，我就已经请求你寄还给我。你在信中承诺，暑期旅行一回来就寄还。当你没有遵守承诺的时候，我妻子给你写了一封信，对此你没有回应。现在你又回过头来争辩说我已经将手稿送给你了，这完全没有道理。好像这还不够，你还采取措施要背着我把手稿卖给国外，这是你自己告诉我的。我希望你能尽自己的本分，不要让我再次警告你。[6]

1918 年门德尔松①为设计爱因斯坦塔而作的素描，取自柏林国家博物馆的 bpk/ 艺术馆。

《自然科学》（*Naturwissenschaften*）期刊的编辑伯林纳（Arnold Berliner）试图调解这场争吵，爱因斯坦在给他的信中，将手稿的故事重述了一遍。[7] 爱因斯坦写道："我发现了弗雷温德里希的行为，所以我不想再和他打交道。……这不再关系到手稿，而是关系到这个人，我再也不会相信他了。"这封信的手写草稿中，还有一句被划掉的话："Auf das Manuscript verzichte ich hiermit; mit Freude daran."（没有手稿我也照样快乐。）

最终，弗雷温德里希归还了手稿，1922 年 4 月，爱因斯坦委托实业家兼科学哲学家奥本海默（Paul Oppenheim）出售它，并给出了如下的指示："拍卖收入的一半赠给耶路撒冷的犹太大学；余下的一半凭你良心安排。"[8] 于是，爱因斯坦将裁定权留给了奥本海默，由他决定弗雷温德里希自称的手稿合法所有权，尽管在附言中，爱因斯坦说他坚信弗雷温德里希没有所有权，他的行为实属欺诈。奥本海默和两个敌手都是朋友，他不想充当他们之间的道德判官，反而希望恢复他们的友谊。

1923 年 7 月，爱因斯坦又采取了行动。他要求勒维（Heinrich Loewe）出售手稿，勒维是"希伯来大学预备委员会和耶路撒冷犹太国家图书馆"的重要成员。这

---

① 门德尔松（Erich Mendelsohn）是一位建筑师，以设计德国表现主义的代表作爱因斯坦塔而著称。爱因斯坦塔是用砖和混凝土建造的，建筑造型奇特，类似雕塑。—— 译者注

一次关于拍卖所得的分配指令非常明确：拍卖所得分成四等份，耶路撒冷图书馆、爱因斯坦慈善基金、弗雷温德里希夫人的养老基金和爱因斯坦本人各得一份，然后他将自己的份额作为善举捐赠。这些指示从勒维给爱因斯坦的信中得到了确认。[9]

手稿没有出售。1925 年，爱因斯坦在南美度过了两个月，在这段时间中爱因斯坦与妻子埃尔莎的通信中透露了手稿的命运。只有他写给埃尔莎的信留存了下来，我们不知道她给他写了什么。在 4 月 15 日的信的附言中，他写道："亲爱的埃尔莎，不要失去手稿。……现在并不是出售的好时机，在我去世后机会更好。"[10]爱因斯坦并不知道，3 月 19 日，科恩（Leo Kohn）已经代表耶路撒冷大学董事会收到了来自埃尔莎的手稿。由科恩签署的文件[11]确认了本次交易，并约定："如果大学接受这份手稿给爱因斯坦教授造成任何不便，手稿将立即退还给他。"这份文件也声明，爱因斯坦太太应收到 2000 马克，移交给在波茨坦的爱因斯坦基金会，供弗雷温德里希教授使用，另外为爱因斯坦太太的善举，再给她 400 马克。

当爱因斯坦得知手稿已在去耶路撒冷的路上时，他怀着宽慰的心情在 4 月 23 日写信给埃尔莎："我为摆脱了手稿而高兴，谢谢你替我献了这份爱心（Liebesdienst）；这比烧掉或卖掉更好。"[12]

自 1925 年 4 月 1 日希伯来大学落成之日起，广义相对论手稿就一直为希伯来大学所拥有，并被视为瑰宝。在纪念以色列科学院成立 50 周年的一个展览会上，手稿首次被完整展出。46 页手稿中的每一页都封闭在一个具有光照、温度和湿度控制装置

宇航员帕米尔泰诺

的盒子里。就像 1912 年的手稿那样，该手稿吸引了大批感兴趣的、激动的参观者。

2013 年，欧洲航天局（European Space Agency）发射了名为“阿尔伯特·爱因斯坦”的自动转运飞船（ATV- 4），飞船载有送往国际空间站（ISS）的供给和装备。ATV- 4 的货物里包含本书讲述的手稿的首页，在登上 ISS 时，作为一种象征，宇航员帕米尔泰诺（Luca Parmitano）在这页手稿上签字，认定这本手稿的重要性以及它在人类历史上所代表的意义。

这只是一份手稿的故事，尽管是很重要的一份手稿。希伯来大学的爱因斯坦档案馆拥有许多这样的手稿，组成了物理学历史上一篇篇激动人心的乐章。加州理工学院和其他一些地方的参与爱因斯坦论文项目的科学史学家们，正在编辑和探究这些手稿。这些手稿揭示了近代物理学形成过程中，科学研究是如何进行的。

注释

[1] Walter Benjamin，《机械复制时代的艺术品》（London：Penguin，2008）。

[2] Albert Einstein，《论动体的电动力学》（1905），in CPAE vol. 2，Doc. 23，pp. 140–171。

[3] 这份手稿的复制本，题为《爱因斯坦狭义相对论 1912 年手稿》，由 George Braziller 出版（New York：Braziller，1996）。

[4] 这已经在下述文献中详细分析，可参见 Michel Janssen，《罐与洞：爱因斯坦通往广义相对论的崎岖不平的道路》，*Annalen der Physik* 14（2005），Supplement：58–85；也可参见 Tilman Sauer，《爱因斯坦关于广义相对论的评述文章》，in *Landmark Writings in Western Mathematics*，1640–1940，ed. I. Grattan- Guiness（Amsterdam：Elsevier，2005），802–822。

[5] Einstein 致 H. A. Lorentz，1916 年 1 月 17 日，CPAE vol. 8，Doc. 183。

[6] Einstein 致 Erwin Freundlich，1921 年 12 月 20 日，CPAE vol. 12，Doc. 330，AEA 11–314。

[7] Einstein 致 Arnold Berliner，1921 年 12 月 24 日，vol. 12，Doc. 339，AEA 11–318，AEA 11–319。

[8] Einstein 致 Paul Oppenheim，1922 年 4 月 15 日，CPAE vol. 13，Doc. 146，AEA 11–323。

[9] Heinrich Loewe 致 AE，1923 年 7 月 30 日，AEA 36–860。

[10] Einstein 致 Elsa Einstein，1925 年 4 月 15 日，AEA 143–186。

[11] Leo Kohn，1925 年 3 月 19 日，AEA 36–863。

[12] Einstein 致 Elsa Einstein，1925 年 4 月 23 日，AEA 143–187。

爱因斯坦通往广义相对论的智力史

爱因斯坦与牛顿的苹果：牛顿的天才洞察力导致了这样一个结论，苹果下落和环绕地球的月球运动遵循相同的万有引力定律。

爱因斯坦 1905 年的著名论文动摇了经典物理学基础[1]。这些论文挑战了光是波的想法，严格地给出了原子存在的证明，导致了对空间和时间的新见解，认证了质量是能量的一种形式。空间和时间的革命肇始于爱因斯坦 1905 年狭义相对论的表述，但是不久之后就发现这是不完备的。试图将牛顿所建立的引力理论纳入狭义相对论是不成功的，至少不会产生任何动力学基本原理。尽管这个问题并不会产生任何经验质疑，但迫使爱因斯坦 1907 年提出时间和空间的狭义问题，进而促成他进行广义相对论的继续革命。

为了得到广义相对论，爱因斯坦为之奋斗了 8 年，为此他遇到了种种物理与数学的诉求。下面的评述引导读者去了解爱因斯坦的想法和态度。尽管这里的讨论将会再次出现在手稿页的注释中，我们在此先叙述整个故事是如何展开的，所有的窘境、错误的路径、误解与曲解，都在告知我们爱因斯坦为了达到目标，他在崎岖不平的道路上，筚路蓝缕，以启广义相对论。

三城记：布拉格、苏黎世、柏林

研究爱因斯坦的专家施塔赫尔认为广义相对论发展可以成为一出“三幕剧”[2]。依照这个剧本，第一幕发生于 1907 年，爱因斯坦称之为“等效原理”的基本想法形成了。第二幕发生于 1912 年，爱因斯坦认识到在数学上引力场可以用 10 个时空坐标函数来描述，这些函数组成非欧几里得时空几何的度规张量。第三幕是“美满的剧终”，发生于 1915 年 11 月，其时爱因斯坦建立了引力场方程并且解释了水星近日点反常进动。

对于这种戏剧性的发展，我们采用了另一种剧本，改弦易辙，以地域影响作为线索。当爱因斯坦还是伯尔尼专利局雇员时，他构想了等效原理这一概念，并且在 1907 年发表了关于狭义相对论的评论文章。在上述文章中，爱因斯坦还讨论了诸如引力场中光线弯曲和时钟速率直接蕴含的引力效应。这可以看成是 1911 年在布拉格开始的正剧的前奏。在中止了 4 年后，爱因斯坦重新对引力产生了兴趣，并且开始深入细致地、几乎是专一地，甚至有时是强迫性地追寻引力理论，直到最后的凯旋。

我们将这一时期称为“三城记”①。每个城市都代表了发展的一个特殊章节。每个城市提供了不同的社会和政治环境，并且他的家庭生活也处在不同的阶段。这些情况是如何影响爱因斯坦的科学工作，已经在他自己的几篇文献中讨论了。

布拉格

1909 年，苏黎世大学任命爱因斯坦为特聘教授，这是他首次拥有一个有声望的学术职位。不到半年之后，位于布拉格的查尔斯大学德意志部出现了一个理论物理正教授的空缺，爱因斯坦被提名候选这个更为受人尊重的职位。爱因斯坦的候选资格，得到了实验物理学教授兰姆帕（Anton Lampa）的强烈支持，以及马赫（Ernst Mach）热情洋溢的附议。马赫希望爱因斯坦能进一步发扬马赫观念。[3]

尽管爱因斯坦的妻子米列娃（Mileva）认为他留在苏黎世更适宜，尽管学生们请求校方应该用各种努力请他留在苏黎世，在稍作耽搁后，爱因斯坦于 1911 年 4 月接受了提议，去了布拉格。

在布拉格，爱因斯坦写下了 11 篇学术论文，其中 6 篇是以相对论为专题的。这

---

① “三城记”套用了19世纪英国作家狄更斯（Charles Dickens）的著名小说《双城记》。1859年完成的《双城记》，以法国大革命为背景，揭露了封建贵族的残暴，是英国现实主义文学的代表作之一。在爱因斯坦创建广义相对论的年代，布拉格、苏黎世和柏林分别是奥匈帝国、瑞士联邦和德意志帝国的重要城市。1914年7月，第一次世界大战爆发，欧洲多国全面参战，倾尽国力，实行定量配给，民不聊生。1918年11月11日，德国和奥匈帝国在停战协议上签字，和平局势得到确定。奥匈帝国解体，捷克斯洛伐克成了独立国家，布拉格为其首都。——译者注

些论文中的第一篇发表于 1911 年，在文中他讨论了光线弯曲和引力红移，这是他在 1907 年发现的[4]，但在这里是作为一个观测效应来考虑的。在布拉格论文中，他着重发展了基于等效原理的自洽的静态引力场。正如引力的牛顿理论那样，理论含有一个用单个标量函数表示的引力势，现在可由变光速给出。在那时候，广义相对论最终理论的概貌已被勾画出来。其中，对引力势的源的理解，不仅可以是具体物体的质量，也可以是引力场自身能量的等效质量。然而，直到这个时期的结尾，爱因斯坦仍然假定引力势由单一函数表示——依赖于空间的光速，并且他所发展的理论仍然限制在静态引力场。

“在布拉格，我找到了发展广义相对论基本思想的必要浓缩。”

有趣的是，爱因斯坦在布拉格的引力工作，在很大程度上是在与物理学家亚伯拉罕（Max Abraham）争论的背景下完成的。亚伯拉罕以对电动力学和电子论的贡献而著称。1912 年 5 月，亚伯拉罕首次在四维闵可夫斯基时空框架下，建立了一个完整的引力场理论[5]。爱因斯坦对这个理论先扬后抑。他在给朋友贝索（Michele Besso）的信中写道：“起初 14 天，我也为他的形式美和简单性所折腰[6]。”然而，在随后的争论中，亚伯拉罕和爱因斯坦都发展出了重要的见解。

在小开本畅销书《狭义相对论和广义相对论》（普及本）捷克语 1923 年译本的前言中，爱因斯坦讲述了他在布拉格的工作[7]：

> 我很高兴看到这本小册子……现在以贵国的语言出版了。我在 1908 年就已经设想了广义相对论的基本思想［他指的应该是 1907 年］，而正是在布拉格，我找到了发展这个基本思想的关键所在。在万尼克那大街的布拉格德意志大学理论物理所静谧的房间里，我发现了等效原理蕴含着太阳旁边经过的光线会发生可观测到的偏折……在布拉格，我还发现光谱线

红移……然而，我是在 1912 年回到苏黎世以后，才意识到理论的数学形式和高斯曲面理论之间的相似性这个决定性的思想，那时我还不知道黎曼（Bernhard Riemann），里奇（Gregorio Ricci-Curbastro）和勒维 - 西维他（Tullio Levi-Civita）的工作。通过我的朋友格罗斯曼（Marcel Grossman），我才注意到这些工作。

苏黎世

1911 年，格罗斯曼受聘为瑞士联邦理工学院（ETH）数学物理系的系主任。他一上任，就立即写信给爱因斯坦，询问他是否有兴趣回到苏黎世并加入 ETH。稍早于此，爱因斯坦已经收到了来自乌德勒支的邀请，还得到了去莱顿的机会，这都是很诱人的，可以接近洛伦兹（Hendrik Antoon Lorentz）这样的同行。爱因斯坦接受了 ETH，而谢绝了乌德勒支和莱顿。不管爱因斯坦优先选择苏黎世的理由是什么，在那时这都是正确的决定。1912 年 8 月爱因斯坦回到苏黎世，不久以后，他开始与格罗斯曼进行一个深入细致且成果丰硕的合作，这是广义相对论发展的一个里程碑。

在苏黎世期间，爱因斯坦创作了 3 篇文献，这些文献在寻找广义相对论中起到了重要作用。它们是苏黎世笔记、爱因斯坦 - 格罗斯曼纲领（Entwurf）[①] 和爱因斯坦 - 贝索手稿。我们将在爱因斯坦广义相对论的道路图有关章节中，讨论这些文献的内容和意义，现在只是作一些简要的描述。

“在这里（苏黎世），在数学家朋友（格罗斯曼）的帮助下，我将克服所有困难。”

---

① 尽管人们在两年后发现纲领是不尽如人意的，特别是纲领中的引力场方程不是广义协变的，这样就不会满足微分同胚不变性的基本要求。但是，纲领具有了广义相对论最终形式的基本特征：（i）引力场由度规张量表示；（ii）理论的数学工具是黎曼几何；（iii）引力对其他物理过程影响的描述是广义协变的。—— 译者注

苏黎世笔记是爱因斯坦对引力相对性理论研究的中间状态的笔记，那时他在格罗斯曼的帮助下探究张量计算与黎曼几何的概念与方法。笔记共有 96 页，并不都是专用于探究相对论。不过，爱因斯坦仍给笔记取了“相对论（Relativität）”这样一个题目。笔记写于 1912 年中期到 1913 年初。爱因斯坦从封面和封底分别开始写这本笔记，两个方向书写的内容在本子的四分之一处倒着汇合。该笔记在科学史上是一个非常重要的文献，对我们理解广义相对论的起源是至关重要的。[8]

苏黎世笔记本质上已勾画了广义协变理论的蓝图，但是由于一个我们马上就要讲到的尚不成熟的物理理解，爱因斯坦放弃了它。作为替代，他和格罗斯曼发表了题为《相对论广义理论和引力理论纲领》一文，此后一直被称为纲领理论，因为题目中有 Entwurf 这个德语词，意思是提纲或纲领。[9] 虽然这个理论不满足爱因斯坦最初的广义协变性要求，他说服自己认为这是最佳做法了，任凭理论有这样或那样的缺点，直到 1915 年夏天，他仍然对纲领表示满意。

所谓的爱因斯坦–贝索手稿是一本计算集子，大约有 50 页，其中近半为爱因斯坦书写的，另一半为贝索所写。这本集子含有两个计算：其一，基于纲领理论场方程的水星近日点进动的计算；其二，在转动坐标系中的度规张量的计算。[10]

瑞士内政部批准了 ETH 授予爱因斯坦正教授职位的请求，然而，职位仅延续 3 个学期。为此，爱因斯坦无法拒绝来自柏林的下一个邀请，这是他迫切需要的。

柏林

1913 年，普朗克（Max Planck）当选为普鲁士皇家科学院的理事长。当选后不久，普朗克便发起一项选举爱因斯坦到科学院的活动。1913 年 7 月，普朗克和能斯

“你要知道，她（埃尔莎·路温萨尔）是我来柏林的主要理由。”

脱（Walther Nernst）一起来到苏黎世，向爱因斯坦提出了一个诱人的三重条件：推荐到科学院并给予丰厚的基金资助；担任威廉（Kaiser Wilhelm）物理研究所所长，且不用履行实际行政工作；担任柏林大学的教授而没有任何教学任务。

爱因斯坦接受了这个邀请，他还给不同的人以不同的理由来证明他的决定是值得的。在给洛伦兹的信中他写道："我无法抵御这样一个职位的诱惑，它免去了我所有的职责义务，使我能让自己完全沉浸在深入思考之中。"[11]但是，在他写给好朋友赞格尔（Heinrich Zangger）的信中，他却承认接受邀请的主要原因是为了能更接近他的表姐埃尔莎，在那段时间里，爱因斯坦狂热地追求她，她后来成为他的第二任妻子。爱因斯坦在信中写道："尽管在柏林，我却要忍受孤独。不过在这里，有让我的生活更温暖的事，那就是，有一个女人让我很依恋。……你要知道，她是我来柏林的主要理由。"[12]

1913 年 11 月，皇帝威廉二世陛下确认了爱因斯坦当选为科学院物理-数学学部的正式成员。于是，年仅 34 岁的爱因斯坦成了有史以来最年轻的科学院成员。

爱因斯坦到达柏林不久，第一次世界大战爆发了。面对战争的现实，他最终离开了科学象牙塔，成为德国参战的政治对手。在柏林，爱因斯坦目睹了反犹太主义的现象，并且比以往任何时候都更意识到他的犹太身份。[13]在柏林，他与米列娃的关系恶化到分手的程度——米列娃和孩子们回到了苏黎世。在遭受所有这一切的时候，爱因斯坦狂热地投入到他的科学工作中去，用他自己的话说，前所未有的努力。

爱因斯坦继续在他和格罗斯曼的引力纲领理论上努力，并且提出新的论断来支持它的有效性。他对纲领理论非常满意，在 1914 年 10 月已做好准备，写了一篇综述文章来总结这个理论，题为《相对论广义理论的形式基础》[14]，发表在普鲁士皇家科学院的会议报告上。过了不到一年的时间，他就后悔了。

爱因斯坦对纲领理论的怀疑始于 1915 年夏天。他最终放弃了这个理论，创造力的大爆发加上艰苦工作，使他于当年 11 月完成了他的广义相对论。

柏林是当时物理学的世界中心，普朗克、能斯脱以及其他许多学者聚集在这里，爱因斯坦也加入了进来。甚至在战争年代的艰难困苦中，柏林在物理学界仍保持着令人鼓舞的学术氛围和日常工作。霍尔顿（Gerald Holton），一位在历史和哲学背景下进行爱因斯坦学术研究的先驱，提出了这个问题[15]，"1915 年到 1917 年后期，这些事实对爱因斯坦在柏林发展广义相对论的独特能力起到了多少作用？倘若他接受了来自另一个国家某个城市的重要职位，他还能创立广义相对论吗？"霍尔顿的回答很清楚："除爱因斯坦之外，没有人能创造出广义相对论，也不会是在柏林之外

尽管列车在飞驰，咖啡并不会洒出杯子。这就是经典相对性原理。

的其他任何城市。”尽管并非没有从苏黎世的朋友们那里得到帮助！

向引力挑战

1905 年的相对论已建立了对时间和空间的新理解，并且从此以后所有的物理相互作用必须纳入这个框架。此外，这个理论已将能量守恒定律和动量守恒定律结合成单一的定律，并将质量表示成能量的一种形式。狭义相对论的结果可以用闵可夫斯基（Herman Minkowski）发展起来的一种新的数学形式方便地描述，闵可夫斯基是爱因斯坦在苏黎世 ETH 时的老师。这个形式[16]将时间和空间组成单一的客体——时空，并且对不同位置和时间发生的两个物理事件赋予一个几何距离。人们通常将时空中的点称为事件，因为它们是由发生的位置与时间刻画的。这个距离的平方就是两个事件之间时间间隔的平方减去空间间隔的平方。对于两位相互以常速度运动的观测者来说，可以利用他们各自的位置与时间的测量结果分别去计算这个值，他们将得到相同的结果。换句话说，闵可夫斯基四维时空装备了“度规”指令，用来测量事件之间的距离。这可以与三维空间两点之间的距离测量相比较，后者装备了熟知的度规指令：笛卡儿坐标间隔的平方和。

将电磁学领域纳入狭义相对论新的时空框架并不困难，实际上，狭义相对论是受到了麦克斯韦电动力学的启发。但是，用这个框架来表述两个质量之间的引力时出现了困难。由于引力的牛顿定律假设在距离上是瞬时作用，这一经典形式的定律与狭义相对论截然不相容。狭义相对论的推论之一是，没有任何物理效应能以超过真空中的光速传播。于是，人们目前需要一个新的引力理论，但是尚不清楚这种理论应该是怎样的，可以做出什么样的启发性假设，甚至连应该满足什么样的具体标准都不清楚。

但是，存在一种显而易见的方法，可以使经典的引力理论与狭义相对论的原理在形式上相容，爱因斯坦最初就遵循了这条思路。然而，这个推广出现的问题是，所得到的引力理论似乎违反了关于所有物体都以等加速度下落的伽利略原理。这是经典物理学的基本原理之一，由伽利略从比萨斜塔顶部扔下不同质量的物体，从而神话般地建立了起来。

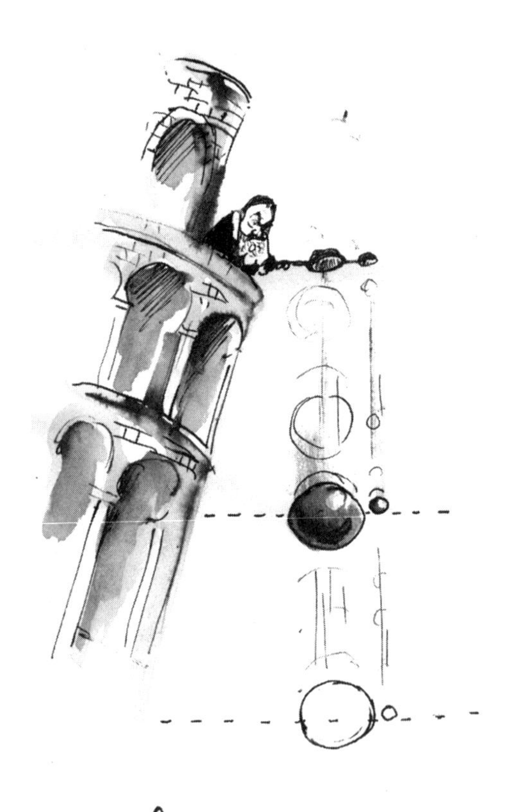

它们都在同一时间坠落！

伽利略原理规定，所有物体的自由落体加速度都是相同的。牛顿通过设定惯性质量等于引力质量来解释这一原理。惯性质量决定了给定力引起的物体的加速度，而引力质量决定了给定引力场施加在物体上的力。狭义相对论中惯性质量对能量的依赖性必定意味着，在相对论性引力理论中，物理系统的引力质量也应该以精确已知的方式依赖于能量，以便维持伽利略原理。爱因斯坦由此得出结论说，如果理论没有以自然的方式实现这一点，就应当将它舍弃。而同时代的科学家，如亚伯拉罕和米（Gustav Mie），为了获得狭义相对论意义上的相对论性引力理论，倾向于放弃伽利略原理。

爱因斯坦对相对论的推广始于马赫对经典力学的哲学批判。[17] 年轻的爱因斯坦十分钦佩马赫的工作。马赫声称，运动的概念，甚至惯性质量的概念，绝不能像牛顿所宣称的那样，应用于绝对空间中的单个物体。马赫建议所有的经典力学都应该根据物体的相对运动来重写，而且惯性质量和惯性系的概念也应该以这种方式重新定义。特别是引起旋转水桶中水位弯曲的离心力，不应当解释为牛顿在他著名的水桶实验中所主张的对于绝对空间的加速运动的影响，而应解释为宇宙中存在其他物体的影响。爱因斯坦指出，伽利略原理一定以某种方式与马赫独特的力学观点有关，马赫的力学观点拒绝了惯性参照系的特权地位，也拒绝了相对于绝对空间的加速度概念。在这种背景下，爱因斯坦意识到，如何维持伽利略原理的问题必须在推广相对论原理的框架内得到回答。简而言之，在经典力学与狭义相对论的冲突中，爱因斯坦于 1907 年决定保持引力质量与惯性质量的等效原理，转而情愿接受引力理论应超越狭义相对论范畴的观点。[18]

考虑在狭义相对论的框架内发展新的万有引力理论这个显而易见的观念，他总结道："结果是，在所描绘的项目框架内，这种简单的事态不能以令人满意的方式表示。这让我确信，在狭义相对论的结构中，没有令人满意的引力理论的合适位置。"[19]

事后，我们认识到爱因斯坦是对的。时空结构有两种不同的类型：一种是与伽利略和牛顿的经典力学相联系，另一种则是与狭义相对论相联系，它决定了测量尺和钟的行为，从而决定了"时间几何"。正如施塔赫尔所强调的，任何体现惯性和引力质量等效的引力理论，都必须从支配自由粒子行为的惯性-引力场出发。甚至在牛顿力学水平上，引力也不能描述为作用在物体上的外力，而是对迄今为止固定的时空惯性结构的修正。因此，创建广义相对论的挑战就是建立这两种结构之间的相容性。[20]

爱因斯坦的探索法：等效原理

如果新的引力理论要包含伽利略原理，它必须是相对论的推广理论，因为它必须给予加速运动与惯性运动相同的地位，将引力和惯性力同等考虑。实际上，爱因斯坦最终用广义相对论所达到的，与其说是对运动相对论的进一步推广，不如说是引力的“相对论”，引力与惯性结合起来构成一个统一的惯性-引力场。[21] 1905 年的相对论授予匀速运动某种特权，就像对待匀速运动的列车那样。由此，在相互作匀速运动的参考系中，物理定律必须取相同的形式。伽利略原理表明，即使对相互作加速运动的参考系，物理定律也应取相同的形式，因为在这类参考系中，物体以同样的方式运动，即它们同时下落。但是，为了比较加速参考系和静止参考系并声称它们以某种方式等价，必须引入额外的假设。在加速参考系中空旷空间的某处，比如远离地球的宇宙飞船，物体落到地面上是由于加速度。在地球上的静止坐标系中，物体落到地面是由于地球引力。如果这两种情况下的行为相同，那么由于火箭加速运动而引起的表观力，也就是惯性力，必须与引力等效。这就是爱因斯坦著名的等效原理，它是构造广义相对论最重要的启发性线索之一。在追溯往事时，他称这个理念是他“一生中最得意的想法”。[22] 等效原理指出，引力场的存在只是相对的，因为对一个从屋顶自由下落的观测者，至少在他或她的近邻，暂时不存在引力场。特别地，在均匀引力场中的所有物理过程，都等效于在没有引力场的匀加速参考系中发生的那些物理过程。这个概念可以通过加速的宇宙飞船或者通过下落升降机的思想实验来说明。

将惯性力包含进构建引力新理论的尝试，有着深远的含义。惯性力是作用在加速参考系中的质量上的虚拟力，就像在旋转木马上体验到的离心力一样。爱因斯坦

“虚拟力”使爱因斯坦的帽子不翼而飞了。

用不同类型的惯性力作为新理论的测试案例，例如，加速宇宙飞船中的惯性力。他还考虑了在旋转参照系中起作用的惯性力，例如形成旋转桶中液体表面的力，牛顿曾用它来证明绝对运动的观念。这些“虚拟”力实际上是真实力，不过在经典物理中，它们的起源却十分费解，因为它们被归因于绝对空间的神秘性质。倘若将这种惯性力与众所周知的牛顿力同等考虑，那么爱因斯坦就能得出定性的结论，也能导出他的新理论的数学结构的要求。

爱因斯坦的思想实验提供了一个重要的观念，这是一个关于光在引力场中的弯曲和时间本性的见解。由于实验室运动和光的运动的叠加，在一个加速实验室中的光线路径必定是弯曲的，爱因斯坦由此推断在引力场中的光线会发生偏折。这个结果与能量不仅具有惯性质量也有引力质量的假设，在逻辑上是一致的，因此，光应该受到引力的吸引。与狭义相对论相反，光在引力场中的偏折表明光速不应再假设为常数。这个定性结论得到了加速参考系中时间同步分析的支持，正如爱因斯坦在 1907 年的一篇文章中所描述的那样（见注释 [4]）。他的分析意味着在不同地点加速钟行走的速率不同。通过比较位于转动圆盘上不同位置的钟的速率，他得出了相同的结论。

旋转桶中水面的曲度是什么引起的?

几何进入物理学

旋转参考系的加入，提出了另一个观念性的挑战。爱因斯坦和玻恩（Max Born）在 1909 年就遇到了与狭义相对论有关联的这个挑战。爱伦弗斯特也独立地发现，根据狭义相对论，用来测量转动圆盘周长的杆应该经历所谓的“洛伦兹收缩”。[23] 因此，需要更多的杆来进行测量，并且圆盘周长会比静止盘的周长更长。然而，用来测量转动盘半径的杆垂直于运动的方向，所以杆没有变化。于是，转动盘周长对半径的比必定大于欧几里得几何中确定的值，即在盘静止的参考系中测得的周长与半径之比。这个困境被称作“爱伦弗斯特佯谬”，并由此引发了许多有争议的讨论。在这场辩论中，大多数参与者认为这个问题主要是一个刚体的定义问题。然而，爱因斯坦认为爱伦弗斯特佯谬是推广相对论的一个关键问题。在 1912 年发表的一篇文章中，他认为转动实验室中圆盘的周长与直径之比不再是 π，这表明广义相对论隐含着对欧几里得几何的偏离。[24]

假如世界是内在弯曲的，将会怎样呢？

在爱因斯坦的思考过程中，等效原理和加速实验室模型的利用，从属于新形成的启发式原理：广义相对性原理。根据这个原理，新的引力理论应该允许参照系处于任意运动状态，并且它应该将发生在其中的惯性力，描述为推广的动力学引力场的作用。这个原理以及加速升降机和旋转桶模型所暗示的概念变化，在考虑形成引力理论需用何种数学上起到了关键作用。爱因斯坦已经意识到有必要超越欧几里得几何。想要包括任意参照系的愿望，使他在 1912 年夏天有了一个想法，推广曲面的高斯理论来构造新的引力理论，但是他首先必须把高斯理论推广到相对论的四维世界。诸如黎曼、克利斯朵夫（Elwin Christoffel）和勒维－西维他那样的数学家已经为这个推广提供了重要的背景，但是爱因斯坦并不熟悉他们的工作，他不得不在他的朋友格罗斯曼的帮助下逐步学会了这门新数学。

曲面上的直线路径就是这样子的。

经典物理学世界中熟悉的沿曲面运动的智力模型，也直接指向确定任意引力场中运动方程问题的解决方案。一个约束在无摩擦二维曲面上运动的物体，除了表面本身施加的力外，不受到其他力的作用，它总是沿着最短路径运动，这条路径称为测地线。这是直线的最简单推广。这个想法可以立即移接到从任意加速的参考系观察到的运动的情况，这对应于在没有任何其他力的引力场中的运动。在用来描述加速参考系的曲线坐标中，这种运动也可以表示为四维时空测地线。（然而，奇怪的是，描述自由运动物体的轨迹，也可以是时空中两个给定点之间最长的可能路径。这是时空度规特有的数学性质的结果。）

对引力作用的修正描述意味着，引力场不再被认为是牛顿物理学意义上的力，而是推广的时空连续统的几何性质的体现。作为距离概念的推广，而引入了度规的概念。平面是由在表面上处处相同的度规来刻画的，而曲面的几何性质必须由可变度规来描述。这样的度规将不同的实际距离，与在表面上不同位置给定的坐标距离相关联。结果表明，这个可变度规是引力势的合适表示。

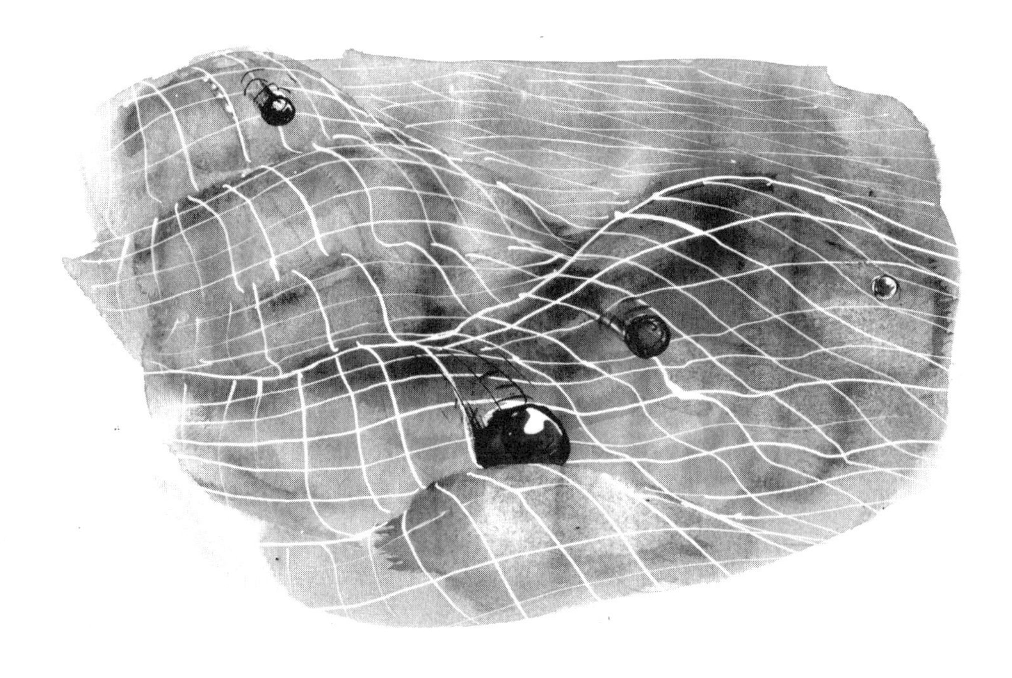

“时空告诉物质如何运动，物质告诉时空如何弯曲。”

——约翰·惠勒（John Archibald Wheeler）

爱因斯坦的探索法：行动计划

在寻找相对论性的引力理论时，爱因斯坦能够用同时代物理学家非常熟悉的一个模型来作为参照，因为它代表了 19 世纪物理学的伟大成就之一，这就是由麦克斯韦（James Clerk Maxwell）和赫兹（Heinrich Hertz）建立的所有电磁相互作用的统一理论。事实上，这个理论的一个显著特点是，它不是将电场和磁场分开描述，而是作为统一电磁场的组成部分。这个理论由荷兰物理学家洛伦兹发展成最终的形式，洛伦兹后来成为爱因斯坦的指导顾问之一。这个理论的核心概念是“场”。与描述由于作用在一定距离上的力引起的粒子相互作用不同，场论不限于相互作用的粒子，而是延展到它们的整个环境。场论以荷和流作为场的“源”，描述了它们如何产生了充满空间的场，并且还描述了场如何反过来决定带电粒子的运动。因此，根据这个“洛伦兹模型”诠释的物理过程，其数学表示必然包括两个部分：

- 运动方程，描述在给定电磁场中荷电粒子的运动；
- 场方程，描述作为源的荷和流所产生的电磁场。

幸运的是，在爱因斯坦狭义相对论的四维时空框架中，可以给出电磁场理论的最完美表述，从而成为推广狭义相对论的跳板。系统的重新阐述给人的启迪是，根据与物理系统状态有关的电场或磁场，电磁场可以以不同的方式显现出来。这个引人注目的性质，实际上是爱因斯坦关于狭义相对论的出发点之一。在建立引力场的相对论性理论时，爱因斯坦几乎在每个方面都受到洛伦兹模型的指引，包括引力场和惯性场的互补作用。这些作用就类似于电磁场的电和磁方面的相互作用。因此，新理论将包括两个部分：

- 运动方程，描述在给定引力场中粒子的运动；
- 场方程，描述作为源的物质和能量所产生的引力场。

爱因斯坦在 1912 夏天得到了第一个方程。构建第二个方程是一个更大的挑战。场方程的右边表示场或势的源，左边通过特定的数学过程——所谓的微分算子——描述源如何产生场或势。

爱因斯坦将洛伦兹模型作为前进的指导方针，但他很快发现，寻找场方程的任务，是他在构建引力的相对论性理论的斗争中，必须面对的最困难的挑战。他面临的首要问题是找到合适的数学对象来表示引力势。其次，取代经典物理学相应方程的引力场方程，必须与经典引力和狭义相对论的结果相容。

爱因斯坦必须牢记，在日常环境下，即在弱静态场（牛顿极限）的情况下，引力场的性质是众所周知的，可以由牛顿引力定律给出令人满意的描述。因此，在这样的环境下，相对论性引力场方程必须给出与牛顿定律相同的结果。这种约束可以称为爱因斯坦的“对应原理”。显然，新的场方程还应该与物理相互作用中的能量和动量守恒定律相一致。这个要求可以称为“守恒原理”。此外，在较早期研究中，爱因斯坦在等效原理指导下得到的许多发现，也应当在新理论中重现。

因此，爱因斯坦的行动计划是构建一个满足以下原理的理论：

- 对应原理；
- 守恒原理；
- 等效原理。

此外，理论必须是广义协变的。

两种策略：数学还是物理

实际上，在爱因斯坦开始实施他的行动计划之前，他必须解决另一个问题，即在他将要构建的相对论性理论中，如何建立引力势的数学表示？[25]决定性的提示来自于他对运动方程的探索和在这个理论中对旋转运动奇特性质的考虑。1912 年，爱因斯坦意识到，引力势不像牛顿理论那样由单个函数给出，令人惊讶的是，它由空间和时间的一系列函数给出，这些函数一起构成了一个称为度规张量的复杂数学客体。爱因斯坦还认识到这个度规张量与非欧几里得几何有关，因此他的新引力理论将成为时空曲率理论。这一认识构成了施塔赫尔所说的广义相对论发展中的“第二幕”。[26]

鉴于表示引力势的数学客体的复杂性，寻找相对论场方程将是一个非常具有挑战性的研究过程，在此过程中，一些主导了爱因斯坦启发式探索法的基本知识结构不得不做出修改。他在 1912—1915 年间在这方面的努力可以描述为两个互补的启发式策略之间的相互影响，即“物理策略”和“数学策略”的交相映衬。

就物理策略而论，爱因斯坦从某个场方程着手，一开始就给出经典牛顿极限下正确的引力定律，从而满足其对应原理。然后他修改场方程，以使其余的基本物理定律行之有效，包括能量和动量守恒原理。最后一步便是找到这个候选场方程能在何种程度上满足广义相对性原理。

为了寻求互补的数学策略，爱因斯坦从一个数学上合理的场方程出发，该方程将直接满足相对论最一般的原理。他的数学家朋友格罗斯曼提醒他注意到一些数学知识，特别是由里奇和勒维-西维他在 1901 年发表的一篇论文中提出的“绝对微分学”，在这篇论文中，他们将里奇、克利斯朵夫和其他一些数学家以前的工作，发展成一个完整的计算方案。物理学家在很长一段时间里都不知晓这种绝对微分学，在 1912 年，爱因斯坦极有可能对此所知甚少。但在他从布拉格搬迁到苏黎世后，与格罗斯曼的接触让爱因斯坦获得了这些数学方法。

建立了数学上合理的场方程，还要检查它是否满足其他物理要求。这种方法有一个严重的劣势，即最初并不清楚这样一个抽象的数学客体与熟悉的物理知识之间的关系。因此，必须对最初的数学候选者进行系统的改造，以使其能给出自洽的物理解释，这成为策略的必要部分。特别地，对于弱静态引力场的特殊情况，候选场方程必须满足可以回归牛顿理论的要求，并保证能量和动量的守恒。此外，即使经过修改以满足上述要求，它还必须满足如下的条件，即它仍然要容许足够宽泛的坐标变换，至少能变换到代表匀加速和匀速转动这类特殊情况的加速参考系。

广义相对论的牛顿极限问题是复杂的，因为实际上有两种方法：一种是通过狭义相对论这个中间阶段，另一种是通过牛顿物理学中引力场的推广，允许处理慢运动和拟静态解。然而，后者要求重新阐述牛顿理论，也包括等效原理，重新阐述的

从何处着手？数学还是物理，这是一个问题。

依据是很久之后法国数学家嘉当[①]（Elie Cartan）为应对勒维-西维他和外尔的工作而提出的数学概念。在这种复杂的数学方法得到发展之前，爱因斯坦被迫引入了关于牛顿极限的假设，这些假设后来证明是有问题的。

竭力而作：纲领理论的建立

在苏黎世笔记中，爱因斯坦与格罗斯曼的合作有着最好的反映，这最终导致了所谓的纲领理论的发表。该笔记中记载的爱因斯坦研究的核心问题是找到引力场的场方程，即找到一种关系，确定这个场是如何由它的源，即由能量和物质产生的。笔记包含一个重要的着手点，这与格罗斯曼的帮助有关，他建议爱因斯坦运用一个

---

① 法国数学家嘉当（1869 — 1951），在李群、微分几何和子代数理论方面均做出了杰出贡献。1913年，他发现了旋量，后经由物理学家狄拉克的扩充，作为描述相对论性电子的工具。他的名著《黎曼几何学》有中译本（科学出版社，1964年），该书用现代方式引进黎曼流形的概念，引入外微分方法，从整体几何的角度，考察了黎曼空间的局部欧氏性质。该书中的正交标架法，在现代广义相对论中，有广泛应用。—— 译者注

关键的数学概念，即所谓的黎曼张量。从现代理论的观点来看，这是给爱因斯坦指明了一条通往广义相对论的康庄大道。然而，爱因斯坦和格罗斯曼不久之后就放弃了这条通道。

放弃这条通道的理由有两条：他们认识到为了达到正确的牛顿极限，他们不得不对可容许坐标的选择施加一定的条件。格罗斯曼和爱因斯坦还发现，要求他们的理论满足能量和动量守恒，会带来进一步的限制性坐标条件。最终，他们得到的结论是，基于黎曼张量的理论不能与这些物理要求相协调。直到 1915 年，爱因斯坦更深入地洞悉了在他的引力新理论情形下，如何阐明这些要求之后，上述结论才能得到修正。

找到正确的引力场方程，不仅是确定正确的数学表达式的问题，而且是数学形式和物理意义相结合的问题。仅仅掌握数学，就好比写了语法正确的句子，却不知道其中单词的含义。苏黎世笔记揭示了爱因斯坦正在为一门新的数学语言而奋斗，他试图将一些熟悉的物理知识转化成用这门新数学来表达，同时试图发现其中蕴含的新的物理见解。

爱因斯坦从牛顿引力理论导出物理要求，又从适合描述弯曲时空的数学形式提出其他条件，他在两者之间交替更迭，毫无疑问希望这两种策略最终汇聚。然而，在笔记中，他没有完全实现两种策略中的任何一个愿望。

自相矛盾的是，爱因斯坦用数学策略进行试验的主要结果，或多或少是物理策略的成功实施。显然，推广相对性原理所获得的新见解将带有更多的思辨性，相比之下，牛顿经典引力理论的要求具有更安全的优势。因此，在爱因斯坦看来，将理论建立在这个安全性优势上似乎更合理，纵然这意味着放弃他关于推广相对性原理的一些崇高抱负。

经过多次失败的尝试，爱因斯坦终于在苏黎世笔记的末尾导出了一个场方程，这个方程被称作纲领理论的核心。它主要满足源于经典物理学的原理，即对应原理和守恒原理。爱因斯坦意识到，纲领方程形式相同的那类坐标系，并不像他想象的那样满足广义相对性原理。为此，他怀着沉重的心情舍弃了对广义协变性的认知。然而，他可以向自己保证，这个方程是可接受的，因为对可容许坐标系的必要限制显然可以通过实施守恒原理的要求来证明。因此，在纲领理论中，广义相对性原理只在有限程度上得到满足，这似乎是有说服力的。从现代观点来看，这个理论是不正确的，但在那个时候，爱因斯坦认为它是可以达到的最好的理论了。这一过程的高潮是 1913 年爱因斯坦和格罗斯曼一起发表了题为《相对论广义理论和引力理论纲领》的论文。该文由两部分组成：物理部分由爱因斯坦执笔，数学部分由格罗斯曼执笔。

最初，爱因斯坦对发表的理论并不完全满意。在致洛伦兹的信中，他称缺少广义协变性是纲领理论的一个“丑陋的黑点”。[27]但当爱因斯坦寻找理由来为这种不足辩护时，他得出结论，限制协变性是必要的。起初他认为他可以利用能量动量守恒，来证明他的新理论缺乏广义协变性。1913 年 12 月，爱因斯坦写信给马赫：“恕我直言，参考系为了适应具有能量原理的现存世界，失去了其朦胧的先验存在。”[28]

然而，爱因斯坦最终意识到这一论断并不正确。但与此同时，在 1913 年夏天，他发现了另一个更为深刻的论据——著名的“洞论据”——声称广义协变理论必然破坏因果性。在论据的最初形式中，爱因斯坦考虑了一个这样的时空，时空中有一个封闭的区域，即洞，洞外的时空充满物质。采用时空点可以通过坐标来识别这个看似合理的假设，它可以表明，洞外的特定物质分布并不唯一地决定洞内的引力场。爱因斯坦认为这个结果足以拒绝所有的广义协变理论。直到 1915 年末，爱因斯坦才意识到这个看似合理的假设在他的新引力理论中是站不住脚的，因为坐标没有物理意义。洞论据及其辩驳最终成为形成背景无关理论这个重要概念的出发点，也就是说，时间和空间不是物理戏剧的固定舞台。[29]

然而，在 1913 年，正是错误的洞论据促使爱因斯坦进一步巩固了纲领理论，它的“丑陋的黑点”似乎已被抹去。他总结道：“事实上，引力方程不是广义协变的，这在一段时间前还困扰着我，业已证明这是不可避免的；如果要求场在数学上完全由物质决定，那么很容易证明具有广义协变方程的理论是不能存在的。”[30]

今天，纲领理论已被遗忘。但是，从 1913 年到 1915 年末，爱因斯坦确信纲领理论构成了相对论性引力理论问题的解决方案。他在 1914 年写信给他的朋友贝索：“现在我完全满意了，不再怀疑整个体系的正确性，不管日食观测是否成功。这件事情的感觉再清楚不过了。”[31]

变分法登上舞台

然而，一个令人烦恼的疑问仍然存在：纲领场方程与绝对微分学的数学传统之间究竟有什么关系呢？自从他与格罗斯曼合作以来，爱因斯坦对这个传统非常熟悉了，并且他知道黎曼张量和里奇张量将是建立他的理论的正确的数学对象。他确信他的纲领理论和这种数学语言之间必定存在着某种关系，但不清楚这种关系是什么。为了弄清楚这个问题，他再次求助于格罗斯曼。1914 年初，苏黎世数学家伯纳斯（Paul Bernays）建议爱因斯坦和格罗斯曼从变分形式推导纲领场方程，这个变分形式是追踪称为拉格朗日量的单个函数的演化。在这种形式中，能量动量守恒是一个自然而然的副产品。爱因斯坦和格罗斯曼成功地找到了一个拉格朗日函数，从这个拉格朗日函数可以导出纲领场方程，并且他们观察到，在仅由能量动量守恒的要求来规定的坐标变换下，这个函数是不变的。爱因斯坦和格罗斯曼最后发表了一篇文章，展示了如何从这种变分形式得到纲领方程和能量动量守恒。[32] 从某种意义上说，这相当于数学策略对纲领理论的适配。爱因斯坦错误地相信，他用来推导场方程的变分方法唯一地导致了纲领理论。

爱因斯坦 – 贝索手稿：爱因斯坦未能看到不祥之兆

任何引力新理论的重要试金石，不仅在于它能够再现开普勒和牛顿建立的行星运动定律，而且能够解释这些定律的微小偏差。特别是对水星轨道近日点的进动，这些偏差变得很明显。这个进动在于水星椭圆轨道的轻微转动。这个转动的大部分可以用牛顿理论计及其他行星的影响来解释。但是那时的天文学家已经知道 50 年了，这个进动的观测值与牛顿理论之间的不一致之处为每百年 43″（弧秒）。

早在 1907 年，在给哈比切特（Conrad Habicht）的信中[33]，爱因斯坦就把解释这种差异确定为引力新理论的目标之一。6 年后，他可以利用这种差异来检验纲领理论。1913 年，爱因斯坦和他的朋友贝索一起发现了一种巧妙的方法，用来近似求解纲领场方程，从而确定水星轨道的偏移。这种方法在爱因斯坦–贝索手稿中得到描述，手稿大约有 50 页，其中散布着计算过程。[34] 这个过程产生了令人失望的结果，每百年 18″（弧秒）。然而，至少在当时，它并没有引起爱因斯坦对纲领理论有效性的任何怀疑。倘若爱因斯坦能认真看待这一结果，他早就可以摒弃这一理论，并且提前两年踏上正确的征程。

爱因斯坦–贝索手稿还包含另一个重要的计算，可以导出类似的结果。它导出了转动参考系中的度规张量，并表明这是由旋转质量盘（远距离恒星）产生的引力场方程的解。[35] 爱因斯坦对这个结果非常满意，因为它似乎证实了马赫对牛顿旋转水桶实验的解释，并验证了相对论性引力理论中“静止旋转”的概念。事实上，爱因斯坦在这个计算中犯了一个错误，他在大约两年后的 1915 年 9 月才意识到。

放弃纲领理论

在通往正确理论的征程中，另一个中心问题是满足对应原理的问题，这一问题

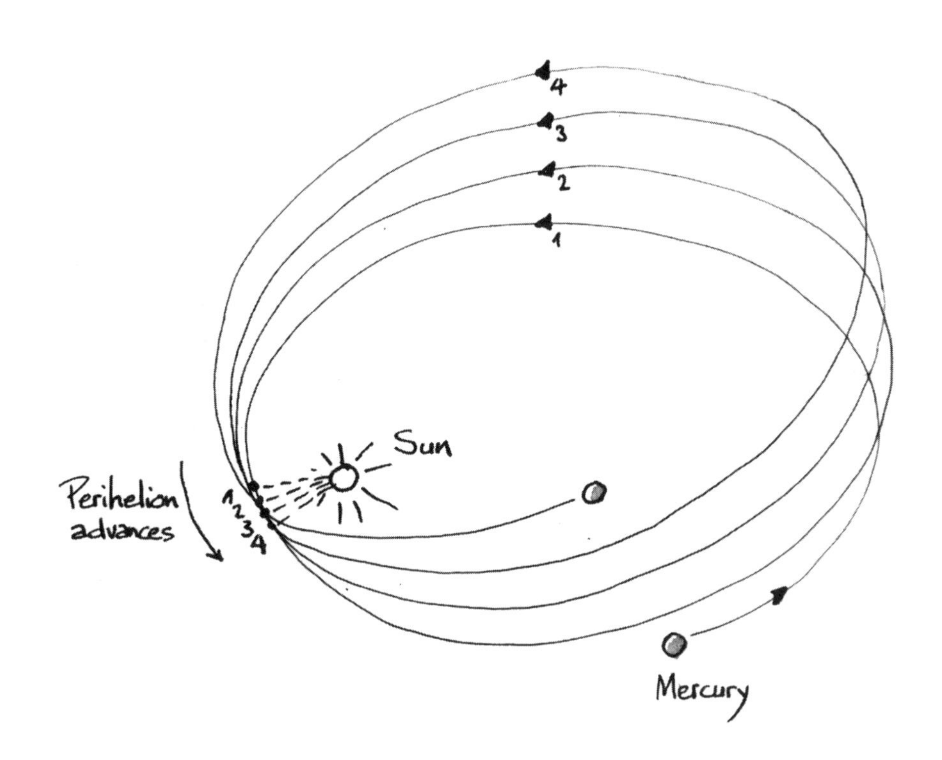

是什么引起了水星轨道近日点的进动?

在阐述纲领理论的过程中已经得到了解决。正如早先指出的，在探讨数学动机候选者的极限情况和经典牛顿理论之间的关系时，产生了这个问题。爱因斯坦试图评估纲领理论的天文学推论，并检验它是否可以解释水星的近日点运动，此时，满足对应原理问题的解决方案从中浮现了出来。

1915 年秋天，爱因斯坦决定放弃纲领理论，重新审视他先前探索过的引力的协变理论。事后回想，爱因斯坦对这个变动，给出了 3 条理由:

· 纲领理论不能解释水星近日点的转动。

· 纲领理论没有证实爱因斯坦的马赫探索法（把旋转的参考系看成等同于静止系）。

· 变分法唯一地导出纲领场方程的结论是错误的。

值得注意的是，面对所有这些问题，爱因斯坦最初认为纲领理论能够存活下来。即使最后一个问题也没有对理论加以驳难，而只是成功地尝试通过物理论证，在技术层面上修复这个推导。洞论据的缺陷并未在这里列出，因为爱因斯坦是在完成广义相对论之后才认识到这个论据的谬误。

然而，从数学原理导出纲领理论的失败，对于爱因斯坦反思他得到的结果产生了深远的影响。这一失败表明，通过变分形式使数学策略适应纲领理论，显然没有如其所愿，将这一理论挑选为唯一可能的理论。相反，它开辟了考察其他候选场方程的可能性，并将本来为纲领理论发展的各种检验方案应用于这些理论。这种新的可能性，与先前发现的纲领理论的弱点结合起来，使爱因斯坦在度过一段沉思期后，放弃了改善纲领理论的尝试，转而回到新的探索阶段。

仔细分析后发现，爱因斯坦在苏黎世笔记中探求数学策略时，所出现的几乎所有技术问题，都可以在接下来的两年内解决。这是他专注于纲领理论有关主题的直接结果。因此，尽管这一理论不得不放弃，但它确实在广义相对论的演变中发挥了重要作用。

爱因斯坦关于纲领理论的结果，没有使这个理论得到固化，反而成为一种手段，帮助他踢开了绊脚石，不再妨碍他接受基于黎曼张量的引力场方程。

最后的努力：1915 年 11 月

1915 年秋天，爱因斯坦开始了新的努力，最终在 11 月向普鲁士皇家科学院提交了四篇文章。在第一篇论文中，他回到了 3 年前离开的数学道路，确信现在已经找到了确定的解。仅仅 7 天之后，他发表了一份补遗 ①，对同一理论做出一个新的发人深思的解释，他声称：所有物质皆源于电磁，这尽管是一个误导，仍引起不小的争端。一个星期之后，他提出了一个强有力的经验论据来支持这一新理论，表明新理论与水星近日点进动的观测相符。又一个星期之后，他最后再次修正了他的理论，踢开了走向广义协变理论的最后一块绊脚石，诚如科学史学家詹森（Michel Janssen）所说，解开了爱因斯坦自己用纲领理论造成的心结。[36] 1915 年 12 月，当爱因斯坦把他的学术论文寄给索末菲（Arnold Sommerfeld）时，他敦促索末菲仔细阅读这些论文，尽管“当你阅读时，最后一部分的场方程战役就展现在你的眼前”。

11 月 4 日

这些论文中的第一篇《关于广义相对论》[37]，投稿于 11 月 4 日，爱因斯坦解释了他改变了观点，重新研究协变场方程。文中写道：“近些年来，我致力于在相对论假设下，直接建立相对论的广义理论和研究非匀速运动。我确信我已经找到了唯

---

① 当年《普鲁士皇家科学院学报》没有审稿制度，《关于广义相对论》1915年11月4日收到，11月11日发表；补遗1915年11月11日收到，11月18日发表；《以广义相对论解释水星近日点进动》1915年11月18日收到，11月25日发表；《引力场方程》11月25日收到，12月2日发表。—— 译者注

一遵从广义相对论合理假设的引力定律……我对我推导的场方程失去了信任……”然后他不无遗憾地回忆道：“我达到了广义协变性的要求，3 年前当我和朋友格罗斯曼一起工作时，我们曾经怀着沉重的心情，抛弃了这个要求。”

结果表明，只要稍微调整一下引力场本身的表达式，为纲领理论而发展的数学工具实际上就足以得到 11 月 4 日的理论，即所谓的“十一月理论”。新的引力场表达式由克利斯朵夫记号表达，它是度规张量分量导数的组合。它比纲领理论中表示引力场的相应表达式的结构更为复杂。在这篇论文中，爱因斯坦把引力场的先前版本称作“致命的偏见”，而几周后，他在给索末菲的信中，把用克利斯朵夫记号确定引力场描述为“解决问题的关键”。

克利斯朵夫记号是绝对微分学中一个常见的量，在讨论绝对微分学的主要对象：黎曼张量和里奇张量时，它自然而然地出现了。如果将克利斯朵夫记号解释为引力场的适当数学表达式，那么就打开了一个全新的视角。本质上，爱因斯坦只需要将引力场的新表达式插入到纲领理论的数学形式中，就能得到新的场方程。这个方程与他在苏黎世笔记中已经分析过的一个候选者惊人地相似。

十一月理论没有完全实现广义相对性原理，因为在可容许坐标系上仍然有些许限制，这是由守恒原理所隐含的。于是，就像在纲领理论的情况下一样，守恒原理需要一个坐标约束。然而，爱因斯坦对发表这一理论的胜利感是完全有正当理由的。通过改写用来导出纲领理论的物理论证，他成功得到了能从数学策略导出的场方程，也就是从黎曼张量出发从而保证了广泛的协变性。于是，物理和数学这两种策略已经基本融合；拼图的各个部分以一种令人惊讶的新方式组合在一起。回过头来看，一切都取决于对克利斯朵夫记号所表达的引力场的重新解释。

几个尚未回答的问题仍然存在。特别是，从守恒原理得到的坐标约束的物理意义尚不清楚。尽管这种限制可能很小，但仍然需要给出合理的物理解释。因此，新理论的数学形式与物理意义之间的紧张状态并未完全消散。

11 月 11 日

为了消除这种紧张状态，11 月 11 日爱因斯坦为正在印刷的 11 月 4 日论文增加了一个补遗。[38] 在该文的引言中，他写道：“现在我想在这里表明，通过引入一个显然十分大胆的关于物质结构的额外假设，理论可以达到更加简洁和更符合逻辑的结构。”于是，爱因斯坦对十一月理论的形式提出了一个新的解释，这促使他复活了苏黎世笔记时代的另一个候选者：里奇张量。如果假设作为引力源出现的唯一场是电磁场，最终所有物质都可以归结为电磁场，那么就能建立基于里奇张量的场

1915 年 11 月：爱因斯坦终于摆脱了对坐标选择的任何约束。

方程，而不需要施加任何进一步的坐标约束。引入这个大胆假设后，守恒原理不再包含对可容许坐标系有任何约束之意，转而成为对引力场可容许源的约定。换句话说，通过暂时考虑一个关于物质本性的思辨猜测，爱因斯坦向他的广义协变的引力理论最终目标又迈进了一步。

11 月 18 日

11 月 18 日，爱因斯坦向普鲁士皇家科学院提交了另一篇论文 ——《以广义相对论解释水星近日点进动》。[39] 这是在十一月论文中，仅有的在科学院进行演讲的一篇，爱因斯坦显然是希望从天文学家那里赢得进一步的支持，去验证他的理论属实。爱因斯坦对他的新理论充满了信心，现在他愿意做出努力，将他和贝索在纲领理论情况下得到的方法用于计算近日点的进动，他得到了正确的结果。当爱因斯坦看到这一结果时，他是如此激动，正如他跟一位同事说的那样，他的心在颤抖。提交论文后的一天，希尔伯特（David Hilbert）写信给他："非常感谢您的明信片，并祝贺你征服了近日点运动。如果我能算得像您那么快，那么在我的方程中，电子就不得不举手投降，同时氢原子也会给出道歉条，说明它为何不发出辐射啦。"爱因斯坦接受了道贺，但是没有告诉希尔伯特，这并不需要从头做起，要做的只是对他和贝索的早期计算稍作修改而已。

在十一月理论的背景下，爱因斯坦有了另一项重要的发现。他第一次意识到，从对应原理得到的坐标条件，与从守恒原理得到的坐标约束有着完全不同的含义。为了满足牛顿极限，与牛顿引力理论中传统的坐标选择相对应，从众多允许的坐标中选择自然地描述静止系的坐标系自然是合理的。因此，在现代理解中，选择特定的坐标系仅仅是一个方便的问题，而不是理论本身强加的问题。原则上，爱因斯坦的十一月理论也是如此，尽管守恒原理仍然施加了一些小的坐标约束。

11 月 25 日

在 11 月 25 日提交的四篇论文的最后一篇中[40]，爱因斯坦按照其研究程序的内在逻辑，进行了至关重要的最后一步。按照这种逻辑，完全实现广义相对性原理的理论，不应该受到基于守恒原理的坐标约束的限制。

这个目标激发了爱因斯坦克服数学形式和物理解释之间仍然存在的紧张关系。这种紧张关系要么以物理上毫无意义的坐标约束来表达（11 月 4 日理论的情形），要么以关于物质结构的思辨猜测来表达（11 月 11 日提出的基于里奇张量的理论情形）。这两个假设在理论的最终版本中都被证明是多余的。要实现这个最终版本，只需要改变将引力场源插入引力场方程右边的方式。如果能动张量的迹，即其对角分量之和，适当地加到场方程右边的源项上，那么所有附加条件就便是多余的。特别地，作为修正的场方程的自动结果，守恒原理也得到了满足。修正的表达式还存在着另一种形式，在方程左边用现在所熟知的爱因斯坦张量取代原来的里奇张量；不过，爱因斯坦是从方程的右边出发，得到了他的理论的最后修正。只是在计算水星近日点进动的背景下，爱因斯坦学会了如何正确地解释牛顿极限之后，这种修正才成为可能。与爱因斯坦在苏黎世笔记时期所相信的相反，他发现场方程右边的附加项，确实没有干扰它与牛顿极限的相容性。

爱因斯坦在以后的著作中经常强调，引力问题的新解是以黎曼张量为中心的数学理论的自然结果，从黎曼张量中可以获得数学策略的候选者。因此，他本人将

1915 年末的突破描述为不是物理策略和数学策略相融合的结果，而是数学策略的独家成功。甚至在 11 月的第一篇论文中，爱因斯坦就被导致正确理论的数学形式的力量迷住了，他写道：“真正掌握它的人，无一不为其魅力所折服，因为它标志着由高斯、黎曼、克利斯朵夫、里奇和勒维－西维他所创立的广义微分学的真正胜利。”（在原始出版物中，这些人名是用大写字母书写的。）

最后的竞赛：爱因斯坦对希尔伯特

当爱因斯坦正致力于他的理论的最后阶段时，一个并存而可相比拟的努力正在哥廷根进行。那个时代公认的领头数学家希尔伯特，递交了他的著名论文《关于物理学的基础》（首次文稿）。这个哥廷根科学院演讲的发布版本含有广义相对论的正确场方程，发布于 1915 年 11 月 20 日，这就是说，是在爱因斯坦递交最后那篇论文的前 5 天。虽然希尔伯特的论文直到 1916 年才刊印，但人们常常声称，在提出场方程方面，他应该优先于爱因斯坦。起初，爱因斯坦也担心希尔伯特可能会要求自己的优先权。这是这两位私人兼专业朋友之间虽然短暂但很激烈的争论的根源。”[41]

关于希尔伯特优先权的共识发生了戏剧性的逆转，在他的档案中发现了他在科学院演讲的毛条校样，上面盖有“1915 年 12 月 6 日”字样的印章，这确定了校样是在爱因斯坦的结论性论文之后。[42]希尔伯特的校样中提出的理论，在某些重要方面与已发布的版本明显不同，因此他一定是在出版前对校样中记录的版本进行了相

希尔伯特和爱因斯坦，谁获得了第一？

当大的修改。结果发现，希尔伯特理论校样版本的概念基础，在很多方面更类似于爱因斯坦的纲领理论，而不是广义相对论的最终版本。以此背景而言，希尔伯特似乎未必掌握了解决爱因斯坦问题的钥匙，或者他的贡献未必表示了一种不需要与物理策略交互的数学策略的胜利 。①

希尔伯特在论文中大度地承认了爱因斯坦的初创权："在我看来，这里得出的引力微分方程，与爱因斯坦建立的广义相对论的伟大理论是一致的。"[43]

1916 年手稿：故事并未结束

在 1914 年秋天，爱因斯坦对纲领理论的信心达到了顶点，他写了一篇全面的评述性文章《相对论广义理论的形式基础》，发表于普鲁士皇家科学院的会议报告中。爱因斯坦后来在给索末菲的信中，这样提到 1915 年的科学院论文："不幸的是，我把我在这场战斗中的最后几个错误，永久地留在了科学院论文中。"[44] 在写给朋友爱伦弗斯特的信中，爱因斯坦甚至对自己 1914 年的评述文章，自我嘲弄道："爱因斯坦这个家伙每年都要收回前一年所写的，这对他来说已是家常便饭了。"[45]

1915 年 11 月 25 日之后，爱因斯坦准备总结他的广义相对论，就写在本书所复制的手稿中。手稿的开头两部分非常接近他基于纲领理论而写于 1914 年的总结文章。手稿中对场方程的引入和对能量动量守恒的讨论，与 1914 年文章的相应章节有很大不同。这两部分内容非常接近爱因斯坦给爱伦弗斯特的信中所述的内容，在信中爱因斯坦回答了爱伦弗斯特提出的问题和评论，爱因斯坦把爱伦弗斯特当成密友，多次征询他的意见。最后一节包含理论的三个基本预言：在太阳引力场中的光线偏折，引力红移和水星近日点进动。

附加在这份广义相对论手稿正文之后的是一份 5 页的手稿，题为《附录：基于变分原理的理论表述》。从手稿开头的方程和段落标号来看，爱因斯坦原本打算把它包括在文章的核心部分。后来他改变了那些标号并增加了题目，表明他决定将这部分内容作为文章的附录来发表。最终他决定不将这部分包括在内。大约 7 个月以后，他在普鲁士皇家科学院的会议报告中发表了一篇非常类似的文章，题目是《哈密顿原理和广义相对论》。[46]

附录填补了爱因斯坦评述论文正文的一个重要空白。它建立了协变性和能量守

① 不论在当年，还是今天，谁胜谁负，无人知晓。世人无法知道，在11月18日以后的一周内，爱因斯坦是否认真研读了希尔伯特的论文。不过，许多天才的物理想法，确实来自物理学家爱因斯坦，而不是数学家希尔伯特。——译者注

恒之间的联系，而不受正文中一直采用的幺模坐标的限制。在纲领理论中，爱因斯坦已经建立了这种联系，以诺特（Emmy Noether）关于不变性与守恒定律之间关系的著名定理而达到高潮。但是，使用幺模坐标的最后理论表述，妨碍爱因斯坦延续这一关系。这一缺陷在附录中得以弥补，正如爱因斯坦在与他的朋友和同事通信时自豪讲述的那样。例如，他给贝索的信中写道：“不久之后你会收到我的一篇短文，是关于广义相对论基础的，其中表明了相对性要求是如何与能量原理联系起来的。极有意思。”[47]

发表版本和未刊印的手稿之间的差异是引人注目的，特别是在爱因斯坦提到希尔伯特和洛伦兹的时候。附录手稿包含两个简短的脚注，而在已发表的论文中，这些脚注放在了更醒目和突出的地方，放在整个计算阶段开始前的一段中。对这些差异的解释，提供了一种额外的帮助，用以了解爱因斯坦通往广义相对论之路的最后阶段。

这些介绍性注释重构了导致爱因斯坦在 1915 年形成广义相对论的探索法的复杂过程。特别是，爱因斯坦的探索法和他的中间数学结果之间的相互影响起到了关键作用。这些具体结果获得了新的物理解释，从而改变了探索法。然而，这种相互影响并没有随着 1915 年 11 月结论性论文中场方程的建立而终结。至少直到 1930 年，

The end (?).

剧终了？演出必将继续！

爱因斯坦的探索法与新理论含义之间的紧张状态仍表征着它的进一步发展，在某些方面，这个过程甚至延续至今。

注释

［1］参见 John Stachel（ed.），《爱因斯坦奇迹年：改变物理世界的 5 篇论文》（Princeton，NJ：Princeton University Press，2005）。

［2］参见 John Stachel，文章《开始两幕》的前言，in *The Genesis of General Relativity*，vol. 1，pp. 81ff。

［3］参见 Philipp Frank（ed.），《爱因斯坦：他的生活和时代》（New York：Da Capo，1989）。

［4］Albert Einstein，《关于相对性原理和由此得出的结论》（1907），in CPAE vol. 2，Doc. 47，252－311。

［5］Max Abraham，《引力的理论》，*Physikalische Zeitschrift* 13（1912）：1－4. English translation in *The Genesis of General Relativity*，vol. 3，pp. 331－339。

［6］Einstein 致 Michele Besso，1912 年 3 月 26 日，in CPAE vol. 5，Doc. 377，pp. 276－279。

［7］完整的前言收录在 CPAE vol. 6，Doc. 42，p. 418。

［8］叙述和分析《苏黎世笔记》in *Einstein's Zurich Notebook*：*Commentary and Essays*，vol. 2 of *The Genesis of General Relativity*。

［9］Albert Einstein and Marcel Grossmann，《相对论广义理论和引力理论纲领》（1913），in CPAE vol. 4，Doc. 13，pp. 151－188。

［10］在《什么是爱因斯坦所知道的，以及何时知道的？贝索 1913 年 8 月备忘录》中，叙述了《爱因斯坦－贝索手稿》in *The Genesis of General Relativity*，vol. 2，pp. 785－837. 也可参见 John Earman and Michel Janssen，《爱因斯坦对水星近日点进动的解释》in *The Attraction of Gravitation*，vol. 5 of *Einstein Studies*，ed. J. Earman，M. Janssen，and J. D. Norton（Boston：Birkhäuser，1993），129－172。

［11］Einstein 致 H. A. Lorentz，1913 年 8 月 14 日，in CPAE vol. 5，Doc. 467，pp. 349－351。

［12］Einstein 致 Heinrich Zangger，1914 年 6 月 27 日，in CPAE vol. 8，Doc. 16a；reprinted in vol. 10，Doc. 349a，pp. 11－12。

［13］参见 Hanoch Gutfreund，《爱因斯坦的犹太人身份》in *Einstein for the 21st Century*：*His Legacy in Science*，*Art*，*and Modern Culture*（Princeton，NJ：Princeton University Press，2008）；and John Stachel，《爱因斯坦的犹太人身份》in *Einstein from 'B' to 'Z'*（Basel：Birkhäuser，2002）. 关于爱因斯坦的政治思想，参见 David E. Rowe and Robert Schulmann（eds.），*Einstein on Politics*：*His Private Thoughts and Public Stands on Nationalism*，*Zionism*，*War*，*Peace*，*and the Bomb*（Princeton，NJ：Princeton University Press，2007）。

［14］Albert Einstein，《相对论广义理论的形式基础》（1914），in CPAE，vol. 6，Doc. 9，pp. 30－84。

［15］Gerald Holton，《爱因斯坦是谁？为什么他还在焕发活力？》in *Einstein for the 21st Century*。

［16］参见 Scott Walter，《4 矢量的破缺：引力中的四维运动，1905—1910》，in *The Genesis of General Relativity*，vol. 3，pp. 194－252。

［17］马赫对经典力学的批判，见 Ernst Mach，*The Science of Mechanics*：*A Critical and Historical Account of Its Development*（LaSalle，Ill.：Open Court Publ.，1960）。

［18］参见 Jürgen Renn，《混乱中的经典物理学》，and John Stachel，《开始两幕》，both in *The Genesis of General Relativity*，vol. 1，pp. 21－80 and pp. 81－111，respectively。

［19］Albert Einstein，《自述》，ed. P. A. Schilpp（La Salle IL：Open Court，[1949] 1979），61。

［20］参见 John Stachel，《阿尔伯特·爱因斯坦：一位千年伟人》，in *International Conference on the Albert Einstein's Century*，*11－22 July 2005*，ed. J. Alimi and A. Fufza（Paris，France：Melville：

American Institute of Physics Press，2006），211－244;《爱因斯坦的直觉和后牛顿近似》，in *Proceedings of the Conference Topics in Mathematical Physics，General Relativity and Cosmology on the Occasion of the 75th Birthday of Professor Jerzy F. Plebanski*（Mexico City：World Scientific，2002），453－467。

[21] 参见 Michel Janssen，《孪生子和水桶：爱因斯坦的广义相对论与其说是关于相对运动，不如说是关于引力的》，*Studies in History and Philosophy of Modern Physics* 43（2012）：159－175。

[22] 德语原文为“der glücklichste Gedanke meines Lebens，”CPAE vol. 7，Doc. 31，p. 136 [p. 21]。

[23] 参见 the discussion in John Stachel，《广义相对论历史中缺少的一环：刚性转动盘》，in *Einstein and the History of General Relativity*，ed. D. Howard and J. Stachel，vol. 1 of *Einstein Studies*（Boston：Birkhäuser，1989），48－62. 也可参考 Michel Janssen《不成功便失败：爱因斯坦对广义相对论的探索，1907—1920》，in *The Cambridge Companion to Einstein*，ed. M. Janssen and C. Lehner（Cambridge：Cambridge University Press，2014），167－227 [p. 181]。

[24] Albert Einstein，《光速和静态引力场》（1912），reprinted in CPAE vol. 4，Doc. 3，pp. 95－106.

[25] 参见 Jürgen Renn and Tilman Sauer，《经典物理学的出路》，in *The Genesis of General Relativity*，vol. 1，pp. 133－312。

[26] 参见注释 1。

[27] Einstein 致 H. A. Lorentz，1913 年 8 月 16 日，in CPAE vol. 5，Doc. 470，pp. 352－353。

[28] Einstein 致 Ernst Mach，1913 年 12 月下半月，in CPAE vol. 5，Doc. 495，pp. 370－371。

[29] 参见 John Stachel，《洞论据和一些物理学与哲学蕴涵》，*Living Reviews in Relativity* 17（2014）：1－66. http://www.livingreviews.org/lrr-2014-1。

[30] Einstein 致 Ludwig Hopf，1913 年 11 月 2 日，CPAE vol. 5，Doc. 480，pp. 358－359。

[31] Einstein 致 Michele Besso 1914 年 3 月 10 日左右，in CPAE vol. 5，Doc. 514，pp. 381－382。

[32] 参见 Albert Einstein and Marcel Grossmann，《基于广义相对论的引力理论场方程的协变性》（1914），in CPAE vol. 6，Doc. 2，pp. 6－15。

[33] Einstein 致 Conrad Habicht，1907 年 12 月 24 日，in CPAE vol. 5，Doc. 69，p. 47。

[34] 爱因斯坦－贝索手稿（参见注释 10）。

[35] 参见 Michel Janssen，《转动是爱因斯坦纲领理论的克星》，in *The Expanding Worlds of General Relativity*，ed. H. Goenner，J. Renn，J. Ritter and T. Sauer，vol. 7 of *Einstein Studies*（Boston：Birkhäuser，1999）. 也可参见一个简明而更新了的版本，Michel Janssen《不成功便失败……》，167－227。

[36] 说明 1915 年 11 月进展的更详细的技术性版本，可参见 Michel Janssen and Jürgen Renn，《打开心结：爱因斯坦如何找回了在苏黎世笔记中舍弃的场方程》，in *The Genesis of General Relativity*，vol. 2，pp. 839－925。

[37] Albert Einstein，《关于广义相对论》（1915），in CPAE vol. 6，Doc. 21，pp. 98－107。

[38] Albert Einstein，《关于广义相对论》（补遗）（1915），in CPAE vol. 6，Doc. 22，pp. 108－110.

[39] Albert Einstein，《以广义相对论解释水星近日点进动》（1915），in CPAE vol. 6，Doc. 24，pp. 112－116。

[40] Albert Einstein，《引力场方程》（1915），in CPAE 6，Doc. 25，pp. 117－120。

[41] Einstein 致 Heinrich Zangger，1915 年 11 月 26 日，in CPAE vol. 8，Doc. 152，pp. 150－151.

[42] 参见 Leo Corry，Jürgen Renn，and John Stachel，《希尔伯特－爱因斯坦优先权之争的迟来的决定》，*Science* 278（1997）：1270－1273。

[43] David Hilbert，《关于物理学的基础》（首次文稿），*Konigliche Gesellschaft der Wissenschaften zu Gottingen. Mathematisch- Physikalische Klasse. Nachrichten*（1915）：395－407。

[44] Einstein 致 Arnold Sommerfeld，1915 年 11 月 28 日，CPAE vol. 8，Doc. 153，pp. 152－153.

[45] Einstein 致 Paul Ehrenfest，1915 年 12 月 26 日，CPAE vol. 8，Doc. 173，pp. 167－168。

[46]《哈密顿原理和广义相对论》（称为《十月论文》），in CPAE vol. 6，Doc. 41，pp. 240－245。

[47] Einstein 致 Michele Besso，1916 年 10 月 31 日，in CPAE vol. 8，Doc. 270，p. 257－259。

手稿注释

注释再现了原始手稿的页码。为了区分其内容，将注释分成三种不同的类型。采用纤黑体的第一类文字指特定手稿页的内容，而采用宋体并带有竖线的第二类文字引证了相关背景材料。楷体的文字解释了特定的想法或概念。文献注释安排在本章结尾处。在页眉处，在本书真正页码旁边的方括号内给出了手稿的页码。这种在方括号内的编号也反映在这部分的交叉引用上。

(1)

Die Grundlage der allgemeinen Relativitätstheorie.

~~A. Prinzipielle Erwägungen zum Postulat der Relativität.~~

~~§1. Die spezielle Relativitätstheorie.~~

Die im Nachfolgenden dargelegte Theorie bildet die denkbar weitgehendste Verallgemeinerung der heute allgemein als „Relativitätstheorie" bezeichneten Theorie; die letztere nenne ich im Folgenden zur Unterscheidung von der ersteren „spezielle Relativitätstheorie" und setze sie als bekannt voraus. Die Verallgemeinerung der Relativitätstheorie wurde sehr erleichtert durch die Gestalt, welche der speziellen Relativitätstheorie durch Minkowski gegeben wurde, welcher Mathematiker zuerst die formale Gleichwertigkeit der räumlichen Koordinaten und der Zeitkoordinate klar erkannte und für den Aufbau der Theorie nutzbar machte. Die für die allgemeine Relativitätstheorie nötigen mathematischen Hilfsmittel lagen fertig bereit in dem „absoluten Differentialkalkül", welcher auf den Forschungen von Gauss, ~~und~~ Riemann und Christoffel über nichteuklidische Mannigfaltigkeiten ruht und von Ricci und Levi-Civita in ein System gebracht und bereits ~~für~~ auf Probleme der theoretischen Physik angewendet wurde. Ich habe im Abschnitt B der vorliegenden Abhandlung alle für uns nötigen, bei dem Physiker nicht als bekannt vorauszusetzenden mathematischen Hilfsmittel ~~entwickelt~~ in möglichst einfacher und durchsichtiger Weise entwickelt, sodass ein Studium mathematischer Literatur für das Verständnis der vorliegenden Abhandlung nicht erforderlich ist. Endlich sei an dieser Stelle dankbar meines Freundes, des Mathematikers Grossmann gedacht, der mir ~~nicht~~ ~~nur~~ durch seine Hilfe nicht nur das Studium der einschlägigen mathematischen Literatur ersparte, sondern mich auch beim Suchen nach den Feldgleichungen der Gravitation ~~vielfach~~ unterstützte.

A. Prinzipielle Erwägungen zum Postulat der Relativität.

§1. ~~Die~~ Bemerkungen zu der speziellen Relativitätstheorie.

Der speziellen Relativitätstheorie liegt ~~zunächst~~ folgendes Postulat zugrunde, welchem auch durch die Galilei-Newton'sche Mechanik Genüge geleistet wird: Wird ein Koordinatensystem K so gewählt, dass inbezug auf dasselbe die physikalischen Gesetze in ihrer einfachsten Form gelten, so gelten dieselben Gesetze auch inbezug auf jedes andere Koordinatensystem K', das relativ zu K in gleichförmiger Translationsbewegung begriffen ist. Dies Postulat nennen wir „spezielles Relativitätsprinzip". Durch das Wort „speziell" soll angedeutet werden, dass das Prinzip auf den

为什么爱因斯坦要超越狭义相对论?

为什么爱因斯坦在 1905 年首先构想了狭义相对论?它的主要成就是延伸了伽利略–牛顿相对性原理，这个原理规定了在所有以恒定速度相对运动的惯性参考系中，力学定律是相同的。爱因斯坦将这个原理延伸到所有物理定律。经典的相对性原理可以由窗户被遮挡且以恒定速度运动的火车模型来描述。在那列火车上，乘客所进行的力学测量不能告诉他们火车是静止的还是相对于站台运动的。

这个相对性原理能扩展到包含电磁现象，比如光在内的所有物理现象吗?对电磁现象的普遍描述是基于麦克斯韦方程的，由此看来要将这类现象纳入经典的相对性原理几乎是不可能的。光是熟知的波动现象，这种现象需要有传播介质的存在。在电磁情形下，这种介质被称为“以太”，但结果发现无法通过实验探测到以太。以太是固定不动的，并且构成了一个优先参考系，出现在麦克斯韦方程中的光速在这个参考系中是常数。爱因斯坦作了一个与经典物理不相容的大胆假设，即光速的不变性在所有惯性系中都成立，而以太不存在，因此将相对性原理扩展到所有物理现象。如果光速不是常数，在不同惯性系中电磁定律将会不同。

在 1917 年出版的关于狭义相对论和广义相对论的普及本中，爱因斯坦写道:“由于狭义相对论的引入已经证明是正确的，每一个力求普遍化的智力超群者，必定受到一种诱惑，想向广义相对论迈出尝试的一步。”极少数确实想迈出那一步的“大智慧人士”，在物理学的边缘徘徊而没有成功，只有爱因斯坦从 1907 年开始就坚持不懈地遵照这个直觉行进。

这份手稿总结了爱因斯坦超越狭义相对论的这种努力的成功结论。在第一页中，为了加入一段导言，他将拟定的 A 部分和第 1 节的标题移到了本页的后面，在导言中，他提到了在他发现广义相对论过程中起到重要作用的一些人的名字:

· 闵可夫斯基发展了狭义相对论在四维时空下的几何形式，这成为从狭义到广义理论过渡的自然出发点;

· 高斯是曲面几何的创立者;

· 黎曼，克利斯朵夫，里奇–库尔巴斯特罗，和勒维–西维他，这些数学家将高斯的工作扩展到高维并发展了必要的数学概念和方法;

· 格罗斯曼，爱因斯坦特别感激他，因为在广义相对论发展的早期阶段，是他引进了数学工具并和爱因斯坦一起工作。

(2)

Fall beschränkt ist, dass K' eine gleichförmige Translationsbewegung gegen K ausführt, dass sich aber die Gleichwertigkeit von K' und K nicht auf den Fall ungleichförmiger Bewegung von K' gegen K erstreckt.

Die spezielle Relativitätstheorie weicht also von der klassischen Mechanik nicht durch das Relativitätspostulat ab, sondern allein durch das Postulat von der Konstanz der Vakuum-Lichtgeschwindigkeit, aus welchem im Verein mit dem speziellen Relativitätsprinzip die Relativität der Gleichzeitigkeit sowie die Lorentztransformation und die mit dieser verknüpften Gesetze über das Verhalten bewegter starrer Körper und Uhren in bekannter Weise folgen.

Die Modifikation, welche die Theorie von Raum und Zeit durch die spezielle Relativitätstheorie erfahren hat, ist zwar eine tiefgehende; aber ein wichtiger Punkt blieb unangetastet. Auch gemäss der speziellen Relativitätstheorie sind nämlich die Sätze der Geometrie unmittelbar als die Gesetze über die möglichen relativen Lagen (ruhender) fester Körper zu deuten, allgemeiner die Sätze der Kinematik als Sätze, welche das Verhalten von Messkörpern und Uhren beschreiben. Zwei hervorgehobenen materiellen Punkten eines ruhenden (starren) Körpers entspricht hiebei stets eine Strecke von ganz bestimmter Länge, unabhängig von Ort und Orientierung des Körpers, sowie von der Zeit; zwei hervorgehobenen Zeigerstellungen einer relativ zum (berechtigten) Bezugssystem ruhenden Uhr entspricht stets eine Zeitstrecke von bestimmter Länge, unabhängig von Ort und Zeit. Es wird sich bald zeigen, dass die allgemeine Relativitätstheorie an dieser einfachen physikalischen Deutung von Raum und Zeit nicht festhalten kann.

§2. Über die Gründe, welche eine Erweiterung des Relativitätspostulates nahelegen.

Der klassischen Mechanik und nicht minder der speziellen Relativitätstheorie haftet ein erkenntnistheoretischer Mangel an, der vielleicht zum ersten Male von E. Mach klar hervorgehoben wurde. Wir erläutern ihn am folgenden Beispiel. Zwei flüssige Körper von gleicher Grösse und Art schweben frei im Raume in so grosser Entfernung voneinander (und von allen übrigen Massen), dass nur diejenigen Gravitationskräfte berücksichtigt werden müssen, welche die Teile dieser Körper aufeinander ausüben. Die Entfernung der Körper voneinander sei unveränderlich. Relative Bewegungen der Teile jedes der Körper gegeneinander sollen nicht auftreten. Aber jede Masse soll – von einem relativ zu der andern Masse ruhenden Beobachter aus beurteilt – um die Verbindungslinie der Massen mit konstanter Winkelgeschwindigkeit rotieren (es ist dies eine konstatierbare Relativbewegung beider Massen). Nun denken wir

经典时空概念错在哪里?

时空的经典概念不仅仅基于尺和钟的实践经验，它们也是经典力学和天文学的良好基础——的确，它们如此之好以至于几乎没人认为它们会改变。然而，挑战来了。

爱因斯坦在 1905 年将经典的相对性原理扩展到包含电磁现象，对基于麦克斯韦、赫兹和洛伦兹所发展的电磁学给予了重新解释。从电磁学中，爱因斯坦推断出了光速必须永远保持不变的原理。相对性原理和光速不变原理合起来，蕴含了对时空概念的根本修正。诸如时间和空间的特定切片之类的整体概念，只是一个约定的性状，而这不是物理相关联的，在这个意义上，时间和空间失去了绝对意义。时间是由时钟所测量的，因此，与经典物理相比，重要的是，局域时间依赖于两个事件之间的路径。狭义相对论包含了对时空概念的深远修正，但是时空测量的这方面未受影响。在经典物理学和狭义相对论中，几何定律可以直接解释为关于刚体静止位置的定律。这同样也适用于对给定参考系静止的钟的指针在两个选定位置之间的时间间隔。爱因斯坦提请读者认识到这个事实：在向广义相对论过渡时，对于时空的这个简单的物理解释将被摒弃。

爱因斯坦通过指向经典牛顿力学中的一个基本认识论缺陷 [这个缺陷最先是由马赫强调的]，开始阐述从狭义相对论到广义相对论的转变。他甚至宣称这个缺陷对经典力学和狭义相对论都存在，没有意识到狭义相对论在某种意义上已经解决了这个问题。爱因斯坦通过两个天体的例子证明了这个问题，这两个天体一个在旋转，而另一个不转。这就是著名的牛顿“两个水桶实验”（在下一页中还要讲到）的爱因斯坦版本。

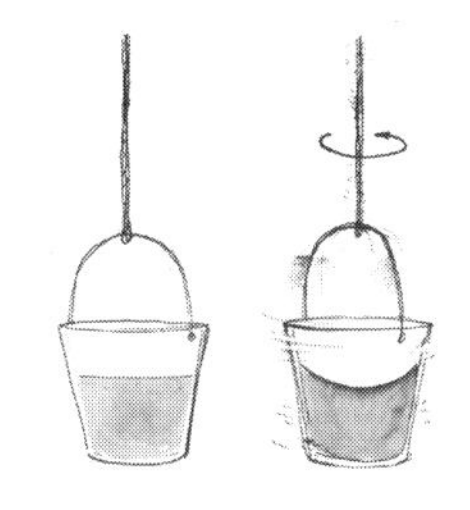

牛顿力学基于这样的观念：空间的本性是绝对的，它与外来物体无关，它永远相同并且固定不动。而相对和绝对运动之间是有区别的。牛顿利用他的水桶实验解释了这个区别。两个同样盛满了水的水桶，其中一个水桶在旋转。旋转水桶中水的抛物面是由离心力引起的，这只在这个水桶中出现。根据牛顿理论，旋转是对绝对空间发生的，离心力的出现区分出了绝对和相对运动。马赫拒绝绝对空间和绝对运动的观念，建议旋转水桶中水面的形状，可以解释为是相对于宇宙中的其余物质旋转而产生的。假如水桶静止而宇宙在旋转，将会产生同样的效果。爱因斯坦完全接受了马赫的思想方法，后来称其为“马赫原理”。依照爱因斯坦的说法，“马赫清楚地认识到经典力学的弱点，因此业已明了，需要一个相对论的广义理论”（马赫的讣告，1916）。

(3)

wir uns die Oberflächen beider Körper (S_1 und S_2) mit Hilfe (relativ ruhender) Massstäbe ausgemessen; es ergebe sich, dass die Oberfläche von S_1 eine Kugel, die von S_2 ein Rotationsellipsoid sei.

Wir fragen nun: Aus welchem Grunde verhalten sich die Körper S_1 und S_2 verschieden? Eine Antwort auf diese Frage kann nur dann als erkenntnistheoretisch befriedigend anerkannt werden, wenn die als Grund angegebene Sache eine beobachtbare Erfahrungs-Thatsache ist; denn das Kausalitätsgesetz hat nur dann den Sinn einer Aussage über die Erfahrungswelt, wenn als Ursachen und Wirkungen letzten Endes nur beobachtbare Thatsachen auftreten.

Die Newton'sche Mechanik gibt auf diese Frage keine befriedigende Antwort. Sie sagt nämlich folgendes. Die Gesetze der Mechanik gelten wohl für einen Raum R_1, gegen welchen der Körper S_1 in Ruhe ist, nicht aber gegenüber einem Raume R_2, gegen welchen S_2 in Ruhe ist. Der berechtigte Galileische Raum R_1, der hiebei eingeführt wird, ist aber eine bloss fingierte Ursache, keine beobachtbare Sache. Es ist also klar, dass die Newton'sche Mechanik der Forderung der Kausalität in dem betrachteten Falle nicht wirklich, sondern nur scheinbar Genüge leistet, indem sie die bloss fingierte Ursache R_1 für das beobachtbare verschiedene Verhalten der Körper S_1 und S_2 verantwortlich macht.

Eine befriedigende Antwort auf die oben aufgeworfene Frage kann nur so lauten. Das aus S_1 und S_2 bestehende physikalische System zeigt für sich allein keine denkbare Ursache, auf welche das verschiedene Verhalten von S_1 und S_2 zurückgeführt werden könnte. Die Ursache muss also ausserhalb dieses Systems liegen. Man gelangt zu der Auffassung, dass die allgemeinen Bewegungsgesetze, welche im Speziellen die Gestalten von S_1 und S_2 bestimmen, derart sein müssen, dass das mechanische Verhalten von S_1 und S_2 ganz wesentlich durch ferne Massen mitbedingt werden muss, welche wir nicht zu dem betrachteten System gerechnet hatten. Diese fernen Massen (und ihre Relativbewegungen gegen die betrachteten Körper) sind dann als Träger prinzipiell beobachtbarer Ursachen für das verschiedene Verhalten unserer betrachteten Körper anzusehen; sie übernehmen die Rolle der fingierten Ursache R_1. Von allen denkbaren, relativ zueinander beliebig bewegten Räumen R_1, R_2 etc. darf a priori keiner als bevorzugt angesehen werden, wenn nicht der dargelegte erkenntnistheoretische Einwand wieder aufleben soll. Die Gesetze der Physik müssen so beschaffen sein, dass sie in bezug auf beliebig bewegte Bezugssysteme gelten. Wir gelangen also auf diesem Wege zu einer Erweiterung des Relativitätspostulates.

× Eine derartige erkenntnistheoretisch befriedigende Antwort kann natürlich immer noch physikalisch unzutreffend sein, falls sie mit anderen Erfahrungen im Widerspruch ist.

为什么爱因斯坦看到了其他人没看到的困难?

在20世纪初，经典物理学处于巅峰时期。它成功地解释了许多现象。当新的实验揭示了深刻的新见解，例如新形式辐射的发现，它们没有被认为是对时空这样的基本概念的挑战。爱因斯坦为什么要质疑这些根基呢?

爱因斯坦原本并不是一位哲学家，但是，像他的同行一样，他对物理解释感兴趣。然而，在寻找基本原理和物理理论时，他领会了认识论的思维价值。在构想狭义和广义相对论时，他在几个层次上进行了思考：等待解释的具体现象的层次，可得到的数学和理论工具的层次，以及所用的物理概念的层次。他知道这些概念是暂时性的人类观念，不是先验给出的，因此可以修正。

根据爱因斯坦自己的证言，他深受哲学家大卫·休谟（David Hume）和物理学家-哲学家马赫的影响："没有人能否认是认识论学家铺开了进步的道路；对于我自己，我知道至少休谟和马赫，直接和间接地，都对我帮助很大。"很久之后，在他67岁，在他写的《自述》中，他评述摆脱同时性的绝对本性有多困难时，他又谈到了这点："清晰认识这条公理及其任意性已经表明了解决问题的要素。就我来说，发现这个中心点所需的关键推理类型得益于哲学著作，休谟和马赫的作品尤为重要。"

在伯尔尼的那几年里（1902—1908），爱因斯坦和他的两个朋友索洛文（Maurice Solovine）和哈比切特（Conrad Habicht）组织了一个阅读俱乐部，他们称为"奥林匹亚学院"。在那时，他们读了马赫的《感觉分析和身体与心理的关系》以及休谟的《人性论》。在学生时代，爱因斯坦也读过马赫的《力学》。

苏黎世图书馆档案馆

在正文中，爱因斯坦描述了他自己版本的牛顿水桶论据。他指的是由同样大小和性质的两个流动物体组成的系统，它们在空间上是分离的。其中一个物体绕着连接这两个物体的轴，以恒定角速度转动。相对其中任意一个物体静止的观测者，看到另一个在转动，还看到只有一个物体的形状由于转动而改变了。在这个两体系统之内，爱因斯坦看不到任何导致它们不同行为的可能原因。因此，他追随马赫而得到结论，这个不同必定归因于系统之外，差异因宇宙中的遥远质量而生。不管相对哪个物体静止的参考系都不享有特权。这个结论将他引向广义相对性原理：物理定律必定具有这样的基本特征，它们适用于以任意形式运动的参考系。

(4)

Ausser diesem schwerwiegenden erkenntnistheoretischen Argument spricht aber auch eine wohlbekannte physikalische Thatsache für eine Erweiterung der Relativitätstheorie. Es sei K ein Galileisches Bezugssystem, d. h. ein solches, relativ zu welchem (mindestens in dem betrachteten vierdimensionalen Gebiete) eine von anderen hinlänglich entfernte Masse sich gradlinig und gleichförmig bewegt. Es sei K' ein zweites Koordinatensystem, welches relativ zu K in gleichförmig beschleunigter Translationsbewegung sei. Relativ zu K' führte dann eine von anderen hinreichend getrennte Masse eine beschleunigte Bewegung aus, derart, dass deren Beschleunigung und Beschleunigungsrichtung von ihrer stofflichen Zusammensetzung und ihrem physikalischen Zustande unabhängig ist.

Kann ein relativ zu K' ruhender Beobachter hieraus den Schluss ziehen, dass er sich auf einem „wirklich" beschleunigten Bezugssystem befindet? Diese Frage ist zu verneinen; denn das vorhin genannte Verhalten frei beweglicher Massen relativ zu K' kann ebensogut auf folgende Weise gedeutet werden. Das Bezugssystem K' ist unbeschleunigt; in dem betrachteten zeiträumlichen Gebiete herrscht aber ein Gravitationsfeld, welches die beschleunigte Bewegung der Körper relativ zu K' erzeugt.

Diese Auffassung wird dadurch ermöglicht, dass uns die Erfahrung die Existenz eines Kraftfeldes (nämlich des Gravitationsfeldes) gelehrt hat, welches die merkwürdige Eigenschaft hat, allen Körpern dieselbe Beschleunigung zu erteilen.[×] Das mechanische Verhalten der Körper relativ zu K' ist dasselbe, wie es gegenüber Systemen sich der Erfahrung darbietet, die wir als „ruhende" bezw. als „berechtigte" Systeme anzusehen gewohnt sind; deshalb liegt es auch vom physikalischen Standpunkt nahe, anzunehmen, dass die Systeme K und K' beide mit demselben Recht als „ruhend" angesehen werden können, bezw. dass sie als Bezugssysteme für die physikalische Beschreibung der Vorgänge gleichberechtigt seien.

Aus diesen Erwägungen sieht man, dass die Durchführung der allgemeinen Relativitäts-Theorie zugleich zu einer Theorie der Gravitation führen muss; denn man kann ein Gravitationsfeld durch blosse Änderung des Koordinatensystems „erzeugen". Ebenso sieht man unmittelbar, dass das Prinzip von der Konstanz der Vakuum-Lichtgeschwindigkeit eine Modifikation erfahren muss. Denn man erkennt leicht, dass die Bahn eines Lichtstrahles inbezug auf K' im Allgemeinen eine krumme sein muss, wenn sich das Licht inbezug auf K gradlinig und mit bestimmter, konstanter Geschwindigkeit fortpflanzt.

× Dass das Gravitationsfeld diese Eigenschaft mit grosser Genauigkeit besitzt, hat Eötvös experimentell bewiesen.

爱因斯坦最得意的想法是什么？它是如何产生的？

1922 年，爱因斯坦在京都大学发表了一次演讲，题目为《我是如何创造广义相对论的》。他回顾道："我坐在伯尔尼专利局的椅子上，突然想到，当一个人自由下落时，他将感受不到他自身的重量。我惊愕不已。这个简单的想法深深地震撼了我。它领我走向了引力理论。"在后来的生活中，爱因斯坦将这个意外发现称为他一生中"最得意的想法"。为什么这个想法对爱因斯坦如此重要？是什么激励了这个想法？首先，让我们来看看这个想法在爱因斯坦引力理论这项工作中的地位。

在这一页中，爱因斯坦记录了引力场具有一个显著的性质，能使所有物体有相同的加速度（"伽利略原理"）；在某种程度上引力和加速度是可以互换的。因此自由下落的观测者感受不到引力作用，在下落的片刻感觉就像宇航员。

类似地，外太空均匀加速的参考系中的观测者，可以将有质量物体关于这个系统的运动解释成这样，仿佛这个系统是静止的，但处在一个均匀的静态引力场中。这就是爱因斯坦著名的等效原理的核心。在某种程度上，这允许他借助于加速参考系来研究引力效应。借助于狭义相对论来对待这些参考系，早在形成完备的理论之前很久，他就能够认识引力场的相对论性性质了。对于这个理论发展的一些最重要的启发式提示来自等效原理，例如，光线在引力场中的弯曲。

一束相对于一个惯性参考系沿直线传播的光，在加速参考系中将会发生偏折。由等效原理，爱因斯坦推断在引力场中光线必定弯曲。

在 1919 年的日食期间对光线弯曲的观测，几乎在一夜之间，使爱因斯坦成为世界名人。

在经典力学中，物体的质量起着双重作用。首先，它决定了由给定力引起的加速度。就这点而言，它称为惯性质量。质量也决定了在给定引力场中作用在物体上的力。从这点看，它称为引力质量。在这页的脚注中，爱因斯坦提到了匈牙利物理学家厄阜（Lorand Eötvös），他以极大的精度证明了这两种质量是相等的。从经典物理的视角看，这种相等看起来仅仅是巧合。当爱因斯坦最初试图构想引力的相对论性理论时，这两者似乎不再相等了。但是后来他意识到，如果假设了等效原理，那么两种质量的相等将自动成立。这就是为什么爱因斯坦认为这是他"最得意的想法"。

(5)

§3. Das Raum-Zeit-Kontinuum. Forderung der allgemeinen Kovarianz für die die allgemeinen Naturgesetze ausdrückenden Gleichungen.

In der klassischen Mechanik sowie in der speziellen Relativitätstheorie haben die Koordinaten des Raumes und der Zeit eine unmittelbare physikalische Bedeutung. Ein Punktereignis hat die X_1-Koordinate x_1, bedeutet: Die nach den Regeln der Euklidischen Geometrie mittelst starrer Stäbe ermittelte Projektion des Punktereignisses auf die X_1-Achse wird erhalten, indem man einen bestimmten Stab, den Einheitsmassstab, x_1 mal vom Anfangspunkt des Koordinatenkörpers auf der (positiven) X_1-Achse abträgt. Ein Punkt hat die X_4-Koordinate $x_4 = t$, bedeutet: Eine relativ zum Koordinatensystem ruhend angeordnete, mit dem Punktereignis räumlich (praktisch) zusammenfallende Einheitsuhr, welche nach bestimmten Vorschriften gerichtet ist, hat $x_4 = t$ Perioden zurückgelegt beim Eintreten des Punktereignisses.*

Diese Auffassung von Raum und Zeit schwebte den Physikern stets, wenn auch meist unbewusst vor, wie aus der Rolle klar erkennbar ist, welche diese Begriffe in der messenden Physik spielen; diese Auffassung musste der Leser auch der zweiten Betrachtung des letzten § zugrunde legen, um mit diesen Ausführungen einen Sinn verbinden zu können. Aber wir wollen nun zeigen, dass man sie fallen lassen und durch eine allgemeinere ersetzen muss, um das Postulat der allgemeinen Relativität durchführen zu können, falls die spezielle Relativitätstheorie für den Grenzfall des Fehlens eines Gravitationsfeldes zutrifft.

Wir führen in einem Raume, der frei sei von Gravitationsfeldern, ein galileisches Bezugssystem K (x, y, z, t) ein, und ausserdem ein relativ zu K gleichförmig rotierendes Koordinatensystem $K'(x', y', z', t')$. Die Anfangspunkte beider Systeme sowie deren Z-Achsen mögen dauernd zusammenfallen. Wir wollen zeigen, dass für eine Raum-Zeitmessung im System K' die obige Festsetzung für die physikalische Bedeutung von Längen und Zeiten nicht aufrecht erhalten werden kann. Aus Symmetriegründen ist klar, dass ein Kreis um den Anfangspunkt in der X-Y-Ebene von K zugleich ein Kreis in der X'-Y'-Ebene von K' ist. Wir denken uns nun Umfang und Durchmesser dieses Kreises mit einem (relativ zum Radius unendlich kleinen) Einheitsmassstab ausgemessen und den Quotienten beider Messresultate gebildet. Würde man dies Experiment mit einem relativ zum galileischen System K ruhenden Massstabe ausführen, so würde man als Quotienten die Zahl π erhalten. Das Resultat der mit einem relativ zu K' ruhenden Massstabe ausgeführten Bestimmung würde eine Zahl sein, die grösser ist als π. Man erkennt dies leicht, wenn man den ganzen Messprozess vom „ruhenden" System K aus beurteilt und berücksichtigt, dass der peripherisch angelegte Massstab eine Lorentz-Verkürzung erleidet, der radial angelegte Massstab

---

*Die Konstatierbarkeit der „Gleichzeitigkeit" für räumlich unmittelbar benachbarte Ereignisse, oder – präziser gesagt – für das raumzeitliche unmittelbare Benachbart-Sein (Koinzidenz) nehmen wir an, ohne für diesen fundamentalen Begriff eine Definition zu geben.

为什么爱因斯坦引力理论需要非欧几何?

从历史角度看，更有趣的问题是，爱因斯坦最初是在什么时候，如何意识到他的新理论与非欧几何直接有关？尽管他在 1907 年就发现了等效原理，但直到 1911 年他才得到了它的推论并开始发展新的引力理论。

1912 年爱因斯坦首先阐述了一种静态引力场理论，类似于为人熟知的牛顿理论和静态电场情形。但是他知道他的理论也要包含引力的动力学效应，类似于动力学电磁场，如电磁感应或者波；然而，对于引力，这类动力学效应是未知的。正是在这一点上，等效原理再次拯救了他，因为等效原理启示可将发生在旋转参考系中（就像在牛顿的旋转水桶中）的加速力看成类比于电动力学中的磁场情形。但是旋转的例子也开启了通向新理论基础的新通道。对爱因斯坦来说，新的引力理论应该允许将旋转参考系解释成静止的，而将在这个参考系中发生的力看成动力学引力场。

为了证明为什么需要时空测量的“更一般观点”，就像在手稿第 2 页所宣称的那样，爱因斯坦讨论了参考系 K′ 相对于伽利略系 K 匀速旋转的情形，就像旋转木马那样。他用在 K 系中静止的测量尺和在 K′ 系中静止的尺，对旋转圆盘的周长和直径进行了测量。

对于相对伽利略参考系 K 静止的观测者，用对 K 系静止的尺测量的旋转圆盘的周长与直径比是 π。如果那个观测者用对 K′ 系静止的测量尺进行同样的测量，结果是不同的。根据狭义相对论，用来测量周长的尺，对那个观测者遭遇了洛伦兹收缩；因此，需要更多的尺。用来测量直径的尺的长度未受影响；因此，周长与直径的比大于 π。所以，欧几里得几何不适用于旋转系。由于旋转加速和引力之间的等效性，在引力的相对论性理论中，必须抛弃欧几里得几何。

欧几里得几何的两个重要性质是：（1）三角形的内角和是 180°（或者 π 弧度），（2）圆的周长与直径的比是 π。在非欧几何中这不再是必要的了。不同几何之间的区别在二维情形很直观，例如，一个平面和一个球面那样的曲面。对弯曲空间中非欧几何的研究是数学家高斯在 19 世纪开拓的，爱因斯坦在学生时期就学到了这些。

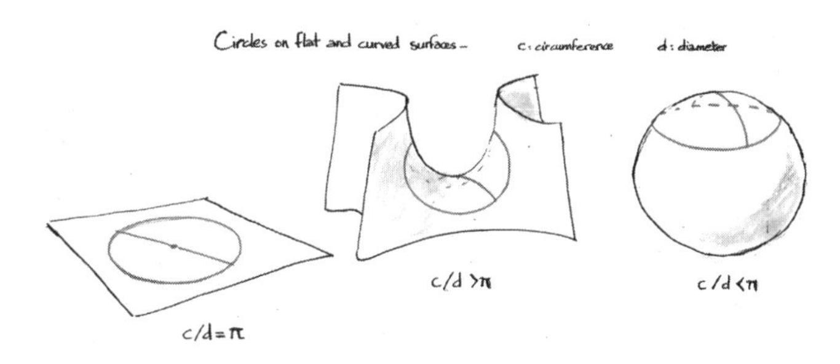

(6)

aber nicht. Es gilt daher inbezug auf K' nicht die Euklidische Geometrie; der oben festgelegte Koordinatenbegriff, welcher die Gültigkeit der Euklidischen Geometrie voraussetzt, versagt also mit Bezug auf das System K'. Ebensowenig kann man in K' eine den physikalischen Bedürfnissen entsprechende Zeit einführen, welche durch relativ zu K' ruhende, gleich beschaffene Uhren angezeigt wird. Um dies einzusehen, denke man sich im Koordinatenursprung und an der Peripherie des Kreises je eine von zwei gleich beschaffenen Uhren angeordnet und vom „ruhenden" System K aus betrachtet. Nach einem bekannten Resultat der speziellen Relativitätstheorie geht – von K aus beurteilt – die auf der Kreisperipherie angeordnete Uhr langsamer als die im Anfangspunkt angeordnete Uhr, weil erstere Uhr bewegt ist, die letztere aber nicht. Ein im gemeinsamen Koordinatenursprung befindlicher Beobachter, welcher auch die an der Peripherie befindliche Uhr mittelst des Lichtes zu beobachten fähig wäre, würde also die an der Peripherie angeordnete Uhr langsamer gehen sehen als die neben ihm angeordnete Uhr. Da er sich nicht dazu entschliessen wird, die Lichtgeschwindigkeit auf dem in Betracht kommenden Wege explizite von der Zeit abhängen zu lassen, wird er seine Beobachtung dahin interpretieren, dass die Uhr an der Peripherie „wirklich" langsamer gehe als die im Ursprung angeordnete. Er wird also nicht umhin können, die Zeit so zu definieren, dass die Gang-Geschwindigkeit einer Uhr vom Orte abhängt.

Wir gelangen also zu dem Ergebnis: In der allgemeinen Relativitätstheorie können Raum und Zeit-Grössen nicht so definiert werden, dass räumliche Koordinatendifferenzen unmittelbar mit dem Einheitsmassstab, zeitliche mit einer Normaluhr gemessen werden könnten.

Das bisherige Mittel, in das zeiträumliche Kontinuum in bestimmter Weise Koordinaten zu legen, versagt also, und es scheint sich auch kein anderer Weg darzubieten, der gestatten würde, der vierdimensionalen Welt Koordinatensysteme so anzupassen, dass bei ihrer Verwendung eine besonders einfache Formulierung der Naturgesetze zu erwarten wäre. Es bleibt daher nichts anderes übrig, als alle denkbaren[x] Koordinatensysteme als für die Naturbeschreibung prinzipiell gleichberechtigt anzusehen. Dies kommt auf die Forderung hinaus:

Die allgemeinen Naturgesetze sind durch Gleichungen auszudrücken, die für alle Koordinatensysteme gelten, d. h. die beliebigen Substitutionen gegenüber kovariant (allgemein kovariant) sind.

Es ist klar, dass eine Physik, welche diesem Postulat genügt, dem allgemeinen Relativitäts-Postulat gerecht wird. Denn in allen Substitutionen sind jedenfalls auch diejenigen enthalten, welche allen Relativbewegungen der (dreidimensionalen) Koordinatensysteme entsprechen.

[x] Von gewissen Beschränkungen, welche der Forderung der eindeutigen Zuordnung und derjenigen der Stetigkeit entsprechen, wollen wir hier nicht sprechen.

坐标在新引力理论中起什么作用?

为了决定空间中点的位置，我们必须选择一个坐标系。在平面上方便的坐标选择是笛卡儿坐标系，直线和垂直线的网格。或者，我们也可以选择曲线坐标系，但是在平直空间中，这总能变换到笛卡儿坐标。在弯曲空间中，不是每一种坐标选择都能约化到笛卡儿形式。

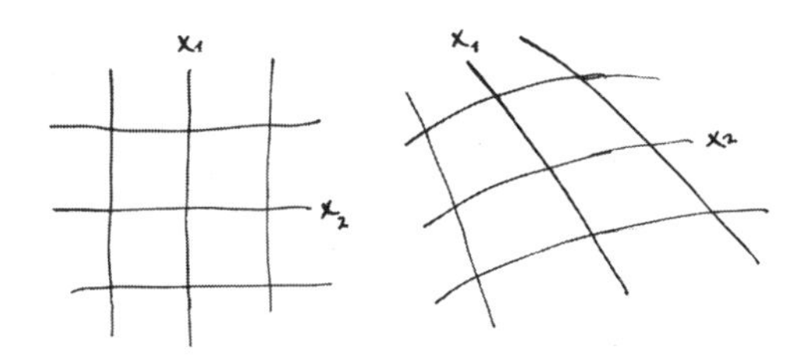

本页和接下来几页的讨论是作为序曲，以讨论广义相对论的中心思想，即，引力可以看成弯曲时空的几何。1921 年 1 月，爱因斯坦在普鲁士皇家科学院作了一个演讲，描述了几何在物理学中的地位。他断言:“如此完备的几何显而易见是一门自然科学；事实上，我们可以将它看成最古老的物理学分支。它的断言基本上依赖于来自经验的归纳，而不是仅仅依赖于逻辑推理。我们称其为‘实用几何’……宇宙的实用几何是欧几里得几何还是非欧几何，答案显然只能由经验提供。”

在新引力理论完成之前，坐标的物理意义问题一直让爱因斯坦感到困惑。在经典物理中，直觉上的坐标意义是清楚的：借助于尺和钟，坐标可用来识别和标记时空中的事件。但是旋转参考系以及依据动力学引力场对其所做的解释表明，坐标和时空测量之间的这种简单关系不成立。

考虑了测量尺以后，爱因斯坦又讨论了引力场中钟的奇异行为。为此，他再次利用参考系 K′ 对静止系 K 旋转的思想模型。在共有坐标原点上的观测者，利用光束比较他的钟上的时间和在旋转盘圆周上的钟显示的时间。由于狭义相对论的时间膨胀，他发现圆周上的钟比他的钟走得慢。延迟多少与旋转盘上钟的速度有关，也就是说，与它离开原点的距离有关。对旋转参考系静止的钟测量的时间与钟所在的位置有关。由等效原理可知，钟在引力场中的速率一定与钟的位置有关。爱因斯坦推断出，正像空间坐标的差异不能由单一的尺直接测量一样，时间坐标的差异不能由一个标准钟直接测量。

直接的物理意义不能归因于坐标系，这促使爱因斯坦得到结论：原则上，凡是可想象的坐标系，都可用来描述自然定律。因此，代表这些定律的方程，必须对任何坐标变换都保持不变。它们必须是广义协变的。在这份手稿中，爱因斯坦在这里首次使用了广义协变的概念。

Dass diese Forderung der allgemeinen Kovarianz, welche dem Raum und der Zeit den letzten Rest physikalischer Gegenständlichkeit nehmen, eine natürliche Forderung ist, geht aus folgender Überlegung hervor. Alle unsere zeiträumlichen Konstatierungen laufen stets auf die Bestimmung zeiträumlicher Koinzidenzen hinaus. Bestünde beispielsweise das Geschehen nur in der Bewegung materieller Punkte, so wäre letzten Endes nichts beobachtbar als die Begegnungen zweier oder mehrerer dieser Punkte. Auch die Ergebnisse unserer Messungen sind nichts anderes als die Konstatierung derartiger Begegnungen materieller Punkte unserer Massstäbe mit anderen materiellen Punkten, bezw. Koinzidenzen zwischen Uhrzeigern, Zifferblattpunkten und ins Auge gefassten am gleichen Orte und zur gleichen Zeit stattfindenden Punktereignissen.

Die Einführung eines Bezugssystems dient zu nichts anderem als zur leichteren Beschreibung der Gesamtheit solcher Koinzidenzen. Man ordnet der Welt vier zeiträumliche Variable x_1, x_2, x_3, x_4 zu derart, dass jedem Punktereignis ein Wertesystem der Variabeln $x_1 \cdot\cdot x_4$ entspricht. Zwei koinzidierenden Punktereignissen entspricht dasselbe Wertsystem der Variabeln $x_1 \cdot\cdot x_4$; d. h. die Koinzidenz ist durch die Übereinstimmung der Koordinaten charakterisiert. Führt man statt der Variabeln $x_1 \cdot\cdot x_4$ beliebige Funktionen derselben, x_1', x_2', x_3', x_4' als neues Koordinatensystem ein, sodass die Wertsysteme einander eindeutig zugeordnet sind, so ist die Gleichheit aller vier Koordinaten auch im neuen System der Ausdruck für die raum-zeitliche Koinzidenz zweier Punktereignisse. Da sich alle unsere physikalischen Erfahrungen letzten Endes auf solche Koinzidenzen zurückführen lassen, ist zunächst kein Grund vorhanden gewisse Koordinatensysteme vor anderen zu bevorzugen, d. h. wir gelangen zu der Forderung der allgemeinen Kovarianz.

§4. Beziehung der vier Koordinaten zu räumlichen und zeitlichen Messergebnissen. Analytischer Ausdruck für das Gravitationsfeld.

Es kommt mir in dieser Abhandlung nicht darauf an, die allgemeine Relativitätstheorie als ein möglichst einfaches logisches System mit einem Minimum von Axiomen darzustellen. Sondern es ist mein Hauptziel, diese Theorie so zu entwickeln, dass der Leser die psychologische Natürlichkeit des eingeschlagenen Weges empfindet, und dass die zu Grunde gelegten Voraussetzungen durch die Erfahrung möglichst gesichert erscheinen. In diesem Sinne sei nun die Voraussetzung eingeführt:

Für unendlich kleine vierdimensionale Gebiete ist die Relativitätstheorie im engeren Sinne bei passender Koordinatenwahl zutreffend.

Der Beschleunigungs-Zustand des unendlich kleinen („örtlichen") Koordinatensystems ist hierbei so zu wählen, dass ein Gravitationsfeld nicht auftritt; dies ist für ein unendlich kleines Gebiet möglich. X_1, X_2, X_3 seien die räumlichen Koordinaten; X_4 die zugehö-

广义协变性的意义是什么？

对爱因斯坦来说，他的理论的广义协变性有着深刻的哲学意义。广义协变性是广义相对性原理的数学表达，因而是他的理论的基石。这个想法后来受到了挑战，理由是广义协变性仅仅是方程的数学性质，而不是自然界的物理性质。结果证明任何理论都能表示成广义协变的形式。的确，牛顿力学和狭义相对论也能给出广义协变的形式。然而，这些形式没有像广义相对论那样去除固定时空背景。

在阐述理论的过程中，爱因斯坦起先认为，坐标本身可以用来确定空间和时间中的事件，因而是有物理意义的。但是这个想法导致了麻烦，因为这样就意味着他的理论不是广义协变的。实际上，通过假定坐标本身携带物理意义，他在 1913 年就利用一个论据构造了同一个场方程的两个截然不同的解，后来将此称为“洞论据”，之所以称为洞论据，是因为它指的是时空中一个没有物质的区域，两个不同的解可以在那里共存。在洞内，从一个已知的解，通过对初始坐标系变形，并将场在新坐标系中某点的值归因于旧坐标系中有着同样坐标标记的点，就能构造一个新的解（参见图示）。在当时，这个论据帮助爱因斯坦判断出他和格罗斯曼构想的纲领理论的确不是广义协变的。

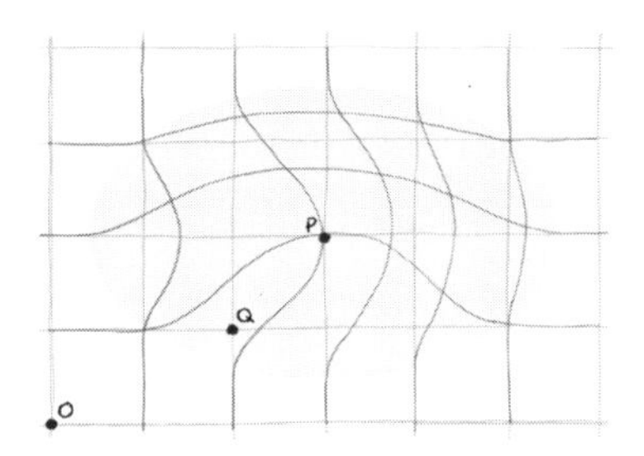

1915 年爱因斯坦构建了广义相对论，这个理论没有显示有这样的问题，但是，他仍然必须摆脱这个洞论据的羁绊。在审查这一点的过程中，爱因斯坦意识到坐标不具有内禀物理意义。很可能是哲学家史立克（ Moritz Schlick ）向他提议，只有物理上可测量的时空巧合，比如两条光线的交叉或者钟的指针位置，才有物理意义。

正是在复杂的火车思想促使下，爱因斯坦在本页开头写道：“广义协变性的要求使空间和时间不具有物理客观性，这是自然的，这将从以下思考中看出：我们所有的时空验证，无不等同于确定了时空巧合。”

注意爱因斯坦将第 4 节的标题从“基本的度规性质”改成了更具有描述性的标题“时空中四坐标与测量之间的关系”，这对应于他在接下来这页的第一个句子中强调的主要目标，不是给出理论的逻辑简明的表述，而是使它在直观上合理。

(8)

in geeignetem Masstabe gemessene[x] Zeitkoordinate. Diese Koordinaten haben, wenn ein starres Stäbchen als Einheitsmassstab gegeben gedacht wird, bei gegebener Orientierung des Koordinatensystems eine unmittelbare physikalische Bedeutung im Sinne der speziellen Relativitätstheorie. Der Ausdruck

$$ds^2 = -dX_1^2 - dX_2^2 - dX_3^2 + dX_4^2 \quad \cdots\cdots (1)$$

hat dann nach der speziellen Relativitätstheorie einen von der Orientierung des lokalen Koordinatensystems unabhängigen, durch Raum-Zeitmessung ermittelbaren Wert. Wir nennen ds die Grösse des zu den unendlich benachbarten Punkten des vierdimensionalen Raumes gehörigen Linienelementes. Ist das zu dem Element $(dX_1 \ldots dX_4)$ gehörige ds^2 positiv, so nennen wir mit Minkowski ersteres zeitartig, im entgegengesetzten Falle raumartig.

Zu dem betrachteten „Linienelement" bezw. zu den beiden unendlich benachbarten Punktereignissen gehören auch bestimmte Differentiale $dx_1 \ldots dx_4$ der vierdimensionalen Koordinaten des gewählten Bezugssystems. Ist dieses, sowie ein „lokales" System obiger Art für die betrachtete Stelle gegeben, so werden sich hier die dX_ν durch bestimmte lineare homogene Ausdrücke der dx_σ darstellen lassen:

$$dX_\nu = \sum_\sigma \alpha_{\nu\sigma} dx_\sigma \quad \cdots\cdots (2)$$

Setzt man diese Ausdrücke in (1) ein, so erhält man

$$ds^2 = \sum_{\sigma\tau} g_{\sigma\tau} dx_\sigma dx_\tau, \quad \cdots\cdots (3)$$

wobei die $g_{\sigma\tau}$ Funktionen der x_σ sein werden, die nicht mehr von der Orientierung und dem Bewegungszustand des „lokalen" Koordinatensystems abhängen können; denn ds^2 ist eine durch Masstab-Uhren-Messung ermittelbare, zu den betrachteten, zeiträumlich unendlich benachbarten Punktereignissen gehörige, unabhängig von jeder besonderen Koordinatenwahl definierte Grösse. Die $g_{\sigma\tau}$ sind hierbei so zu wählen, dass $g_{\sigma\tau} = g_{\tau\sigma}$ ist; die Summation ist über alle Werte von σ und τ zu erstrecken, sodass die Summe aus 4×4 Summanden besteht, von denen 12 paarweise gleich sind.

Der Fall der gewöhnlichen Relativitätstheorie geht aus dem hier betrachteten hervor, falls es vermöge des besonderen Verhaltens der $g_{\sigma\tau}$ in einem endlichen Gebiete, in diesem das Bezugssystem so zu wählen, dass die $g_{\sigma\tau}$ die konstanten Werte

$$\left.\begin{matrix} -1 & 0 & 0 & 0 \\ 0 & -1 & 0 & 0 \\ 0 & 0 & -1 & 0 \\ 0 & 0 & 0 & +1 \end{matrix}\right\} \quad (4)$$

[x] Die Zeiteinheit ist so zu wählen, dass die Vakuum-Lichtgeschwindigkeit – in dem „lokalen" Koordinatensystem gemessen – gleich 1 wird.

时空的几何是什么？

> 1907 年，闵可夫斯基发展了一套数学形式，用以表述空间和时间中的物理事件，以及由狭义相对论所表明的这些事件之间的关系。这套数学形式由一个四维时空组成，代表了物理参考系的坐标系，通过四个数来刻画每一个物理事件：三个空间坐标和一个时间坐标。时间坐标总是与光速常数相乘，因而它也有空间坐标的量纲，因此，闵可夫斯基的四维世界变成十分类似经典物理的三维欧几里得世界。

在这一页中，爱因斯坦引入了“线元”和“度规张量”的概念。线元 ds（d 代表无穷小差）是时空中两个相邻点之间的距离。线定义了坐标网，线元是根据连接线上两点的线段的投影 dx_{μ}（μ=1，2，3，4）来表达的。在狭义相对论的平坦闵可夫斯基时空中，线元的平方由方程（1）给出。它本质上是毕达哥拉斯定理向四维的延伸，并适应了时间坐标的特殊性。

在弯曲的四维时空中，计算从一点到任意邻点的距离，要用到 10 个数，ds^2 的表达式现在由方程（3）给出。可以很方便地将这些数表示成 4 × 4 的矩阵数组 $g_{\mu\nu}$，第一个指标代表矩阵的行，第二个指标代表列。这个数组是“度规张量”，它反映了在选定坐标系中时空的几何性质。一般来说，它的分量是时空中位置的函数。度规张量有 16 个分量，但其中只有 10 个是独立的，这是因为非对角分量之间是对称的——$g_{12}=g_{21}$，⋯。在狭义相对论的平坦时空中，度规张量约化成方程（4）的数组。在加速参考系中，也就是在存在引力场时，度规张量总是存在非常数的分量。

$$\begin{pmatrix} g_{11} & g_{12} & g_{13} & g_{14} \\ g_{21} & g_{22} & g_{23} & g_{24} \\ g_{31} & g_{32} & g_{33} & g_{34} \\ g_{41} & g_{42} & g_{43} & g_{44} \end{pmatrix}$$

> 爱因斯坦在尝试将引力归并到狭义相对论没有成功之后，他决定在等效原理——陈述了静态引力场可由均匀加速参考系来模拟——的基础上建立引力的相对性理论。这个考虑允许他利用在这个运动参考系中的狭义相对论性效应来得到关于引力的结论。1907 年他首先在一篇关于狭义相对论的综述文章中发表了这个原理。在那篇文章中，他也讨论了这个原理的一些直接应用，比如光线在引力场中的弯曲和引力对钟的效应。直到 4 年以后，爱因斯坦在布拉格的查尔斯大学德国分部担任理论物理学教授时（1911—1912），他才给出了原理的更加完备的形式，并更详尽地阐述了它的结果。

(9)

annehmen. Wir werden später sehen, dass die Wahl solcher Koordinaten für endliche Gebiete im Allgemeinen nicht möglich ist.

Aus den Betrachtungen des §2 und §3 geht hervor, dass die Grössen $g_{\sigma\tau}$ vom physikalischen Standpunkte aus als diejenigen Grössen anzusehen sind, welche das Gravitationsfeld inbezug auf das gewählte Bezugssystem beschreiben. Nehmen wir nämlich zunächst an, es sei für ein gewisses betrachtetes vierdimensionales Gebiet bei geeigneter Wahl der Koordinaten die spezielle Relativitätstheorie gültig. Die $g_{\sigma\tau}$ haben dann die in (4) angegebenen Werte. Ein freier materieller Punkt bewegt sich dann bezüglich dieses Systems geradlinig gleichförmig. Führt man nun durch eine beliebige Substitution neue Raum-Zeit-Koordinaten $x_1 \ldots x_4$ ein, so werden in diesem neuen System die $g_{\mu\nu}$ nicht mehr Konstante sondern Raum-Zeit-Funktionen sein. Gleichzeitig wird sich die Bewegung des freien Massenpunktes in den neuen Koordinaten als eine krummlinige, nicht gleichförmige, darstellen, wobei dies Bewegungsgesetz unabhängig sein wird von der Natur des bewegten Massenpunktes. Wir werden also diese Bewegung als eine solche unter dem Einfluss eines Gravitationsfeldes deuten. Wir sehen das Auftreten eines Gravitationsfeldes geknüpft an eine raumzeitliche Veränderlichkeit der $g_{\sigma\tau}$. Auch in dem allgemeinen Falle, dass wir nicht in einem endlichen Gebiete bei passender Koordinatenwahl die Gültigkeit der speziellen Relativitätstheorie herbeiführen können, werden wir an der Auffassung festzuhalten haben, dass die $g_{\sigma\tau}$ das Gravitationsfeld beschreiben.

Die Gravitation spielt also gemäss der allgemeinen Relativitätstheorie eine Ausnahmerolle gegenüber den übrigen, insbesondere den elektromagnetischen Kräften, indem die das Gravitationsfeld darstellenden 10 Funktionen $g_{\sigma\tau}$ zugleich die metrischen Eigenschaften des vierdimensionalen Messraumes bestimmen.

B. Mathematische Hilfsmittel für die Aufstellung allgemein kovarianter Gleichungen.

Nachdem wir im vorigen gesehen haben, dass das allgemeine Relativitätspostulat zu der Forderung führt, dass die Gleichungssysteme der Physik beliebigen Substitutionen der Koordinaten $x_1 \ldots x_4$ gegenüber kovariant sein müssen, haben wir zu überlegen, wie derartige allgemein kovariante Gleichungen gewonnen werden können. Dieser rein mathematischen Aufgabe wenden wir uns jetzt zu. Es wird sich dabei zeigen, dass bei der Lösung die in Gleichung (3) angegebene Invariante ds eine fundamentale Rolle spielt, welche wir in Anlehnung an die Gauss'sche Flächentheorie als „Linienelement" bezeichnet haben.

Der Grundgedanke dieser allgemeinen Kovariantentheorie ist folgender. Es seien gewisse Dinge („Tensoren") mit Bezug auf jedes Koordinaten-

爱因斯坦何时意识到引力必须由复杂的数学表达式来描述？

> 1911 年，在布拉格，爱因斯坦基于等效原理，集中发展了一种静态引力场的自洽理论。像牛顿的引力理论一样，爱因斯坦的理论包含了单个标量函数所表示的引力势，其中单标量函数是由可变光速给出的。最终的广义相对论的一些基本特征在那时已经设想到了，例如那时已经理解了引力势的源不仅可以是具体物体的质量，也可以是引力场自身能量的等效质量。因此，由源产生的引力场，可以作为它自身的源，而且场方程必定是非线性的。不管爱因斯坦用什么方法，只要限于考虑静态引力场，他总得继续假定引力势用单个函数来表示。

1912 年在布拉格期间，当爱因斯坦试图推广他的静态引力场的初步理论时，他意识到引力必须由比经典物理中复杂得多的数学对象来描述。在他的理论中，引力势不再用单标量函数描述，而是用“度规张量”，一个具有 10 个独立函数的数学客体。同时，这个数学客体描述了四维时空的几何。在此基础上，引力可以被构想成时空的几何性质。然而，需要久经磨砺，才能细细领会它所蕴含的所有重要性。

> 引力势由时空度规表示，这个发现是通向广义相对论之路的最重要的里程碑之一。关于这个突破是如何发生的，有人发现了一条线索，爱因斯坦在布拉格写的关于引力的最后一篇论文中，校样里加了一段注解，在其中的最后一句中，他写道：“最后一个被写出来的方程是哈密顿方程，它给出了在动力学引力场中如何构造粒子运动方程的想法。”事实上，爱因斯坦曾经设法用使人联想到度规张量推广的方式，写他的静态场理论的方程。

在 B 部分，爱因斯坦将做他在引言中承诺的，即发展所有必要工具，使人不需要研究数学就能理解他的论文。最初，他打算通过描述弯曲空间几何的基本元素——测地线，来开始他的阐述。后来，他决定需要一些数学准备，并划掉了原定第 5 节标题的那一行，将它推迟到第 10 节。

(10)

system definiert durch eine Anzahl Raumfunktionen, welche die „Komponenten" des Tensors genannt werden. Es gibt dann gewisse Regeln, nach welchen diese Komponenten für ein neues Koordinatensystem berechnet werden, wenn sie für das ursprüngliche System bekannt sind, und wenn die beide Systeme verknüpfende Transformation bekannt ist. Die [illegible] als Tensoren bezeichneten Dinge sind ferner dadurch gekennzeichnet, dass die Transformationsgleichungen für ihre Komponenten linear und homogen sind. Demnach verschwinden sämtliche Komponenten im neuen System, wenn sie im ursprünglichen System sämtlich verschwinden. Wird also ein Naturgesetz durch das Nullsetzen aller Komponenten eines Tensors formuliert, so ist es allgemein kovariant. Indem wir also die Bildungsgesetze der Tensoren untersuchen, erlangen wir die Mittel zur Aufstellung allgemein kovarianter Gesetze.

§5. Kontravarianter und kovarianter Vierervektor.

Kontravarianter Vierervektor. (Das Linienelement ist definiert durch die vier „Komponenten" dx_ν, deren Transformationsgesetz durch die Gleichung

$$dx_\sigma' = \sum_\nu \frac{\partial x_\sigma'}{\partial x_\nu} dx_\nu \quad \ldots\ldots (5)$$

Die dx_σ' drücken sich linear und homogen durch die dx_ν aus; wir können diese Koordinatendifferentiale dx_ν daher als die Komponenten eines „Tensors" ansehen, den wir speziell als kontravarianten Vierervektor bezeichnen. Jedes Ding, was bezüglich des Koordinatensystems durch vier Grössen A^ν definiert ist, die sich nach demselben Gesetz

$$A^{\sigma'} = \sum_\nu \frac{\partial x_\sigma'}{\partial x_\nu} A^\nu \quad \ldots\ldots (5a)$$

transformieren bezeichnen wir ebenfalls als kontravarianten Vierervektor. Aus (5a) folgt sogleich, dass die Summen $(A^\sigma \pm B^\sigma)$ ebenfalls Komponenten eines Vierervektors sind, wenn A^σ und B^σ es sind. Entsprechendes gilt für alle später als „Tensoren" einzuführenden Systeme (Regel von der Addition und Subtraktion der Tensoren).

Kovarianter Vierervektor. Vier Grössen A_ν nennen wir die Komponenten eines kovarianten Vierervektors, wenn für jede beliebige Wahl des kontravarianten Vierervektors (B^ν)

$$\sum_\nu A_\nu B^\nu = \text{Invariante} \quad \ldots\ldots (6)$$

Aus dieser Definition folgt das Transformationsgesetz des kovarianten Vierervektors. Ersetzt man nämlich auf der rechten Seite der Gleichung

$$\sum_\sigma A_\sigma' B^{\sigma'} = \sum_\nu A_\nu B^\nu$$

~~$B^{\sigma'}$ gemäss (5a) durch $\sum_\nu \frac{\partial x_\sigma'}{\partial x_\nu} B^\nu$, so erhält man~~

~~$\sum_\nu B_\nu \sum_\sigma \partial$~~

为什么需要张量、矢量和标量？

张量是颇为复杂的数学客体。为什么它们在广义相对论中是不可或缺的？ 物理定律是以数学方程表示的，方程两边的物理实体是时空中位置的函数，并假定它们对由不同坐标系表示的不同参考系中的观测者有不同的值。广义协变性的要求意味着，在从一个参考系变换到另一个参考系时，即使方程的两边会改变，对所有观测者来说，等式仍然成立，不管它们是否有相对运动。具有这个性质的数学客体是张量。矢量和标量是张量的特殊情形。

> 由于电磁学的成功，矢量和矢量分析为物理学家所熟知，而张量仅仅为少数工作于晶体学领域的专家所了解。那么，当爱因斯坦意识到，他需要比他所熟悉的更复杂的数学方法才能取得进展时，他转而求助于他的数学家朋友就不足为怪了："格罗斯曼，你必须帮助我，否则我会疯的。"他们一起投入了黎曼、里奇和勒维－西维他的绝对微分学，从三维空间中曲面的高斯几何引向了高维空间的黎曼几何。后来，爱因斯坦给物理学家索末菲的信中写道："我现在正一门心思研究引力问题，我相信在这里的数学家朋友的帮助下，我将克服所有困难……我已对数学产生了无比敬畏的心理，由于我的无知，直到现在我才将数学的精妙之处看成是奢侈的享受！与这个问题相比，最初的相对论简直就是儿童的游戏了。"

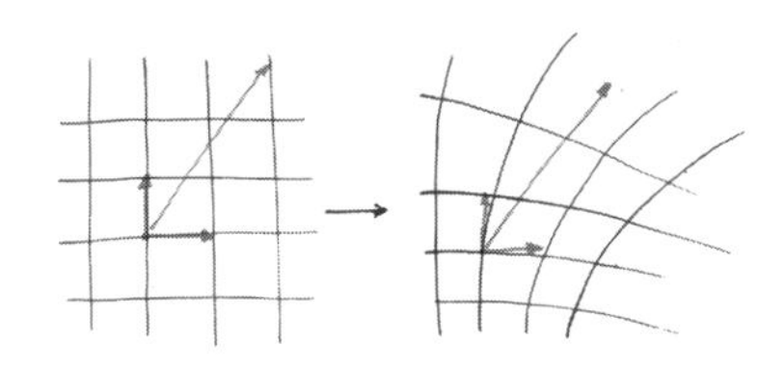

爱因斯坦解释了全面记述张量计算的动机，并从基本定义开始。最简单的张量是矢量（1 秩张量）和标量（0 秩张量）。矢量是在空间每一点都有大小和方向的（之后，我们将和爱因斯坦一起，将我们的讨论限制于时间和空间），矢量由与基矢有关的一组分量表示，基矢是由选定用来描述空间中的点的坐标系定义的①。矢量由希腊字母标记，它们的分量数目是空间维数，因此在我们的情形，μ=1，2，3，4。在从一个坐标系的矢量 x_μ 变到另一个坐标系的矢量 x'_μ 时，矢量的分量改变了——因为由变换规则定义的基矢改变了。在矢量的分量如何由基矢确定，以及如何由不同的变换规则刻画上，逆变矢量（通常由上指标标记）与协变矢量（由下指标标记）是不同的。一个逆变矢量和一个协变矢量的分量的乘积之和（方程 6）是时空中位置的函数，它在坐标变换下是不变的。这类函数称为标量或 0 秩张量。

---

① 本书是用分量数学语言展开黎曼几何的，这是因袭爱因斯坦的做法。现代黎曼几何是用微分形式语言展开的，这将使方程变得更简洁，并使广义相对论学家导出一些形式更为优美的恒等式。在微分形式的语言中，切矢量是由测试函数定义的微分算子，1－形式是切矢量的对偶，它们都有明确的几何意义。—— 译者注

(11)

B^{ν} durch den aus der Umkehrung der Gleichung (5a) folgenden Ausdruck $\sum \frac{\partial x_\nu}{\partial x'_\sigma} B^{\sigma'}$, so erhält man

$$\sum_\sigma B^{\sigma'} \sum_\nu \frac{\partial x_\nu}{\partial x'_\sigma} A_\nu = \sum_\sigma B^{\sigma'} A'_\sigma .$$

Hieraus folgt aber, weil in dieser Gleichung die $B^{\sigma'}$ unabhängig voneinander frei wählbar sind, das Transformationsgesetz

$$A'_\sigma = \sum_\nu \frac{\partial x_\nu}{\partial x'_\sigma} A_\nu \quad \ldots\ldots (7).$$

Bemerkung zur Vereinfachung der Schreibweise der Ausdrücke. Ein Blick auf die Gleichungen dieses § zeigt, dass über Indizes, die zweimal unter einem Summenzeichen auftreten (z. B. der Index ν in (5)) stets summiert wird, und zwar nur über zweimal auftretende Indizes. Es ist deshalb möglich, ohne die Klarheit zu beeinträchtigen, die Summenzeichen wegzulassen. Dafür führen wir die Vorschrift ein: Tritt ein Index in einem Term eines Ausdruckes zweimal auf, so ist über ihn stets zu summieren, wenn nicht ausdrücklich das Gegenteil bemerkt ist.

Der Unterschied zwischen dem kovarianten und kontravarianten Vierervektor liegt in dem Transformationsgesetz ((7) bezw. (5)). Beide Gebilde sind Tensoren im Sinne der obigen allgemeinen Bemerkung; hierin liegt ihre Bedeutung. Im Anschluss an Ricci und Levi-Civita wird der kontravariante Charakter durch oberen, der kovariante durch unteren Index bezeichnet.

§ 6. Tensoren zweiten und höheren Ranges.

Kontravarianter Tensor. Bilden wir sämtliche 16 Produkte $A^{\mu\nu}$ der Komponenten A^μ und B^ν zweier kontravarianten Vierervektoren

$$A^{\mu\nu} = A^\mu B^\nu, \quad \ldots\ldots (8)$$

so erfüllt $A^{\mu\nu}$ gemäss (8) und (5a) das Transformationsgesetz

$$A^{\sigma\tau\prime} = \frac{\partial x'_\sigma}{\partial x_\mu} \frac{\partial x'_\tau}{\partial x_\nu} A^{\mu\nu} \quad \ldots\ldots (9)$$

Wir nennen ein Ding, das bezüglich eines jeden Bezugssystems durch 16 Grössen (Funktionen) beschrieben wird, die das Transformationsgesetz (9) erfüllen, einen kontravarianten Tensor zweiten Ranges. Nicht jeder solcher Tensor lässt sich gemäss (8) aus zwei Vierervektoren bilden. Aber es ist leicht zu beweisen, dass sich 16 beliebig gegebene $A^{\mu\nu}$ darstellen lassen als die Summe der $A^\mu B^\nu$ von vier geeignet gewählten Paaren von Vierervektoren. Deshalb kann man beinahe alle Sätze, die für den durch (9) definierten Tensor zweiten Ranges gelten, am einfachsten dadurch beweisen, dass man sie für spezielle Tensoren vom Typus (8) darthut.

Kontravarianter Tensor beliebigen Ranges. Es ist klar, dass man entsprechend (8) und (9) auch kontravariante Tensoren dritten und höheren Ranges definieren kann mit 4^3 etc. Komponenten. Ebenso erhellt aus (8) und (9), dass man in diesem Sinne den kontravarianten Vierervektor als kontravarianten Tensor ersten Ranges auffassen kann.

Kovarianter Tensor. Bildet man andererseits die 16 Produkte $A_{\mu\nu}$ der Komponenten zweier kovarianten Vierervektoren A_μ und B_ν

$$A_{\mu\nu} = A_\mu B_\nu , \quad \ldots\ldots (10)$$

爱因斯坦何时意识到他需要更精深的数学方法？

爱因斯坦在为他的捷克版本的《狭义相对论和广义相对论》（普及本）（我们已经在第 [9] 页引用过）所写的介绍中，他回忆道：“我是在 1912 年回到苏黎世以后，才意识到理论的数学形式和高斯曲面理论之间的相似性这个决定性的思想，那时我还不知道黎曼、里奇和勒维－西维他的工作。通过我的朋友格罗斯曼，我才注意到这些工作……”爱因斯坦真正地把格罗斯曼当作朋友。1905 年，他将他的博士论文《一种新的分子尺寸测定方法》献给“我的朋友格罗斯曼博士”。1911 年格罗斯曼成为 ETH 数学系主任以后，是他提议让爱因斯坦回来的。爱因斯坦优先接受了格罗斯曼的邀请，而没有选择去荷兰莱顿成为洛伦兹的继任者。

在先前段落中提到的这个“决定性的思想”，是爱因斯坦从静态到动力学引力的相对论性理论转变的标志。尽管有先前的引证，但极有可能的是，爱因斯坦在去苏黎世之前就已经知道，必须抛弃引力的标量理论而需要更复杂的时空几何。1911 年底，他对此问题和劳厄有过通信。

1912 年 3 月，爱因斯坦在给他的朋友贝索的信中写道：“最近，我正如痴如醉地研究引力问题。现在我已经到达了完成静态的阶段。对于动力学场我还一无所知，这正是现在要攻克的目标。”到动力学场的过渡促使爱因斯坦去论证不存在优先参考系；具体来说，同样的定律在惯性系和旋转参考系中应该都适用。关于这一点，他在给贝索的同一封信中评论道：“你看我还远远不能将旋转想象成静止！每一步都极其困难，迄今我所导出的肯定是最简单的。”

爱因斯坦接着定义由两个指标标记的 2 秩张量。这样的张量可以从两个逆变矢量的元素的 16 个乘积得到（所谓的外积）。这样得到的是 2 秩逆变张量。用类似的方法，可以形成一个协变张量，或者带一个逆变（上）指标和一个协变（下）指标的混合张量。刻画张量是根据当一个坐标系 x_μ 被另一个坐标系 x'_μ 替代时，张量如何变换来进行的。

直到方程（7），爱因斯坦一直在使用求和号Σ，在求和号下面的指标表示对应于那个指标的可能值（在这里的情形，是 4 个值）的各项求和。爱因斯坦引入了此后广泛采用的一种约定，当一个指标出现两次，一次为下指标，一次为上指标，就隐含了对那个指标的求和，而不需写出求和符号。

(12)

so gilt für diese das Transformationsgesetz

$$A'_{\sigma\tau} = \frac{\partial x_\mu}{\partial x'_\sigma}\frac{\partial x_\nu}{\partial x'_\tau} A_{\mu\nu} \quad \ldots\ldots (11)$$

Durch dies Transformationsgesetz wird der kovariante Tensor zweiten Ranges definiert. Alle Bemerkungen, welche vorher über die kontravarianten Tensoren gemacht wurden, gelten auch für die kovarianten Tensoren.

Bemerkung. Es ist bequem, den Skalar (Invariante) sowohl als kontravarianten wie als kovarianten Tensor vom Range null zu behandeln.

Gemischter Tensor. Man kann auch einen Tensor zweiten Ranges vom Typus

$$A_\mu^\nu = A_\mu B^\nu \quad \ldots (12)$$

definieren, der bezüglich des Index μ kovariant, bezüglich des Index ν kontravariant ist. Sein Transformationsgesetz ist

$$A_\sigma^{\tau\prime} = \frac{\partial x'_\tau}{\partial x_\beta}\frac{\partial x_\alpha}{\partial x'_\sigma} A_\alpha^\beta \quad \ldots (13)$$

Natürlich gibt es gemischte Tensoren mit beliebig vielen Indizes kovarianten und beliebig vielen Indizes kontravarianten Charakters. Der kovariante und der kontravariante Tensor können als spezielle Fälle des gemischten angesehen werden.

Symmetrische Tensoren. Ein kontravarianter bezw. kovarianter Tensor zweiten oder höheren Ranges heisst symmetrisch, wenn zwei Komponenten, die durch Vertauschung irgend zweier Indizes auseinander hervorgehen, gleich sind. Der Tensor $A^{\mu\nu}$ bezw. $A_{\mu\nu}$ ist also symmetrisch, wenn für jede Kombination der Indizes

$$A^{\mu\nu} = A^{\nu\mu} \quad \ldots (14)$$

$$\text{bezw. } A_{\mu\nu} = A_{\nu\mu} \quad \ldots (14a)$$

ist.

Es muss bewiesen werden, dass die so definierte Symmetrie eine vom Bezugsystem unabhängige Eigenschaft ist. Aus (9) folgt in der That mit Rücksicht auf (14)

$$A^{\sigma\tau\prime} = \frac{\partial x'_\sigma}{\partial x_\mu}\frac{\partial x'_\tau}{\partial x_\nu} A^{\mu\nu} = \frac{\partial x'_\sigma}{\partial x_\mu}\frac{\partial x'_\tau}{\partial x_\nu} A^{\nu\mu} = \frac{\partial x'_\tau}{\partial x_\mu}\frac{\partial x'_\sigma}{\partial x_\nu} A^{\mu\nu} = A^{\tau\sigma\prime}$$

Die vorletzte Gleichsetzung beruht auf der Vertauschung der Summations-Indizes μ und ν (d. h. auf blosser Änderung der Bezeichnungsweise).

Antisymmetrische Tensoren. Ein kontravarianter bezw. kovarianter Tensor zweiten dritten oder vierten Ranges heisst antisymmetrisch, wenn zwei Komponenten die durch Vertauschung irgend zweier Indizes auseinander hervorgehen entgegengesetzt gleich sind. Der Tensor $A^{\mu\nu}$ bezw. $A_{\mu\nu}$ ist also antisymmetrisch, wenn stets

$$A^{\mu\nu} = -A^{\nu\mu} \quad \ldots (15)$$

$$\text{bezw. } A_{\mu\nu} = -A_{\nu\mu} \quad \ldots (15a)$$

ist.

从电磁理论得到了什么启迪?

> 牛顿的引力理论不足以阐明引力在时空中传播的动力学理论方法。爱因斯坦在早期阶段就意识到，正像洛伦兹所构想的那样，熟知的电磁理论能引导他达成这个目标。这种构想的精髓在于电磁学是一种场的理论，不是局限于相互作用的粒子，而是延展到它们的周围。这个模型描述了充满空间的场是如何由电荷和电流产生的。空间中一点的电场是作用在那个点上单位电荷的力。因此，（带电）物质被看成是场的“源”，反过来，场决定了这个物质如何运动。同样地，引力的相对论性理论是一种场论：引力场的理论。根据这样一种模型，物理过程的数学表示必然包含两部分：
>
> · 运动方程，描述粒子在给定引力场中的运动；
> · 场方程，描述源（能量和物质）产生的引力场。
>
> 爱因斯坦进一步设想，引力与惯性的统一，类似于电场和磁场的统一，而后者在狭义相对论中相当成功。在狭义相对论中，电磁场只有作为一个整体，而不是分成单独的电场或磁场，才具有独立于参考系的内涵。爱因斯坦将洛伦兹模型作为一种探索准则，然而，他很快就发现，在寻找引力的相对论性理论时，找到场方程才是他必须面对的最困难的挑战。

在他的文章中出现的 2 秩张量具有对称性质。最好的示范方式是将张量写成 4×4 矩阵。它们或者是对称的，即对角线两边的分量是相等的（$A_{12}=A_{21},\cdots$），或者是反对称的，对角线两边的分量是异号的（$A_{12}=-A_{21},\cdots$）。2 秩对称张量有 10 个独立分量。在反对称张量中，对角元 A_{11}，A_{22}，A_{33}，A_{44} 为零，剩下 6 个独立分量。更高秩的张量对于任意两个指标互换也可以存在这样的对称性。

$$\begin{pmatrix} A_{11} & A_{12} & A_{13} & A_{14} \\ A_{21} & A_{22} & A_{23} & A_{24} \\ A_{31} & A_{32} & A_{33} & A_{34} \\ A_{41} & A_{42} & A_{43} & A_{44} \end{pmatrix}$$

在爱因斯坦引力理论中，起重要作用的一个对称张量，是将能量密度、动量分量密度和能量动量流结合在一起组成一个数学客体，称作能量-动量张量。这个张量以及它与能量动量守恒定律之间的关系，将在这份手稿的 C 部分进行更为详尽的讨论。

将在 D 部分进行更详细讨论的一个反对称张量是电磁场张量，它将电场分量（E_x，E_y，E_z）和磁场分量（H_x，H_y，H_z）结合在一起。爱因斯坦的狭义相对论隐含了电场和磁场，能分开来依赖于参考系。而由闵可夫斯基引入的这个张量，已经成为狭义相对论四维形式的一部分。它使麦克斯韦方程能够表达成简单的形式，用来表示电场和磁场之间、电荷和电流之间的物理关系。电磁张量经常写成一个 6 个分量的矢量，并称作 6 矢量。

(13).

Von den 16 Komponenten $A^{\mu\nu}$ verschwinden die vier Komponenten $A^{\mu\mu}$; die übrigen sind paarweise entgegengesetzt gleich, sodass nur 6 numerisch verschiedene Komponenten vorhanden sind (Sechservektor). Ebenso sieht man, dass der (antisymmetrische) Tensor $A^{\mu\nu\sigma}$ (dritten Ranges) nur vier numerisch verschiedene Komponenten hat, der (antisymmetrische) Tensor $A^{\mu\nu\sigma\tau}$ nur eine einzige. Symmetrische Tensoren höheren als vierten Ranges gibt es in einem Kontinuum von vier Dimensionen nicht.

§2. Multiplikation der Tensoren.

Aeussere Multiplikation der Tensoren. Man erhält aus den Komponenten eines Tensors vom Range z und eines solchen vom Range z' die Komponenten eines Tensors vom Range $z+z'$, indem man alle Komponenten des ersten mit allen Komponenten des zweiten paarweise multipliziert. So entstehen beispielsweise die Tensoren T aus den Tensoren A und B verschiedener Art

$$T_{\mu\nu\sigma} = A_{\mu\nu} B_{\sigma}$$

$$T^{\alpha\beta\gamma\delta} = A^{\alpha\beta} B^{\gamma\delta}$$

$$T_{\alpha\beta}^{\gamma\delta} = A_{\alpha\beta} B^{\gamma\delta}$$

Der Beweis des Tensorcharakters der T ergibt sich unmittelbar aus den Darstellungen (8), (10), (12) oder aus den Transformationsregeln (9), (11), (13). Die Gleichungen (8), (10), (12) sind selbst Beispiele äusserer Multiplikation (von Tensoren ersten Ranges).

„Verjüngung" eines gemischten Tensors. Aus jedem gemischten Tensor kann ein Tensor von einem um zwei kleineren Range gebildet werden, indem man einen Index kovarianten und einen Index kontravarianten Charakters gleichsetzt und nach diesem Index summiert („Verjüngung"). Man gewinnt so z. B. aus dem gemischten Tensor vierten Ranges $A_{\alpha\beta}^{\gamma\delta}$ den gemischten Tensor zweiten Ranges $A_{\beta}^{\delta} = A_{\alpha\beta}^{\alpha\delta} \left(= \sum_{\alpha} A_{\alpha\beta}^{\alpha\delta} \right)$ und aus diesem, abermals durch Verjüngung den Tensor nullten Ranges $A = A_{\beta}^{\beta} = A_{\alpha\beta}^{\alpha\beta}$. Der Beweis dafür, dass das Ergebnis der Verjüngung wirklich Tensorcharakter besitzt, ergibt sich entweder aus der Tensordarstellung gemäss der Verallgemeinerung von (12) in Verbindung mit (6) oder aus der Verallgemeinerung von (13).

Innere und gemischte Multiplikation der Tensoren. Diese bestehen in der Kombination der äusseren Multiplikation mit der Verjüngung. Beispiele: Aus dem kovarianten Tensor zweiten Ranges $A_{\mu\nu}$ und dem kontravarianten Tensor ersten Ranges B^{σ} bilden wir durch äussere Multiplikation den

如何通过不同的张量运算产生新的张量?

在这几页关于张量计算的初步介绍中，主要定义了一些概念并给出了基本证明，爱因斯坦尽力使这个话题的表述可理解、完整且顺理成章。本页中间部分证明了张量乘积仍是张量，为此，他将不同参考系之间的变换定律，分散在前 3 页中讲给了读者。

在这一页中，爱因斯坦继续教给读者不同的张量运算。确切地说，他展示了怎样通过低秩张量相乘形成高秩张量，以及如何在张量乘积中保持协变和逆变性质。另一个张量运算是缩并：对一个给定张量的相同上下指标的求和。缩并将张量的秩减少 2。2 秩混合张量缩并的结果是得到一个 0 秩张量，即坐标的一个“标量”函数，它在坐标变换下是不变的。接着，爱因斯坦提到了方程（6）（见我们在 57 页末的评论），在那里它显示了如何通过两个矢量相乘形成一个不变函数（标量）。这里他用这个方程来定义内积概念，但是他决定划掉它，并用一种更自然的方式，与混合积对比来引入内积。这样的做法，凭借的是混合张量缩并概念的定义。

在寻找引力的相对论性理论过程中，爱因斯坦的探索准则是什么?

当爱因斯坦回到苏黎世，并熟悉了黎曼几何和张量计算的概念和工具之际，他已经在考虑如何将下列已知的物理原理，纳入他正在学习并构建的数学框架：

- 等效原理表达了引力和惯性力之间的关系。（惯性力是作用在加速参考系中物体上的虚拟力。）
- 广义相对性原理的目标是经典物理中的绝对空间和惯性参考系这类观念，从而所有参考系都可平等对待。
- 守恒原理要求新理论遵守推广的能量动量守恒定律。在经典力学中，质量、能量和动量有三个独立的守恒定律。在狭义相对论中，它们结合成称为能量-动量张量的一个守恒定律。广义相对论必须包含这个守恒定律的推广形式。
- 对应原理要求在特定极限条件下，比如低速和弱引力场时，新理论能约化到牛顿理论。

值得指出的是，在手稿的印刷过程中，编辑给出了一个排版指令。注意在本页后半部分，有两条竖线将一个数学方程总括在一起。爱因斯坦有时将数学方程与文字放在同一行。竖线是编辑给排字工人的指令，要将这类数学表达式放在单独一行。读者会发现在手稿的许多页中都有这类竖线。

(14)

gemischten Tensor

$$D_{\mu\nu}^{\sigma} = A_{\mu\nu} B^{\sigma}$$

Durch Verjüngung nach den Indizes ν, σ entsteht der kovariante Vierervektor

$$D_{\mu} = D_{\mu\nu}^{\nu} = A_{\mu\nu} B^{\nu}$$

Diesen bezeichnen wir auch als inneres Produkt der Tensoren $A_{\mu\nu}$ und B^{σ}. Analog bildet man aus den Tensoren $A_{\mu\nu}$ und $B^{\sigma\tau}$ durch äussere Multiplikation und zweimalige Verjüngung das innere Produkt $A_{\mu\nu} B^{\mu\nu}$. Durch äussere Produktbildung und einmalige Verjüngung erhält man aus $A_{\mu\nu}$ und $B^{\sigma\tau}$ den gemischten Tensor zweiten Ranges $D_{\mu}^{\tau} = A_{\mu\nu} B^{\nu\tau}$. Man kann diese Operation passend als eine gemischte bezeichnen; denn sie ist eine äussere bezüglich der Indices μ und τ, eine innere bezüglich der Indices ν und σ.

Wir beweisen nun einen Satz, der zum Nachweis des Tensorcharakters oft verwendbar ist. Nach dem soeben Dargelegten ist $A_{\mu\nu} B^{\mu\nu}$ ein Skalar, wenn $A_{\mu\nu}$ und $B^{\sigma\tau}$ Tensoren sind. Wir behaupten aber auch folgendes. Wenn $A_{\mu\nu} B^{\mu\nu}$ für jede Wahl des Tensors $B^{\mu\nu}$ eine Invariante ist, so hat $A_{\mu\nu}$ Tensorcharakter.

Beweis. Es ist nach Voraussetzung für eine beliebige Substitution

$$A'_{\sigma\tau} B^{\sigma\tau\prime} = A_{\mu\nu} B^{\mu\nu}$$

Nach der Umkehrung von (9) ist aber

$$B^{\mu\nu} = \frac{\partial x_\mu}{\partial x'_\sigma} \frac{\partial x_\nu}{\partial x'_\tau} B^{\sigma\tau\prime}$$

Dies eingesetzt in obige Gleichung liefert

$$\left(A'_{\sigma\tau} - \frac{\partial x_\mu}{\partial x'_\sigma} \frac{\partial x_\nu}{\partial x'_\tau} A_{\mu\nu} \right) B^{\sigma\tau\prime} = 0.$$

Dies kann bei beliebiger Wahl von $B^{\sigma\tau\prime}$ nur dann erfüllt sein, wenn die Klammer verschwindet, woraus mit Rücksicht auf (11) die Behauptung folgt.

Dieser Satz gilt entsprechend für Tensoren beliebigen Ranges und Charakters; der Beweis ist stets analog zu führen.

Ebenso der Satz: Wenn $A_{\mu\nu} B^{\nu}$ bei beliebiger Wahl des Vierervektors B^{ν} ein Tensor ist, so ist $A_{\mu\nu}$ ein Tensor. Der Beweis ist ganz analog dem soeben gegebenen.

Der Satz lässt sich ebenso beweisen in der Form: Sind B^{μ} und C^{ν} beliebige Vektoren, und ist bei jeder Wahl derselben das innere Produkt

$$A_{\mu\nu} B^{\mu} C^{\nu}$$

ein Skalar, so ist $A_{\mu\nu}$ ein kovarianter Tensor. Dieser letztere Satz gilt auch dann noch, wenn nur die speziellere Aussage zutrifft, dass bei beliebiger Wahl des Vierervektors B^{μ} das skalare Produkt

$$A_{\mu\nu} B^{\mu} B^{\nu}$$

爱因斯坦构造引力场方程的策略是什么？

我们已经强调过（在 57[10] 页），广义协变性要求数学方程是张量方程，用来描述物理定律①。因此，理解构成张量的规则，理解在爱因斯坦所引向的物理应用情况下数学客体的张量特性，这都是很重要的。因此，他继续通过两个张量的乘积给出构成张量的规则——确切地说，是通过“外积”，它导致一个秩为两个张量的秩之和的新张量，以及通过“混合积”，它是外积的组合或者一个张量的上指标和另一个张量的下指标的缩并。

爱因斯坦为表达他的物理思想，煞费苦心地描述和解释所需的所有数学工具。他正确地预估了当时的物理学家不熟悉这些工具。今天，在任何广义相对论的入门教材中，这些工具都是标准的，因此这里不需过多解说。我们反倒可以回顾一下，当爱因斯坦考虑他的行动计划时的初创年代。

> 前一页所列出的原理，可以作为构造场方程的启动指南，或者作为方程的有效性准则。场方程的右边代表场的源，左边通过一种特定的、被称为微分算子的传统数学做法，描述了源如何产生了场。在这种情况下，在爱因斯坦寻找场方程的过程中，可以说有两个启发式的策略。其中一个可以称作“物理策略”，爱因斯坦从一个代表方程左边的对象开始，它在经典的牛顿极限下给出了正确的引力定律，修正它以满足能量动量守恒，最终检查所得场方程的协变程度。因此，这个策略始于试图满足对应原理和守恒原理的要求。在互补的“数学策略”中，基于新近获得的黎曼几何知识，爱因斯坦从场方程左边满足广义相对性原理的合适候选者开始，然后检查其与对应原理和守恒原理的物理要求之间的相容性。
>
> 爱因斯坦的双重策略来源于广义相对性原理、对应原理和能量动量守恒原理这些启发式要求在理论的结构中所处的不同地位。
>
> 实际上，爱因斯坦在 1912—1915 年的努力，可以描述成在这两个互补的启发式策略之间的相互影响。

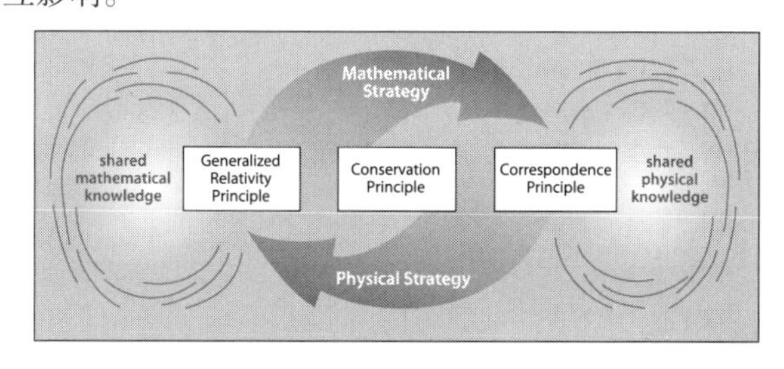

① 严格地说，这句话应当是：在平坦时空，用洛伦兹群SO（3，1）的张量来描述物理方程。事实上，基于狄拉克（P. A. M. Dirac）的伟大工作，人们在1928年后进一步认识到旋量也能描述物理方程。从现代数学观点来看，张量是旋量的一种特殊情形。在弯曲时空，张量应在一般坐标变换下具有协变性，也就是说，广义相对论及修正引力理论，都应具备一种微分同胚不变性。这时的旋量，可以用标架来描述。—— 译者注

(15)

ein Skalar ist, falls man ausserdem weiss, dass $A_{\mu\nu}$ der Symmetriebedingung $A_{\mu\nu} = A_{\nu\mu}$ genügt. Denn auf dem vorhin angegebenen Wege beweist man den Tensorcharakter von $(A_{\mu\nu} + A_{\nu\mu})$, woraus dann wegen der Symmetrie-Eigenschaft der Tensorcharakter von $A_{\mu\nu}$ selbst folgt. Auch dieser Satz lässt sich leicht verallgemeinern auf den Fall kovarianter und kontravarianter Tensoren beliebigen Ranges.

Endlich folgt aus dem Bewiesenen der ebenfalls auf beliebige Tensoren zu verallgemeinernde Satz: Wenn die Grössen $A_{\mu\nu} B^{\nu}$ bei beliebiger Wahl des Vierervektors B^{ν} einen Tensor ersten Ranges bilden, so ist $A_{\mu\nu}$ ein Tensor zweiten Ranges. Ist nämlich C^{μ} ein beliebiger Vierervektor, so ist wegen des Tensorcharakters $A_{\mu\nu} B^{\nu}$ das innere Produkt $A_{\mu\nu} C^{\mu} B^{\nu}$ bei beliebiger Wahl der beiden Vierervektoren C^{μ} und B^{ν} ein Skalar, woraus die Behauptung folgt.

§ 8. Einiges über den Fundamentaltensor der $g_{\mu\nu}$.

Der kovariante Fundamentaltensor. In dem invarianten Ausdruck des Quadrates des Linienelementes

$$ds^2 = g_{\mu\nu} dx_\mu dx_\nu$$

spielt dx_μ die Rolle eines beliebig wählbaren kontravarianten Vektors. Da ferner $g_{\mu\nu} = g_{\nu\mu}$, so folgt nach den Betrachtungen des letzten § hieraus, dass $g_{\mu\nu}$ ein kovarianter Tensor zweiten Ranges ist. Wir nennen ihn „Fundamentaltensor". Im Folgenden leiten wir einige Eigenschaften dieses Tensors ab, die zwar jedem Tensor zweiten Ranges eigen sind; aber die besondere Rolle des Fundamentaltensors in unserer Theorie, welche in der Besonderheit der Gravitationswirkungen ihren physikalischen Grund hat, bringt es mit sich, dass die zu entwickelnden Relationen bei dem Fundamentaltensor für uns von Bedeutung sind.

Der kontravariante Fundamentaltensor. Bildet man in dem Determinantenschema der $g_{\mu\nu}$ zu jedem $g_{\mu\nu}$ die Unterdeterminante und dividiert diese durch die Determinante $g = |g_{\mu\nu}|$ der $g_{\mu\nu}$, so erhält man gewisse Grössen $g^{\mu\nu} (= g^{\nu\mu})$, von denen wir beweisen wollen, dass sie einen kontravarianten Tensor bilden.

Nach einem bekannten Determinantensatze ist

$$g_{\mu\sigma} g^{\nu\sigma} = \delta_\mu^\nu, \quad \ldots \ldots (16)$$

wobei das Zeichen δ_μ^ν 1 oder 0 bedeutet, je nachdem $\mu = \nu$ oder $\mu \neq \nu$ ist. Statt des obigen Ausdrucks für ds^2 können wir auch

$$g_{\mu\sigma} \delta_\nu^\sigma dx_\mu dx_\nu$$

oder nach (16) auch

$$g_{\mu\sigma} g_{\nu\tau} g^{\sigma\tau} dx_\mu dx_\nu$$

为什么说度规张量是基本张量?

追随爱因斯坦讲解的读者会记得，欧几里得空间中的距离测量是如何推广到几何更复杂的空间中的。为此，在四维时空中，需要 10 个函数。它们是在（52[8]）页中在计算曲线坐标中的线元时引入的。这些函数一起构成了一个对称的 2 秩协变张量，爱因斯坦称它为基本张量，现在称为度规张量。

在第 8 节，爱因斯坦开始探索这个张量的性质，根据选定坐标系决定的基矢上的投影 $d_{x\mu}$，可以利用这个张量来计算线元 ds，即时空中两个相邻点之间的距离（本页中间未标号的方程，先前出现在第 [8] 页）。在这个方程中，$g_{\mu\nu}$ 是协变张量，$d_{x\mu}$ 起着逆变矢量的作用（尽管写成下指标）。在欧几里得空间中，选取笛卡儿坐标，这个张量约化成单位矩阵（$g_{11}=g_{22}=g_{33}=g_{44}=1$）。在狭义相对论的闵可夫斯基空间中，$g_{11}=g_{22}=g_{33}=-1$，$g_{44}=1$，（见 52[8] 页 4 式）。在与加速参考系有关的带有曲线坐标的欧几里得空间中，或与引力场有关的弯曲时空中，度规一般有 10 个独立分量，它们是空间（时空）的函数。矩阵 $g_{\mu\nu}$ 存在逆矩阵，逆矩阵和 $g_{\mu\nu}$ 相乘得到单位矩阵，见（16）式。这个逆矩阵是逆变度规张量 $g^{\mu\nu}$。

度规张量是两门传统数学的共同要素。它出现在传统微分几何的线元表达式中，也出现在由曲线坐标描述的传统欧几里得空间的矢量分析中。矢量和张量计算的发展，与 19 世纪和 20 世纪中物理和数学之间的互动紧密联系在一起。尽管力的方向在力学中已经有重要意义，而直到 19 世纪晚期，在电动力学发展的背景下，矢量概念才受到重视，这是由于矢量在描述电磁场的有向性质上起到了重要作用。大约在同一时期，在晶体学背景下，为描述晶体的对称性而出现了张量概念。爱因斯坦和格罗斯曼通过他们在广义相对论上的工作，将这种传统的矢量和张量分析，与黎曼、克里斯朵夫、里奇和勒维-西维他关于微分几何和不变量理论的工作结合在一起。爱因斯坦和格罗斯曼在描述他们的数学框架时，采用了一种张量概念，这比首先用于晶体学后来又用于电动力学和狭义相对论的张量更上一层楼。

(16)

schreiben. Nun ~~und~~ bilden aber nach den Multiplikationsregeln des vorigen § die Grössen

$$d\xi_\sigma = g_{\mu\sigma}\, dx_\mu$$

~~und $d\xi_\tau = g_{\nu\tau}\, dx_\nu$~~

einen (kovarianten Vierervektor~~en~~, und zwar (wegen der willkürlichen Wählbarkeit der dx_μ) ~~beliebig~~ einen beliebig wählbaren Vierervektor. Indem wir ihn in unseren Ausdruck einführen, erhalten wir

$$ds^2 = g^{\sigma\tau}\, d\xi_\sigma\, d\xi_\tau .$$

Da dies bei beliebiger Wahl des Vektors $d\xi_\sigma$ ein Skalar ist, und $g^{\sigma\tau}$ nach seiner Definition in den Indizes σ und τ symmetrisch ist, folgt aus den Ergebnissen des vorigen §, dass $g^{\sigma\tau}$ ein kontravarianter Tensor ist. ~~Ebenso folgt noch~~ Aus (16) folgt noch, dass auch δ_μ^ν ein Tensor ist, den wir ~~als~~ den gemischten Fundamentaltensor ~~bezeichnen~~ nennen können.

Determinante des Fundamentaltensors. Nach dem Multiplikationssatz der Determinanten ist

$$|g_{\mu\alpha}\, g^{\alpha\nu}| = |g_{\mu\alpha}|\,|g^{\alpha\nu}| .$$

Andererseits ist

$$|g_{\mu\alpha}\, g^{\alpha\nu}| = |\delta_\mu^\nu| = 1$$

Also folgt

$$|g_{\mu\nu}|\,|g^{\mu\nu}| = 1 \; . \; . \; . \; . \; . \; . \; (17)$$

Invariante des Volumens. Wir suchen zuerst das Transformationsgesetz der Determinante $g = |g_{\mu\nu}|$. Gemäss (11) ist

$$g' = \left|\frac{\partial x_\mu}{\partial x'_\sigma}\frac{\partial x_\nu}{\partial x'_\tau}\, g_{\mu\nu}\right|$$

Hieraus folgt durch zweimalige Anwendung des Multiplikationssatzes der Determinanten

$$g' = \left|\frac{\partial x_\mu}{\partial x'_\sigma}\right|\left|\frac{\partial x_\nu}{\partial x'_\tau}\right|\,|g_{\mu\nu}| = \left|\frac{\partial x_\mu}{\partial x'_\sigma}\right|^2 g$$

oder

$$\sqrt{g'} = \left|\frac{\partial x_\mu}{\partial x'_\sigma}\right|\sqrt{g} .$$

Andererseits ist das Gesetz der Transformation des Volumenelementes $d\tau = \int dx_1\, dx_2\, dx_3\, dx_4$ nach ~~dem~~ bekannten Jakobischen Satze

$$d\tau' = \left|\frac{\partial x'_\sigma}{\partial x_\mu}\right| d\tau$$

为什么说苏黎世笔记是物理学史上独特的文献？

在苏黎世笔记中，爱因斯坦和格罗斯曼首先探索了度规张量。就是在那里，我们首次发现了用爱因斯坦的笔迹所写的线元 ds 的表达式。（他先是把度规张量记成大写 G，然后又采用了小写记号 g，之后他一直这样用。）

$$ds^2 = \sum G_{\mu\nu}\, dx_\mu\, dx_\nu$$

此图版权属于希伯来大学。在这个式子中，手写体的 G 是大写字母。

> 1912 年 8 月从布拉格回到苏黎世以后，爱因斯坦开始与格罗斯曼合作寻找引力场方程。爱因斯坦在一本笔记中记录了他在 1912—1913 年冬天的工作，这就是著名的苏黎世笔记。笔记的每页都是满满的公式和计算，很少有解释的文字。苏黎世笔记在科学史上是独特的文件，因为它阐明了与一种深奥的知识转化相关联的错综复杂的科学发现过程。这本笔记使科学史学家能够解读爱因斯坦所走的一些弯路，甚至包括使爱因斯坦暂时放弃了广义协变性目标这样的弯路。这个文件表明了，爱因斯坦在始于黎曼张量的数学策略和始于经典牛顿引力方程（泊松方程）的物理策略之间，怎样进行交替。事实上，他肯定希望这两种策略能够趋于一致，那就意味着他找到了一种理论，能将他对于等效原理的见解和牛顿极限的要求结合起来。在 1912 年底时，爱因斯坦已经快要解决这个问题了，但是那时新理论的语言还不够成熟，不足以清楚表达所有这些要求是如何协调起来的。

在弯曲空间中怎样测量体积？

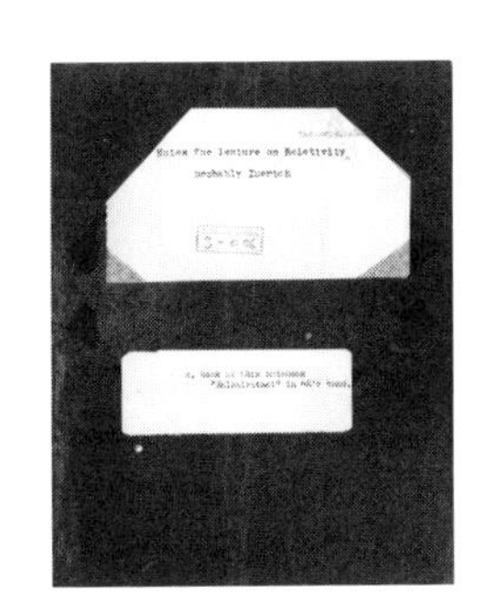

此图版权属于希伯来大学。

在这一页中，爱因斯坦讨论了两个相关的数学概念："基本张量的行列式"和"体积元"。矩阵的行列式是一个可从它的元素计算得到的数。对角矩阵（所有非对角项等于零）的行列式就是各对角项的乘积。因此单位矩阵的行列式等于 1。在狭义相对论中（闵可夫斯基时空，（4）式）代表度规的矩阵行列式等于 −1。两个矩阵乘积的行列式是它们的行列式的乘积。对应于一个协变张量的行列式，等于它的逆变形式的行列式的倒数。

要在弯曲时空中表示积分，我们需要体积的度量，就像在三维欧几里得空间中有体积元 $dx_1\, dx_2\, dx_3$。在黎曼空间中，自然的体积元 $d\tau$ 是由坐标微分乘以度规行列式绝对值的平方根给出的 ①。这一页得到的结论是在不同坐标系 x_μ 和 x'_μ 之间体积元的变换规则。

---

① 这里所谓的自然体积元，即现代微分几何中的不变体积元，或称流形上的不变测度，它在坐标变换下是不变的，从而可以定义积分。在坐标变换下，坐标微分和度规行列式都不一定是不变的，但两者的适当组合却是不变的，由此定义了不变体积元，它将平坦空间的体积元概念推广到了弯曲空间。—— 译者注

(17)

Durch Multiplikation der beiden letzten Gleichungen erhält man

$$\sqrt{g'}\,d\tau' = \sqrt{g}\,d\tau \quad \ldots (18)$$

Statt $\sqrt{g}$ wird im Folgenden die Grösse $\sqrt{-g}$ eingeführt, welche wegen des hyperbolischen Charakters des zeiträumlichen Kontinuums stets einen reellen Wert hat. Die Invariante $\sqrt{-g}\,d\tau$ ist gleich der Grösse des im „örtlichen Bezugssystem" mit starren Massstäben und Uhren im Sinne der speziellen Relativitätstheorie gemessenen vierdimensionalen Volumelementes.

Bemerkung über den Charakter des raum-zeitlichen Kontinuums. Unsere Voraussetzung, dass im Unendlichkleinen stets die spezielle Relativitätstheorie gelte, bringt es mit sich, dass sich ds^2 immer gemäss (1) durch die reellen Grössen $dX_1 \ldots dX_4$ ausdrücken lässt. Nennen wir $d\tau_0$ das „natürliche" Volumelement $dX_1\,dX_2\,dX_3\,dX_4$, so ist also

$$d\tau_0 = \sqrt{-g}\,d\tau \quad \ldots (18a)$$

Soll an einer Stelle des vierdimensionalen Kontinuums $\sqrt{-g}$ verschwinden, so bedeutet dies, dass hier einem endlichen Koordinatenvolumen ein unendlich kleines „natürliches" Volumen entspreche. Dies möge nirgends der Fall sein. Dann kann g sein Vorzeichen nicht ändern; wir werden im Sinne der speziellen Relativitätstheorie annehmen, dass g stets einen endlichen negativen Wert habe. Es ist dies eine Hypothese über die physikalische Natur des betrachteten Kontinuums und gleichzeitig eine Festsetzung über die Koordinatenwahl.

Ist aber $-g$ stets positiv und endlich, so liegt es nahe, die Koordinatenwahl a posteriori so zu treffen, dass diese Grösse gleich 1 wird. Wir werden später sehen, dass durch eine solche Beschränkung der Koordinatenwahl eine bedeutende Vereinfachung der Naturgesetze erzielt werden kann. Anstelle von (18) tritt dann einfach

$$d\tau' = d\tau,$$

woraus mit Rücksicht auf Jakobis Satz folgt

$$\left|\frac{\partial x'_\sigma}{\partial x_\mu}\right| = 1 \quad \ldots (19)$$

Bei dieser Koordinatenwahl sind also nur Substitutionen der Koordinaten von der Determinante 1 zulässig.

Es wäre aber irrtümlich, zu glauben, dass dieser Schritt

方便的坐标选择如何使理论得到简化？

度规行列式 g 和体积元 $d\tau$ 自身在坐标变换下一般不是不变的，但它们的某种组合（18）式却是不变的。在狭义相对论中，因为度规行列式不变，所以体积元是不变的。在广义相对论中，时空中一个点的附近邻域，可以由闵可夫斯基度规近似，就像地球上每一点周围的环境都可以用平坦的表面来近似那样。当离开该点的局部邻域时，曲率开始起作用。然而，存在一类称为幺模变换的坐标变换（在数学上由19式描述），任何体积元对于这个变换都是不变量[①]。在狭义相对论的闵可夫斯基时空以及在广义相对论中，度规行列式总是负的。因此，幺模变换的约束就是 $-g=1$。

使广义相对性方程不变的变换群可以破缺成两个子群：幺模变换群和体积变换群[②]。甚至可以看到，爱因斯坦在这里所考虑的幺模群不仅仅是技术上的简化（他那时就认为是技术上的简化），而实际上在绝大多数物理和数学的应用中起到举足轻重的作用。

到此为止的讨论还都是纯数学的。现在爱因斯坦引入了物理动机："后面我们将看到，通过这样一个坐标选择的约束，有可能实现自然定律的重要简化。"几行之后以及在下一页中，他强调："如果认为这一步骤表示部分地放弃了相对论的一般假定，那就错了。我们不问'对行列式为 1 的所有替换都是协变的自然定律是什么？'，而我们的问题是，'广义协变的自然定律是什么？'直到我们通过选择特定的参考系而简化了它们的表达式，才确定这些自然定律。"他会重复并再次强调这一点（见 91 页 [27] 和 119 页 [40a]）。

坐标条件和坐标约束之间的区别是什么？

> 在探寻引力的相对论性理论的各个不同阶段，特殊坐标系问题一直伴随着爱因斯坦。为了检验广义协变的场方程是否能退化到牛顿极限（泊松方程），需要施加一组特殊坐标使牛顿理论成立。这样一种坐标选择今天称为坐标条件，它不会影响理论的广义协变性。
>
> 一种理论青睐于某种参考系，原则上这是可能的，正如狭义相对论青睐惯性系。这种情况可以由坐标约束来表达。起初，爱因斯坦不知道他的新理论能否成功摆脱这样的约束。尤其是，似乎能量动量守恒应该要求这样的坐标约束。而这个约束一定还要与可能选择一个牛顿极限能实现的坐标系相兼容。爱因斯坦面对着不同要求之间的复杂的相互关系，他不知道怎样去理顺这些关系，而这些关系首先使他得到纲领理论（83 页 [23]）。
>
> 这里所采用的幺模坐标的约束，应该看成是为简化最终理论的推导而准备的坐标条件。

---

① 所谓的幺模变换是指 $\sqrt{-g}=1$ 的变换，这时不变体积元就约化成与平直空间的体积元一样的表达式。—— 译者注

② 从现代的观点来看，与广义相对论方程有关的变换群是特殊复二维线性群 SL（2，C），它与固有正时序洛伦兹群同态。SU（2）群、SU（1，1）群、SL（2，R）群以及幺模变换群 U（1）都是 SL（2，C）群的子群。更准确地说，方程在微分同胚变换下是协变的。—— 译者注

(18)

einen partiellen Verzicht auf das allgemeine Relativitätspostulat bedeutete. Wir fragen nicht: „Wie heissen die Naturgesetze, welche gegenüber allen Transformationen von der Determinante 1 kovariant sind?" Sondern wir fragen: „Wie heissen die allgemein kovarianten Naturgesetze"? Erst nachdem wir diese aufgestellt haben vereinfachen wir ihren Ausdruck durch eine besondere Wahl des Bezugssystems.

Bildung neuer Tensoren vermittelst des Fundamentaltensors. Durch innere, äussere und gemischte Multiplikation eines Tensors mit dem Fundamentaltensor entstehen Tensoren anderen Charakters und Ranges. Beispiele:

$$A^{\mu} = g^{\mu\sigma} A_{\sigma}$$
$$A = g_{\mu\nu} A^{\mu\nu}$$

Besonders sei auf folgende Bildungen hingewiesen

$$A^{\mu\nu} = g^{\mu\alpha} g^{\nu\beta} A_{\alpha\beta}$$
$$A_{\mu\nu} = g_{\mu\alpha} g_{\nu\beta} A^{\alpha\beta}$$

(„Ergänzung" des kovarianten bezw. kontravarianten Tensors) und

$$B_{\mu\nu} = g_{\mu\nu} g^{\alpha\beta} A_{\alpha\beta}.$$

Wir nennen $B_{\mu\nu}$ den, zu $A_{\mu\nu}$ gehörigen reduzierten Tensor. Analog

$$B^{\mu\nu} = g^{\mu\nu} g_{\alpha\beta} A^{\alpha\beta}.$$

Es sei bemerkt, dass $g^{\mu\nu}$ nichts anderes ist als die Ergänzung von $g_{\mu\nu}$. Denn man hat

$$g^{\mu\alpha} g^{\nu\beta} g_{\alpha\beta} = g^{\mu\alpha} \delta_{\alpha}^{\nu} = g^{\mu\nu}.$$

§9. Gleichung der geodätischen Linie (bezw. der Punktbewegung).

Da das „Linienelement" ds eine physikalisch vollkommen definierte Grösse ist, kann man nach derjenigen zwischen zwei Punkten P_1 und P_2 des vierdimensionalen Kontinuums gezogenen Linie fragen, für welche $\int ds$ ein Extremum ist (Geodätische Linie). Ihre Gleichung ist

$$\delta\left\{\int_{P_1}^{P_2} ds\right\} = 0 \quad \ldots\ldots (20)$$

Aus dieser Gleichung findet man in bekannter Weise durch Ausführung der Variation vier totale Differentialgleichungen, welche diese geodätische Linie bestimmen; auch diese Ableitung soll der Vollständigkeit halber hier Platz finden. Es sei λ eine Funktion der Koordinaten x_ν; diese definiert eine Schar von Flächen, welche die gesuchte geodätische Linie sowie alle ihr unendlich benachbarten Linien durch die Punkte P_1 und P_2

什么是弯曲空间中的“直线”？在引力作用下粒子如何运动？

爱因斯坦通过显示度规张量如何用来构成新张量，用以揭示度规张量的一些性质，而结束了本节的讨论。一个张量与度规张量的外积（58 页 [11]）、内积或混合积（62 页 [13]）产生不同特性和秩的张量。在对度规张量的各种性质进行冗长的阐述之后，爱因斯坦到了可以引入一个新的物理上很重要的概念的时候了。

在第 9 节，爱因斯坦引入了测地线的概念，并推导了沿着测地线的点所满足的数学方程。

> 高斯几何研究了三维欧几里得空间中的曲线和曲面。曲面上的测地线是两点之间的短程线。例如，球面上两点之间的最短路径是经过这些点的大圆的一部分。这个定义也适用于任意维空间中的线，除了不能在更高维中设想它们的形状；测地线是在黎曼几何的数学体系内进行描述的[①]。
>
> 在苏黎世笔记中，爱因斯坦推导了经典力学的一个熟知结果：一个限制在弯曲表面上运动的粒子，不受外力影响，将在两点之间沿着连接这些点的测地线运动。同样的原理适用于粒子在时空中的自由运动，引力效应反映在时空的曲率上。然而，奇怪的是，在弯曲空间中，从任意加速参考系中观测到的或者由任意引力场产生的测地线，也可以是时空中两点之间最长的可能路径。这是时空度规的奇特数学性质导致的结果。不管怎样，测地线总是可以定义为时空中两点之间极值（极大或极小）距离的路径。
>
> 测地线不仅仅是一个数学对象；它是引力场中不受力粒子的运动轨迹。

测地线的轨迹是在给定的参考系中，由线上点的时空坐标定义的。这些坐标满足通过“变分法”得到的数学方程。这个方法由（20）式给出了简洁的表达。积分号 $\int$ 是对两点 P_1 和 P_2 之间的线元 ds 求和，也就是说，给出了两点之间的路径长度。积分前面的字母 δ 是对不同路径的这个长度的无穷小变分。变分为零的轨迹是最短（或最长）长度的轨迹，因此代表了测地线。这是弯曲空间黎曼几何中直线的自然推广。

> 在 1922 年的时候，爱德华问他的父亲阿尔伯特·爱因斯坦，为什么他的名气如此之大。爱因斯坦回答道：“当一只盲眼甲壳虫在弯曲的树枝表面上爬动时，它不会注意到其爬过的痕迹实际上是弯曲的。我很幸运，注意到了甲壳虫没有注意到的。”

---

① 为了使读者明了黎曼空间的概念，我们先列出下式：黎曼几何 ⊂ 微分拓扑 ⊂ 点集拓扑，其中记号“⊂”表示包含关系。点集拓扑研究的是一般拓扑空间，微分拓扑研究解析流形，而黎曼几何研究的是带有黎曼度规的解析流形。数学家所说的微分几何处理的是解析流形，并带有某种附加结构。这里所谓的附加结构可以是一个黎曼度规，也可以是一个联络，或是一个张量场。—— 译者注

(19)

schneiden. Jede solche Kurve kann dann dadurch gegeben gedacht werden, dass ihre Koordinaten x_ν in Funktion von λ ausgedrückt werden. Das Zeichen δ entspreche dem Übergang von einem Punkte der gesuchten geodätischen Linie zu demjenigen Punkte einer benachbarten Kurve, welcher zu dem nämlichen λ gehört. Dann lässt sich (20) durch

$$\left.\begin{aligned}&\int_{\lambda_1}^{\lambda_2}\delta w\,d\lambda = 0\\ &w^2 = g_{\mu\nu}\frac{dx_\mu}{d\lambda}\frac{dx_\nu}{d\lambda}\end{aligned}\right\}\quad(20a)$$

ersetzen. Da aber

$$\delta w = \frac{1}{w}\left\{\frac{1}{2}\frac{\partial g_{\mu\nu}}{\partial x_\sigma}\frac{dx_\mu}{d\lambda}\frac{dx_\nu}{d\lambda}\delta x_\sigma + g_{\mu\nu}\frac{dx_\mu}{d\lambda}\delta\left(\frac{dx_\nu}{d\lambda}\right)\right\},$$

so erhält man nach Einsetzen von δw in (20a) mit Rücksicht darauf, dass

$$\delta\left(\frac{dx_\nu}{d\lambda}\right) = \frac{d\,\delta x_\nu}{d\lambda},$$

nach partieller Integration

$$\left.\begin{aligned}&\int_{\lambda_1}^{\lambda_2} d\lambda\, K_\sigma\,\delta x_\sigma = 0\\ &K_\sigma = \frac{d}{d\lambda}\left\{\frac{g_{\mu\nu}}{w}\frac{dx_\mu}{d\lambda}\right\} - \frac{1}{2w}\frac{\partial g_{\mu\nu}}{\partial x_\sigma}\frac{dx_\mu}{d\lambda}\frac{dx_\nu}{d\lambda}\end{aligned}\right\}\quad(20b)$$

Hieraus folgt wegen der freien Wählbarkeit der δx_σ das Verschwinden der K_σ. Also sind

$$K_\sigma = 0 \quad \ldots\ldots (20c)$$

die Gleichungen der geodätischen Linie. Ist auf der betrachteten geodätischen Linie nicht $ds = 0$, so können wir als Parameter λ die auf der geodätischen Linie gemessene „Bogenlänge" s wählen. Dann wird $w = 1$, und man erhält anstelle von (20c)

$$g_{\mu\nu}\frac{d^2x_\mu}{ds^2} + \frac{\partial g_{\mu\nu}}{\partial x_\sigma}\frac{dx_\nu}{d\lambda}\frac{dx_\mu}{d\lambda} - \frac{1}{2}\frac{\partial g_{\mu\nu}}{\partial x_\sigma}\frac{dx_\mu}{d\lambda}\frac{dx_\nu}{d\lambda} = 0,$$

oder durch blosse Änderung der Bezeichnungsweise

$$g_{\alpha\sigma}\frac{d^2x_\alpha}{ds^2} + \begin{bmatrix}\mu\nu\\ \sigma\end{bmatrix}\frac{dx_\mu}{ds}\frac{dx_\nu}{ds} = 0, \quad \ldots\ldots (20d)$$

wobei nach Christoffel gesetzt ist

$$\begin{bmatrix}\mu\nu\\ \sigma\end{bmatrix} = \frac{1}{2}\left(\frac{\partial g_{\mu\sigma}}{\partial x_\nu} + \frac{\partial g_{\nu\sigma}}{\partial x_\mu} - \frac{\partial g_{\mu\nu}}{\partial x_\sigma}\right). \quad \ldots\ldots (21)$$

“克利斯朵夫记号”的几何意义与物理意义是什么？

在前一页中所描述的通过变分法推导测地线方程，导致定义了克利斯朵夫记号，由本页底部的（21）式来表征。它在张量计算（微分几何）中起到关键作用，其稍微不同的变形由下页的（23）式给出。这个记号描述了在弯曲空间中，当矢量和张量沿一条线移动时，它们将发生怎样的变化。对于找出测地线的路径，对于计算张量的导数，以及对于刻画特定的黎曼几何或时空几何的局部性质，克利斯朵夫记号都是不可或缺的。

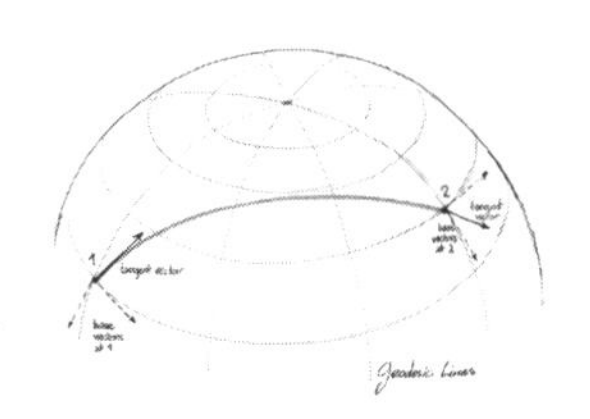

我们已经提到，在广义相对论中引力势是由度规张量代表的。那么，为什么我们需要这又一个基本对象？克利斯朵夫记号是度规张量分量的导数组合，它起着引力力场的作用。在接下来的几页中，在微分几何的数学概念的背景下，以及在广义相对论中物理意义的背景下，我们都会再次提到克利斯朵夫记号。现在我们来关注另一点。我们已经强调过，表示物理定律的数学方程必须表达成张量之间的方程，而克利斯朵夫记号不是张量。因此，它们将永远不会单独出现在这样的方程中。

在引力场分量的早期认识中，爱因斯坦的“致命偏见”是什么？

在经典物理中，有质量物体周围分布的空间中的每一点，都可以赋予一个数，即引力势，用来度量单位质量的粒子在该点的引力能量。自由运动的粒子将从引力势高的点运动到引力势低的点。在空间中的每一点，自由运动的粒子将沿着那一点上引力矢量的方向运动，其运动加速度是由场的强度所决定的。引力场的分量是引力势沿空间坐标方向的局部变化（对空间坐标的导数）。

如之前提到过的（第 55[9] 页），在广义相对论中，牛顿物理的单个引力势函数由时空坐标的 10 个函数所代替，它们是度规张量 $g_{\mu\nu}$ 的 10 个独立分量。引力场分量仍然是由引力势分量的导数决定的。为了确保理论的广义协变性，这些导数必须由协变微分法则进行计算（第 79[21] 页）。这个过程导致了引力场分量与克利斯朵夫记号密切相关。

认识到引力场的分量不是引力势 $g_{\mu\nu}$ 的简单导数，还与克利斯朵夫记号相关，这是在 1915 年 11 月导出广义相对论最后阶段的关键因素。在这之前的 1913 年，爱因斯坦已经将一个不同的数学表达式与引力场联系起来，这导致了纲领理论（第 83[23] 页）。1915 年 11 月 4 日，在普鲁士皇家科学院的一次报告上，他坦承这是一个“致命偏见”。

(20)

Multipliziert man endlich (20b) mit $g^{\sigma\tau}$ (äussere Multiplikation bezüglich τ, innere bezüglich σ), so erhält man schliesslich als endgültige Form der Gleichung der geodätischen Linie

$$\frac{d^2 x_\tau}{ds^2} + \left\{ {\mu\nu \atop \tau} \right\} \frac{dx_\mu}{ds} \frac{dx_\nu}{ds} = 0 \quad \ldots (22)$$

Hiebei ist nach Christoffel gesetzt

$$\left\{ {\mu\nu \atop \tau} \right\} = g^{\tau\alpha} \left[{\mu\nu \atop \alpha} \right] \quad \ldots\ldots (23)$$

§10. Die Bildung von Tensoren durch Differentiation.

Gestützt auf die Gleichung der geodätischen Linie können wir nun leicht die Gesetze ableiten, nach welchen durch Differentiation aus Tensoren neue Tensoren gebildet werden können. Dadurch werden wir erst in den Stand gesetzt, allgemein kovariante Differentialgleichungen aufzustellen. Wir erreichen dies Ziel durch wiederholte Anwendung des folgenden einfachen ~~Methode~~ Satzes.

Ist in unserem Kontinuum eine Kurve gegeben, deren Punkte durch die Bogendistanz s von einem Fixpunkt auf der Kurve charakterisiert sind, ist ferner φ eine invariante Raumfunktion, so ist auch $\frac{d\varphi}{ds}$ eine Invariante. Der Beweis liegt darin, dass sowohl $d\varphi$ als auch ds Invariante sind.

Da $\frac{d\varphi}{ds} = \frac{\partial\varphi}{\partial x_\mu}\frac{dx_\mu}{ds}$, ~~und $\frac{dx_\nu}{ds}$ sin~~ so ist auch

$$\psi = \frac{\partial\varphi}{\partial x_\mu}\frac{dx_\mu}{ds}$$

eine Invariante, und zwar für alle Kurven, die von einem Punkte des Kontinuums ausgehen, dass heisst für beliebige Wahl des Vektors der dx_μ. Daraus folgt unmittelbar, dass

$$A_\mu = \frac{\partial\varphi}{\partial x_\mu} \quad \ldots\ldots (24)$$

ein kovarianter Vierervektor ist (Gradient von φ).

Nach unserem Satze ist ebenso der auf einer Kurve genommene Differentialquotient $\chi = \frac{d\psi}{ds}$ eine Invariante. Durch Einsetzen von ψ erhalten wir zunächst

$$\chi = \frac{\partial^2\varphi}{\partial x_\mu \partial x_\nu}\frac{dx_\mu}{ds}\frac{dx_\nu}{ds} + \frac{\partial\varphi}{\partial x_\mu}\frac{d^2 x_\mu}{ds^2}$$

Hieraus lässt sich zunächst ~~nicht~~ die Existenz einer Kovariante nicht ableiten. ~~Nehmen~~ Setzen wir nun aber fest, dass die Kurve, auf welcher wir differenziert haben, eine geodätische Kurve sei, so erhalten wir nach (22) durch Ersetzen von $\frac{d^2 x_\nu}{ds^2}$,

$$\chi = \left\{ \frac{\partial^2\varphi}{\partial x_\mu \partial x_\nu} - \left\{ {\mu\nu \atop \tau} \right\} \frac{\partial\varphi}{\partial x_\tau} \right\} \frac{dx_\mu}{ds}\frac{dx_\nu}{ds}.$$

Aus der Vertauschbarkeit der Differentiationen nach μ und ν und daraus, dass gemäss (23) und (21) die Klammer $\left\{ {\mu\nu \atop \tau} \right\}$ bezüglich μ und ν symmetrisch ist, folgt, dass der Klammerausdruck in μ und ν symmetrisch ist.

测地线作为可能的“最直线”以及它与“仿射联络”之间的关系

在第 18 页，测地线定义为时空中两点之间距离的极值线，或者最短或者最长，它的方程通过变分法导出。这个计算的结果在（22）式中给出。在（第 92 [28] 页）我们会再次看到这个方程，只是以略微不同的记号出现。在那里，它表示为引力场中粒子的运动方程。

在某些条件下，测地线也可以刻画为这样一条线，当沿着这条线从一点移动到另一点时，切矢量保持不变（见前一页的图示）。切矢量是在这条线的给定点上沿着切方向的单位矢量。直观地说，这个要求意味着测地线是两点之间可能的“最直线”。在理解弯曲空间中微分的概念和过程上，这个定义将被证明是很重要的。

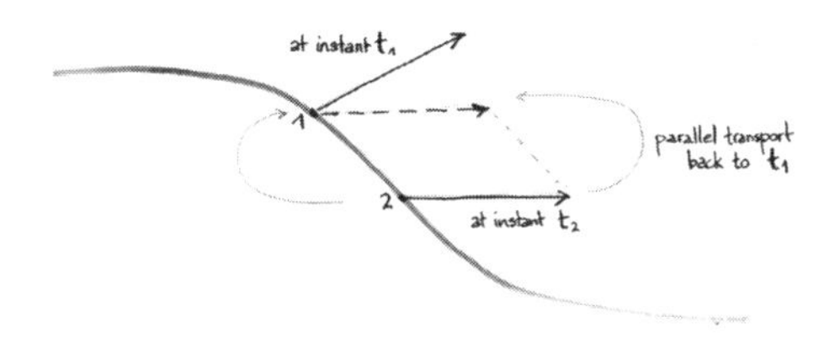

测地线的这个定义，依赖于矢量的平行位移或平行移动概念。为了在黎曼几何中应用这个概念，我们必须理解在一个点的几何状况如何与另一点进行比较。在这种情况下，19 世纪的数学家们开始探索联络概念，它描述沿着特定曲线怎样一致地运送几何数据。联络的最基本类型而且与我们的讨论最相关的，是仿射联络，它具体规定了矢量如何沿着曲线从一点到另一点进行平行移动。仿射联络与矢量在某一方向的导数密切相关，也就是说，与下述问题密切相关：在给定方向上进行一个无穷小移动后，矢量怎样变化？

在历史上，黎曼几何中联络的无穷小观点始于克利斯朵夫，在 20 世纪初由勒维-西维他和里奇进行了更为详尽的研究。他们建立了克利斯朵夫所讨论的无穷小联络和平行移动概念之间的关系。勒维-西维他利用平行移动概念，澄清并说明了协变微分的概念。由于这个原因，仿射联络也称为勒维-西维他联络，并用克利斯朵夫记号本身来标记。

下一节用来讨论从给定张量，通过微分形成新张量。这是一个重要的话题，因为物理定律由微分方程表示，并且这些方程必须是广义协变的。爱因斯坦知道这些规律已经由数学家们导出，但他宁愿按他自己的方式来做。在 1914 年 10 月提交给普鲁士皇家科学院的一篇综述文章《广义相对论的基础》中，他写道：“这些微分表达式的规律已经由克利斯朵夫、里奇和勒维-西维他给出。在这里，我给出一个特别简单的推导，这看起来是有新意的。”在那篇文章中的推导与这里出现的是相同的。

(21)

Da man von einem Punkt des Kontinuums aus in beliebiger Richtung eine geodätische Linie ziehen kann, $\frac{dx_\mu}{ds}$ also ein Vierervektor mit frei wählbarem Verhältnis der Komponenten ist, folgt nach den Ergebnissen des § 7, dass

$$A_{\mu\nu} = \frac{\partial^2 \varphi}{\partial x_\mu \partial x_\nu} - \begin{Bmatrix} \mu\nu \\ \tau \end{Bmatrix} \frac{\partial \varphi}{\partial x_\tau} \quad \ldots (25)$$

ein kovarianter Tensor zweiten Ranges ist. Wir haben also das Ergebnis gewonnen: Aus dem kovarianten Tensor ersten Ranges $A_\mu = \frac{\partial \varphi}{\partial x_\mu}$ können wir durch Differentiation einen kovarianten Tensor zweiten Ranges

$$A_{\mu\nu} = \frac{\partial A_\mu}{\partial x_\nu} - \begin{Bmatrix} \mu\nu \\ \tau \end{Bmatrix} A_\tau \quad \ldots (26)$$

bilden. Wir nennen den Tensor $A_{\mu\nu}$ die „Erweiterung" des Tensors A_μ. Zunächst können wir leicht zeigen, dass diese Bildung auch dann auf einen Tensor führt, wenn der Vektor A_μ nicht als ein Gradient darstellbar ist. Um dies einzusehen, bemerken wir zunächst, dass $\psi \frac{\partial \varphi}{\partial x_\mu}$ ein kovarianter Vierervektor ist, wenn ψ und φ Skalare sind. Dies ist auch der Fall für eine aus vier solchen Gliedern bestehende Summe

$$S_\mu = \psi^{(1)} \frac{\partial \varphi^{(1)}}{\partial x_\mu} + \cdot + \cdot + \psi^{(4)} \frac{\partial \varphi^{(4)}}{\partial x_\mu},$$

falls $\psi^{(1)}, \varphi^{(1)}, \ldots \psi^{(4)} \varphi^{(4)}$ Skalare sind. Nun ist aber klar, dass sich jeder kovariante Vierervektor in der Form S_μ darstellen lässt. Ist nämlich A_μ ein Vierervektor, dessen Komponenten beliebig gegebene Funktionen der x_ν sind, so hat man (bezüglich des gewählten Koordinatensystems) nur zu setzen

$$\psi^{(1)} = A_1 \quad \varphi^{(1)} = x_1$$
$$\psi^{(2)} = A_2 \quad \varphi^{(2)} = x_2$$
$$\psi^{(3)} = A_3 \quad \varphi^{(3)} = x_3$$
$$\psi^{(4)} = A_4 \quad \varphi^{(4)} = x_4,$$

um zu erreichen, dass S_μ gleich A_μ wird.

Um daher zu beweisen, dass $A_{\mu\nu}$ ein Tensor ist, wenn auf der rechten Seite für A_μ ein beliebiger kovarianter Vierervektor eingesetzt wird, brauchen wir nur zu zeigen, dass dies für den Vierervektor S_μ zutrifft. Für letzteres ist es aber, wie ein Blick auf die rechte Seite von (26) lehrt, hinreichend, den Nachweis für den Fall

$$A_\mu = \psi \frac{\partial \varphi}{\partial x_\mu}$$

zu führen. Es hat nun die mit ψ multiplizierte rechte Seite von (25)

$$\psi \frac{\partial^2 \varphi}{\partial x_\mu \partial x_\nu} - \begin{Bmatrix} \mu\nu \\ \tau \end{Bmatrix} \psi \frac{\partial \varphi}{\partial x_\tau}$$

Tensorcharakter. Ebenso

张量在相邻点如何改变？或者如何通过微分从给定张量产生新张量？

爱因斯坦的推导从标量函数的微分开始（前页）。他表明了对 4 个坐标的偏导数形成了一个（协变）矢量（24）式，并完整地描述了这个标量函数如何在空间相邻点之间变化。他通过探索标量函数沿曲线的变化而得到这个结论，曲线上的点是根据从曲线上一个固定点到这些点的距离而参数化的。

> 下一个问题是，这个矢量，或者任意（协变）矢量，从一点到另一点如何变化？最先的想法是，这样的变化是由矢量的 4 个分量的偏导数刻画的。然而，结果是这个步骤得到的 16 个参量不形成 2 秩张量。另外，这些参量不足以描述曲线坐标中矢量的变化，在曲线坐标中对矢量的变化有两重贡献。第一，它的方向与大小可能会改变。第二，矢量的分量会改变，因为与坐标线相切的基矢定义了这些分量，而从一点到另一点基矢是变化的。即使是在常矢量情形，后一个效应也会出现。

在（24）式中，爱因斯坦表明了如何通过矢量的微分得到张量。为此，他假定要沿测地线这样的曲线进行微分，因此他可以利用测地曲线的方程，导出（26）式所给的张量。爱因斯坦称这个张量 $A_{\mu\nu}$ 为矢量 A_μ 的“扩展”。今天，它被称为矢量 A_μ 的协变导数，而导致它的步骤称为协变微分。在现代的理解中，协变微分极其重要的一点是包含了矢量的平行移动概念，从而有可能比较曲线上不同点上的矢量（见图示）。

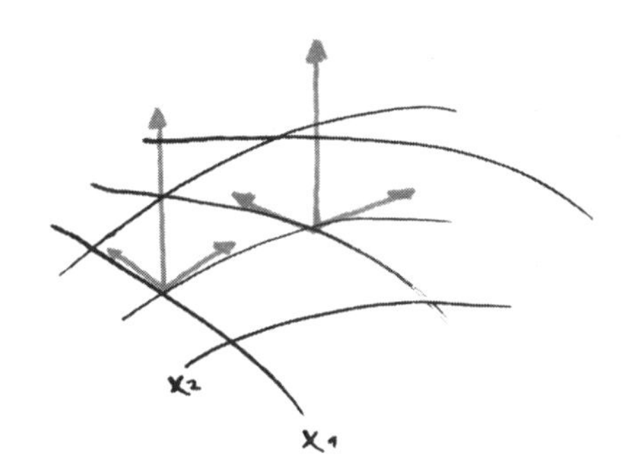

在前一段所描述的空间中相邻点之间矢量变化的两重贡献，是由（26）式右边的两项所代表的。第二项是坐标系的曲线本性的结果，含有克利斯朵夫记号。两项都不是张量，但它们的差（和）是一个 2 秩张量[①]。

爱因斯坦首先对从一个坐标的标量函数得到的矢量建立了这个结果（24 式），接着将这个结果推广到任意的协变矢量。他是通过表明任意（协变）矢量可以表示为四个这样的从标量函数经由微分得到的矢量，而完成这点的。

---

① 用现代广义相对论语言来说，偏导数与克利斯朵夫记号在微分同胚下都不是协变的，但它们可以组合成协变的微分算子。—— 译者注

(22)

ist

$$\frac{\partial \psi}{\partial x_\mu} \frac{\partial \varphi}{\partial x_\nu}$$

ein Tensor (äusseres Produkt zweier Vierervektoren). Durch Addition folgt der Tensorcharakter von

$$\frac{\partial}{\partial x_\nu}\left(\psi \frac{\partial \varphi}{\partial x_\mu}\right) - \left\{ \begin{matrix} \mu\nu \\ \tau \end{matrix} \right\}\left(\psi \frac{\partial \varphi}{\partial x_\tau}\right).$$

Damit ist, wie ein Blick auf (26) lehrt, der verlangte Nachweis für den Vierervektor $\psi \frac{\partial \varphi}{\partial x_\mu}$, und daher nach dem vorhin Bewiesenen für jeden beliebigen Vierervektor A_μ geführt. —

Mit Hilfe der Erweiterung des Vierervektors kann man leicht die „Erweiterung" eines kovarianten Tensors beliebigen Ranges definieren; diese Bildung ist eine Verallgemeinerung der Erweiterung des Vierervektors. Wir beschränken uns auf die Aufstellung der Erweiterung des Tensors zweiten Ranges, da dieser das Bildungsgesetz bereits klar übersehen lässt.

Wie bereits bemerkt, lässt sich jeder kovariante Tensor zweiten Ranges darstellen[x] als eine Summe von Tensoren vom Typus $A_\mu B_\nu$. Es wird deshalb genügen, den Ausdruck der Erweiterung für einen solchen speziellen Tensor abzuleiten. Nach (26) haben die Ausdrücke

$$\frac{\partial A_\mu}{\partial x_\sigma} - \left\{ \begin{matrix} \sigma\mu \\ \tau \end{matrix} \right\} A_\tau$$

$$\frac{\partial B_\nu}{\partial x_\sigma} - \left\{ \begin{matrix} \sigma\nu \\ \tau \end{matrix} \right\} B_\tau$$

Tensorcharakter. Durch äussere Multiplikation des ersten mit B_ν, des zweiten mit A_μ erhält man je einen Tensor dritten Ranges; deren Addition ergibt den Tensor dritten Ranges

$$A_{\mu\nu\sigma} = \frac{\partial A_{\mu\nu}}{\partial x_\sigma} - \left\{ \begin{matrix} \sigma\mu \\ \tau \end{matrix} \right\} A_{\tau\nu} - \left\{ \begin{matrix} \sigma\nu \\ \tau \end{matrix} \right\} A_{\mu\tau}, \quad \ldots\ldots (27)$$

wobei $A_{\mu\nu} = A_\mu B_\nu$ gesetzt ist. Da die rechte Seite von (27) linear und homogen ist bezüglich der $A_{\mu\nu}$ und deren ersten Ableitungen, führt dies Bildungsgesetz nicht nur bei einem Tensor vom Typus $A_\mu B_\nu$, sondern auch bei einer Summe solcher Tensoren, d. h. bei einem beliebigen kovarianten Tensor zweiten Ranges zu einem Tensor. Wir nennen $A_{\mu\nu\sigma}$ die Erweiterung des Tensors $A_{\mu\nu}$.

Es ist klar, dass (26) und ( ) nur spezielle Fälle von (27) sind (Erweiterung des Tensors ersten bezw. nullten Ranges). Überhaupt

---

[x] Durch äussere Multiplikation der Vektoren mit den (beliebig gegebenen) Komponenten $A_{11}, A_{12}, A_{13}, A_{14}$ bezw. 1, 0, 0, 0 entsteht ein Tensor mit den Komponenten

$$\begin{matrix} A_{11} & A_{12} & A_{13} & A_{14} \\ 0 & 0 & 0 & 0 \\ 0 & 0 & 0 & 0 \\ 0 & 0 & 0 & 0 \end{matrix}.$$

Durch Addition von vier Tensoren von diesem Typus erhält man den Tensor $A_{\mu\nu}$ mit beliebig vorgeschriebenen Komponenten.

爱因斯坦将协变微分的步骤推广至 2 秩协变张量。他得到了张量的结果，这是通过两个协变矢量的外积产生的，因为每个协变的 2 秩张量可以表示为四个这样的张量之和。在脚注中，他证明了这个陈述。对于一个 2 秩张量，我们必须考虑在曲线坐标中两个相邻点之间基矢改变对两个指标的影响（见前页的解释）。因此，2 秩协变张量的协变导数（“扩展”）（它是一个 3 秩协变张量）有两项含有克利斯朵夫记号，见（27）式。

爱因斯坦广义相对论数学形式的几何背景是什么？

爱因斯坦广义相对论的数学框架产生于克利斯朵夫、里奇和勒维-西维他的绝对微分学。这个框架是围绕微分不变量的概念而建立的。它与微分几何的关系以及它的几何解释只有在爱因斯坦理论建立以后才变得更加闻名遐迩。外尔（Hermann Weyl）特别澄清了黎曼-克利斯朵夫曲率张量的几何解释，并将它与矢量围绕一个闭合圈所进行的平行位移关联起来。

在其数学阐述中，爱因斯坦讨论了测地线的方程和意义，从而引入了非欧几何的一个关键要素，这在里奇和勒维-西维他的工作中是没有出现过的。早在 1912 年当他考虑旋转圆盘的思想实验时，他就意识到广义相对论的四维时空，不再适合欧几里得几何的框架了。然而，他没有系统地引入非欧几何，也没有根据微分几何解释他自己的理论。例如，当他讨论黎曼-克利斯朵夫张量时，他甚至没有提到曲率。广义相对论的几何化，以及将引力理解为归因于时空的曲率，是进一步发展的结果，而不是爱因斯坦提出其理论时的预设。

1921 年 5 月，爱因斯坦在普林斯顿大学做了狭义相对论和广义相对论的系列讲座。在那里，与本手稿不同，他承认张量的协变微分运算，非常令人满意地由勒维-西维他引入的方法所确立，并且后来被外尔用于广义相对论中。在一个给定的矢量场中，在 P_1 点的特定矢量平行于自身移动到了相邻的 P_2 点。移动后的矢量与矢量场在 P_2 点的矢量之差可视为矢量在 P_1 点的微分。虽然爱因斯坦没有使用“仿射联络”这个术语，但这恰恰就是仿射联络。这个计算很自然地表达了克利斯朵夫记号（第 78[21] 页）。

在晚年，爱因斯坦总结了他的理论的早期解释。他强调了关于矢量位移的勒维-西维他观念的作用，而这只是在广义相对论完成后才发展的，却没有强调度规的黎曼概念，而它正是作为广义相对论的概念性关键洞察的恰当的数学表现形式。他说勒维-西维他观念起到了“背景独立性”的作用：

“众所周知，已经完全被遗忘了的黎曼的度规连续统理论，在世纪之交被里奇和勒维-西维他复活并深化了；这两项工作决定性地推动了广义相对论的形成。然而，在我看来，勒维-西维他最重要的贡献在于下列理论的发现：广义相对论最精华的理论成就，也就是说，消除了“刚性”空间即惯性系，只是间接地与引入黎曼度规有关。直接的本质的概念性要素是“位移场”（Γ^l_{ik}），它表达了矢量的无穷小位移。”

(23)

können wir alle speziellen Bildungsgesetze von Tensoren auf (27) in Verbindung mit Tensormultiplikationen auffassen.

§11. Einige Spezialfälle von besonderer Bedeutung.

Einige den Fundamentaltensor betreffende Hilfssätze. Wir leiten zunächst einige im folgenden viel gebrauchte Hilfsgleichungen ab. Nach der Regel von der Differentiation der Determinanten ist

$$dg = g^{\mu\nu} g \, dg_{\mu\nu} = - g_{\mu\nu} g \, dg^{\mu\nu} \quad \ldots \ldots (28)$$

Die letzte Form rechtfertigt sich durch die vorletzte, wenn man bedenkt, dass $g_{\mu\nu} g^{\mu'\nu} = \delta_\mu^{\mu'}$, dass also $g_{\mu\nu} g^{\mu\nu} = 4$, folglich

$$g_{\mu\nu} dg^{\mu\nu} + g^{\mu\nu} dg_{\mu\nu} = 0.$$

Aus (28) folgt

$$\frac{1}{\sqrt{-g}} \frac{\partial \sqrt{-g}}{\partial x_\sigma} = \frac{1}{2} \frac{\partial \lg(-g)}{\partial x_\sigma} = \frac{1}{2} g^{\mu\nu} \frac{\partial g_{\mu\nu}}{\partial x_\sigma} = - \frac{1}{2} g_{\mu\nu} \frac{\partial g^{\mu\nu}}{\partial x_\sigma} \quad \ldots (29)$$

Aus

$$g_{\mu\sigma} g^{\nu\sigma} = \delta_\mu^\nu$$

folgt ferner durch Differentiation

$$\left. \begin{aligned} g_{\mu\sigma} dg^{\nu\sigma} &= - g^{\nu\sigma} dg_{\mu\sigma} \\ \text{bezw.} \quad g_{\mu\sigma} \frac{\partial g^{\nu\sigma}}{\partial x_\lambda} &= - g^{\nu\sigma} \frac{\partial g_{\mu\sigma}}{\partial x_\lambda} \end{aligned} \right\} (30)$$

Durch gemischte Multiplikation mit $g^{\sigma\tau}$ bezw. $g_{\nu\lambda}$ erhält man hieraus (bei geänderter Bezeichnungsweise der Indizes

$$\left. \begin{aligned} dg^{\mu\nu} &= - g^{\mu\alpha} g^{\nu\beta} dg_{\alpha\beta} \\ \frac{\partial g^{\mu\nu}}{\partial x_\sigma} &= - g^{\mu\alpha} g^{\nu\beta} \frac{\partial g_{\alpha\beta}}{\partial x_\sigma} \end{aligned} \right\} (31)$$

bezw.

$$\left. \begin{aligned} dg_{\mu\nu} &= - g_{\mu\alpha} g_{\nu\beta} dg^{\alpha\beta} \\ \frac{\partial g_{\mu\nu}}{\partial x_\sigma} &= - g_{\mu\alpha} g_{\nu\beta} \frac{\partial g^{\alpha\beta}}{\partial x_\sigma} \end{aligned} \right\} \ldots (32)$$

Die Beziehung (31) erlaubt eine Umformung, von der wir ebenfalls öfter Gebrauch zu machen haben. Gemäss ( ) ist

$$\frac{\partial g_{\alpha\beta}}{\partial x_\sigma} = \begin{bmatrix} \alpha \sigma \\ \beta \end{bmatrix} + \begin{bmatrix} \beta \sigma \\ \alpha \end{bmatrix} \quad \ldots \ldots (33)$$

Setzt man dies in die zweite der Formeln 31 ein, so erhält man mit Rücksicht auf ( )

$$\frac{\partial g^{\mu\nu}}{\partial x_\sigma} = - \left(g^{\mu\tau} \begin{Bmatrix} \tau \sigma \\ \nu \end{Bmatrix} + g^{\nu\tau} \begin{Bmatrix} \tau \sigma \\ \mu \end{Bmatrix} \right) \quad \ldots (34)$$

Durch Substitution der rechten Seite von (34) in (29) ergibt sich

$$\frac{1}{\sqrt{-g}} \frac{\partial \sqrt{-g}}{\partial x_\sigma} = \begin{Bmatrix} \mu \sigma \\ \mu \end{Bmatrix} \quad \ldots \ldots \ldots (29a)$$

爱因斯坦已经用了一整节（第 8 节）来讨论基本张量 $g_{\mu\nu}$ 的一些性质。现在他列出了有关这个张量的一些数学关系，将用来引入微分几何的基本概念。

纲领理论作为走向广义相对论的中间步骤

在 B 部分给出的数学概念和方法已经在苏黎世笔记中探索过了（第 69[16] 页）。1913 年这个工作临近结束时，爱因斯坦得到的结论是，如果引力场方程的左边含有度规张量的分量以及它们的一阶和二阶导数，那么能量-动量守恒的要求必定意味着方程组不是广义协变的。随后，他放弃寻找广义协变的理论，而是和他的数学家朋友格罗斯曼一起发表了《相对论的广义理论和引力理论纲领》，后来被称为纲领（Enwurf）理论。这个理论分两部分发表：爱因斯坦写的“物理部分”和格罗斯曼写的“数学部分”。那里的场方程是物理策略的直接产物（第 64[14] 页）。

这个理论既是成功的也是失败的。它的成功在于爱因斯坦和格罗斯曼设法得到了度规张量的场方程，这个度规张量是引力势的新的、复杂的表现形式，它与牛顿极限相容，因此，似乎能站立于坚实的物理基础之上。然而，纲领理论又是失败的，因为它不是广义协变的，而且并不清楚它在何种程度上能与爱因斯坦要将相对性原理推广到加速参考系的雄心相契合。那时，爱因斯坦说服他自己，认为这是所能做到的最佳结果了。这留下了很多未决问题：广义协变性是一个看似合理的启发式要求，为什么不可能实现呢？哪些是他和格罗斯曼的理论所偏好的参考系？为什么要偏好这些参考系？在 1913 年到 1915 年期间，爱因斯坦试图回答这些问题，并为纲领理论有限的协变性作辩护。

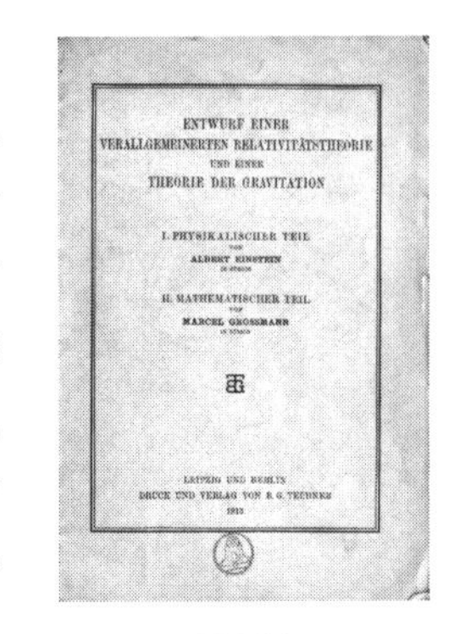
ENTWURF EINER
VERALLGEMEINERTEN RELATIVITÄTSTHEORIE
UND EINER
THEORIE DER GRAVITATION

I. PHYSIKALISCHER TEIL
ALBERT EINSTEIN

II. MATHEMATISCHER TEIL
MARCEL GROSSMANN

LEIPZIG UND BERLIN
DRUCK UND VERLAG VON B. G. TEUBNER
1913

MPIWG 图书馆

在 1913 年春天写给洛伦兹的信中，爱因斯坦把缺乏广义协变性说成是理论的“丑陋的黑点”，但是一年以后在给贝索的信中，他又表达了他对这个理论完全满意。

这是手稿中最长的一页（纸的长度）。爱因斯坦写完了第 23 页和第 24 页。接着他决定要增加几个式子到第 23 页上，并开始加了新的一页 23a。他意识到他并不需要一整页。他裁下一部分并粘到 23 页的底部。然后他不得不对 24 页上的式子重新编号。

(24)

Divergenz des kontravarianten Vierervektors. Multipliziert man (26) mit dem kontravarianten Fundamentaltensor $g^{\mu\nu}$ (innere Multiplikation), so nimmt die rechte Seite nach Umformung des ersten Gliedes zunächst die Form an

$$\frac{\partial}{\partial x_\nu}\left(g^{\mu\nu}A_\mu\right) - A_\mu \frac{\partial g^{\mu\nu}}{\partial x_\nu} - \frac{1}{2} g^{\tau\alpha}\left(\frac{\partial g_{\mu\alpha}}{\partial x_\nu} + \frac{\partial g_{\nu\alpha}}{\partial x_\mu} - \frac{\partial g_{\mu\nu}}{\partial x_\alpha}\right) g^{\mu\nu} A_\tau .$$

Das letzte Glied dieses Ausdrucks kann gemäss (31) und (29) in die Form

$$\frac{1}{2}\frac{\partial g^{\tau\nu}}{\partial x_\nu} A_\tau + \frac{1}{2}\frac{\partial g^{\tau\mu}}{\partial x_\mu} A_\tau + \frac{1}{\sqrt{-g}}\frac{\partial \sqrt{-g}}{\partial x_\alpha} g^{\mu\nu} A_\tau$$

Da es auf die Benennung der Summationsindizes nicht ankommt heben sich die beiden ersten Glieder dieses Ausdruckes gegen das zweite des obigen weg, das letzte lässt sich mit dem ersten des obigen Ausdrucks vereinigen. Setzt man noch

$$g^{\mu\nu}A_\mu = A^\nu,$$

wobei A^ν ebenso wie A_μ ein frei wählbarer Vektor ist, so erhält man endlich

$$\Phi = \frac{1}{\sqrt{-g}}\frac{\partial}{\partial x_\nu}\left(\sqrt{-g}A^\nu\right) \quad \ldots\ldots (35)$$

Dieser Skalar ist die Divergenz des kontravarianten Vierervektors A^ν.

„Rotation" des (kovarianten) Vierervektors. Das zweite Glied in (26) ist in den Indizes μ und ν symmetrisch. Es ist deshalb $A_{\mu\nu} - A_{\nu\mu}$ ein besonders einfach gebauter (antisymmetrischer) Tensor. Man erhält

$$B_{\mu\nu} = \frac{\partial A_\mu}{\partial x_\nu} - \frac{\partial A_\nu}{\partial x_\mu} \quad \ldots\ldots (36)$$

Antisymmetrische Erweiterung eines Sechservektors. Wendet man (27) auf einen antisymmetrischen Tensor zweiten Ranges $A_{\mu\nu}$ an, bildet hiezu die beiden durch zyklische Vertauschung der Indizes μ, ν, σ entstehenden Gleichungen, und addiert diese drei Gleichungen, so erhält man den Tensor dritten Ranges

$$B_{\mu\nu\sigma} = A_{\mu\nu\sigma} + A_{\nu\sigma\mu} + A_{\sigma\mu\nu} = \frac{\partial A_{\mu\nu}}{\partial x_\sigma} + \frac{\partial A_{\nu\sigma}}{\partial x_\mu} + \frac{\partial A_{\sigma\mu}}{\partial x_\nu} \quad \ldots\ldots (37)$$

von welchem leicht zu beweisen ist, dass er antisymmetrisch ist.

Divergenz des Sechservektors. Multipliziert man (27) mit $g^{\mu\alpha}g^{\nu\beta}$ (gemischte Multiplikation), so erhält man ebenfalls einen Tensor. Das erste Glied der rechten Seite von (27) kann man in der Form

$$\frac{\partial}{\partial x_\sigma}\left(g^{\mu\alpha}g^{\nu\beta}A_{\mu\nu}\right) - g^{\mu\alpha}\frac{\partial g^{\nu\beta}}{\partial x_\sigma}A_{\mu\nu} - g^{\nu\beta}\frac{\partial g^{\mu\alpha}}{\partial x_\sigma}A_{\mu\nu}$$

schreiben. Ersetzt man $g^{\mu\alpha}g^{\nu\beta}A_{\mu\nu\sigma}$ durch $A^{\alpha\beta}_\sigma$, $g^{\mu\alpha}g^{\nu\beta}A_{\mu\nu}$ durch $A^{\alpha\beta}$ und ersetzt man in dem umgeformten ersten Gliede $\frac{\partial g^{\nu\beta}}{\partial x_\sigma}$ und $\frac{\partial g^{\mu\alpha}}{\partial x_\sigma}$ vermittelst (34), so entsteht

什么是矢量场的散度？矢量场的其他概念又是什么？

在这页上，爱因斯坦引入了矢量散度的概念。在经典物理中，矢量场在空间中一点的散度是物理实体“流”出围绕那个点的微小体积的比率。散度度量了矢量场在每一点的散发程度，并且分别在外向场和内向场情形描述了源和汇的强度。由于静态电磁场的源是电荷，正像静态引力场的源是质量，每种场的散度都是由那个点周围的微小体积所包围的电荷或质量给出的。

> 散度这个数学概念与物理概念守恒定律有关，因为矢量场由源给出，散度使矢量场的行为与穿过表面的净流量有关。我们以电荷作为例子来证明这一点。在狭义相对论中，电荷密度和电流是一个矢量的 4 个分量。在狭义相对论中，荷-流矢量的散度是电荷密度随时间的变化，以及荷流出或流入围绕特定点区域的净流量之间的权衡。若非电荷被毁灭或创生，散度是为零的，这表达了电荷的守恒定律。在广义相对论中，导数一般应由协变导数所取代（第 78[21] 页）。然而，可以证明，广义相对论中矢量散度的数学形式与狭义相对论中相同。

除了矢量散度的概念，爱因斯坦在这一页还引入了张量计算的三个其他数学对象：

· 矢量的旋度：它也是一个矢量场，它的线环绕空间中的某个轴。将这个运算应用到电磁势就产生了反对称的电磁场张量（第 110 [37] 页的（59）式；也见第 59[11] 页）。

· 一个 6-矢量的反对称扩张：2 秩反对称张量有 6 个独立分量（第 59 [11] 页），有时也称为 6-矢量。将这个运算用到电磁场张量就产生一个 3 秩反对称张量（60 式），代表了法拉第定律和磁场的高斯定律（第 111[37] 页，第 113[38] 页）。

· 6-矢量的散度：这里得到的反对称逆变张量（6-矢量）的散度是作为（下一页中）推导 2 秩混合张量散度的其中一步，2 秩混合张量的散度将出现在能量动量守恒定律中。

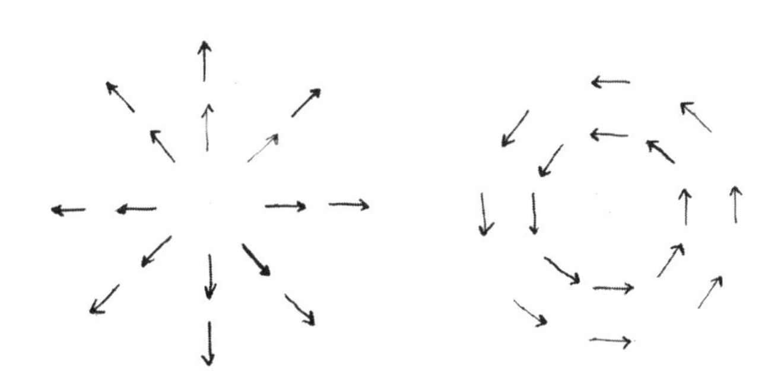

(25)

aus der rechten Seite von (27) ein sieben-gliedriger Ausdruck, ~~von~~ von dem sich vier Glieder wegheben. Es bleibt übrig

$$A^{\alpha\beta}_{\sigma} = \frac{\partial A^{\alpha\beta}}{\partial x_\sigma} + \left\{ {\sigma\kappa \atop \alpha} \right\} A^{\kappa\beta} + \left\{ {\sigma\kappa \atop \beta} \right\} A^{\alpha\kappa} \cdots\cdots (38)$$

Es ist dies der Ausdruck für die Erweiterung eines kontravarianten Tensors zweiten Ranges, der sich entsprechend auch für kontravariante Tensoren höheren und niedrigeren Ranges bilden lässt.

Wir merken an, dass sich auf analogem Wege auch ~~die~~ die Erweiterung eines gemischten Tensors A_μ^α bilden lässt:

$$A^{\alpha}_{\mu\sigma} = \frac{\partial A_\mu^\alpha}{\partial x_\sigma} - \left\{ {\sigma\mu \atop \tau} \right\} A_\tau^\alpha + \left\{ {\sigma\tau \atop \alpha} \right\} A_\mu^\tau \cdots\cdots (39)$$

Durch Verjüngung von (38) bezüglich der Indizes β und σ (Innere Multiplikation mit δ_β^σ) erhält man den kontravarianten Vierervektor

$$A^\alpha = \frac{\partial A^{\alpha\beta}}{\partial x_\beta} + \left\{ {\beta\kappa \atop \beta} \right\} A^{\alpha\kappa} + \left\{ {\beta\kappa \atop \alpha} \right\} A^{\kappa\beta}$$

Wegen der Symmetrie von $\left\{ {\beta\kappa \atop \alpha} \right\}$ bezüglich der Indizes β und κ verschwindet das dritte Glied der rechten Seite, falls $A^{\alpha\beta}$ ein antisymmetrischer Tensor ist, was wir annehmen wollen. das zweite Glied lässt sich gemäss (29a) umformen. Man erhält also

$$A^\alpha = \frac{1}{\sqrt{-g}} \frac{\partial(\sqrt{-g}\, A^{\alpha\beta})}{\partial x_\beta} \cdots\cdots (40)$$

Dies ist der Ausdruck der Divergenz eines ~~antisymmetrischen~~ kontravarianten ~~Tensors zweiten Ranges (Sechs~~ Sechservektors.

Divergenz des gemischten Tensors zweiten Ranges. Bilden wir die Verjüngung von (39) bezüglich der Indizes α und σ, so erhalten wir mit Rücksicht auf (29a) ~~den kovarianten~~

$$\sqrt{-g}\, A_\mu = \frac{\partial(\sqrt{-g}\, A_\mu^\sigma)}{\partial x_\sigma} - \left\{ {\sigma\mu \atop \tau} \right\} \sqrt{-g}\, A_\tau^\sigma \cdots\cdots (41)$$

Führt man im letzten Gliede den kontravarianten Tensor $A^{\rho\sigma} = g^{\rho\tau} A_\tau^\sigma$ ein, so nimmt es die Form an

$$- \left[{\sigma\mu \atop \rho} \right] \sqrt{-g}\, A^{\rho\sigma}.$$

Ist ferner der Tensor $A^{\rho\sigma}$ ein symmetrischer, so reduziert sich dies

广义相对论中能量动量守恒的数学形式是什么？

在这一页中，爱因斯坦得到了 2 秩张量的散度。更具体地说，他在这里得到了混合张量的散度。这是作为源出现在引力场方程（右边）的能量动量张量的形式。

> 在狭义相对论中推导矢量散度的数学步骤，现在用到表示张量的矩阵的每一行上。因此，张量的散度有 4 个分量：它是一个矢量。我们在能动张量情形下来证明这个概念的意义，这在第 [12] 页手稿中简单提到过。前 3 行包含在给定点的动量分量的密度以及这些动量分量在不同空间方向上的流。每一行的散度代表了包围那个点的微小体积内特定动量分量随时间的变化，与流出那个体积的动量分量之间的平衡。当没有外力作用在系统上时，散度为零，这代表了动量守恒定律。第 4 行的散度代表那个体积内包围的能量随时间的改变与不同方向上能流之间的平衡。在一个闭合系统内，当没有外源提供能量时，这个散度为零，这代表能量守恒定律。

从狭义相对论到广义相对论的转变迎来了一种新要素。张量分量对空间和时间坐标的局部改变（导数）必须以协变方式得到（协变微分，79 页）。这个步骤在普通的时间和空间导数之外，引入了新的项。这些项含有克利斯朵夫记号。它们的物理意义（75 页）是将电磁张量的散度与广义相对论中的能量-动量守恒联系起来。我们将在 99 页再次回到这一点。更技术性的另一点是，我们可以指派协变的、逆变的，或者混合的能动张量。这些形式中的任意一个都可以通过度规张量变成另一个。不过，我们必须选择其中一个并仔细地跟踪它。做出的选择要使方程最易于理解，并且所涉及的各量的物理意义最方便描述。结果表明，要做到这一点最好是将能动张量表示为混合形式。这就是为什么在这一页上，爱因斯坦谈论的是“2 秩混合张量的散度”。然而，与狭义相对论的情形相比，这里能动张量的协变导数为零不能解释为真正的物理量守恒定律。

(26)

auf $-\sqrt{-g}\,\frac{\partial g_{\rho\sigma}}{\partial x_\mu}A^{\rho\sigma}$. Hätte man statt $A^{\rho\sigma}$ den ebenfalls symmetrischen kovarianten Tensor $A_{\rho\sigma} = g_{\rho\alpha}g_{\sigma\beta}A^{\alpha\beta}$ eingeführt, so würde das letzte Glied vermöge (31) die Form $\sqrt{-g}\,\frac{\partial g^{\rho\sigma}}{\partial x_\mu}A_{\rho\sigma}$ annehmen. In dem betrachteten Symmetriefalle kann also (41) auch durch die beiden Formen

$$\sqrt{-g}\,A_\mu = \frac{\partial(\sqrt{-g}\,A_\mu^\sigma)}{\partial x_\sigma} - \frac{\partial g_{\rho\sigma}}{\partial x_\mu}\sqrt{-g}\,A^{\rho\sigma} \dots (41a)$$

und

$$\sqrt{-g}\,A_\mu = \frac{\partial(\sqrt{-g}\,A_\mu^\sigma)}{\partial x_\sigma} + \frac{\partial g^{\rho\sigma}}{\partial x_\mu}\sqrt{-g}\,A_{\rho\sigma} \dots (41b)$$

ersetzt werden, von denen wir im Folgenden Gebrauch zu machen haben.

§12. Der Riemann-Christoffel'sche Tensor.

Wir fragen nun nach denjenigen Tensoren, welche aus dem Fundamentaltensor der $g_{\mu\nu}$ allein durch Differentiation gewonnen werden können. Die Antwort scheint zunächst auf der Hand zu liegen. Man setzt in (22) statt des beliebig gegebenen Tensors $A_{\mu\nu}$ den Fundamentaltensor der $g_{\mu\nu}$ ein und erhält dadurch einen neuen Tensor, nämlich die Erweiterung des Fundamentaltensors. Man überzeugt sich jedoch leicht, dass diese letztere identisch verschwindet. Man gelangt jedoch auf folgendem Wege zum Ziel. Man setze in (22)

$$A_{\mu\nu} = \frac{\partial A_\mu}{\partial x_\nu} - \begin{Bmatrix}\mu\nu\\ \rho\end{Bmatrix}A_\rho,$$

d. h. die Erweiterung des Vierervektors A_μ ein. Dann erhält man (bei etwas geänderter Benennung der Indizes) den Tensor dritten Ranges

$$\begin{aligned} A_{\mu\sigma\tau} = {} & \frac{\partial^2 A_\mu}{\partial x_\sigma \partial x_\tau} \\ & - \begin{Bmatrix}\mu\sigma\\ \rho\end{Bmatrix}\frac{\partial A_\rho}{\partial x_\tau} - \begin{Bmatrix}\mu\tau\\ \rho\end{Bmatrix}\frac{\partial A_\rho}{\partial x_\sigma} - \begin{Bmatrix}\sigma\tau\\ \rho\end{Bmatrix}\frac{\partial A_\mu}{\partial x_\rho} \\ & + \left[-\frac{\partial}{\partial x_\tau}\begin{Bmatrix}\mu\sigma\\ \rho\end{Bmatrix} + \begin{Bmatrix}\mu\tau\\ \alpha\end{Bmatrix}\begin{Bmatrix}\alpha\sigma\\ \rho\end{Bmatrix} + \begin{Bmatrix}\sigma\tau\\ \alpha\end{Bmatrix}\begin{Bmatrix}\alpha\mu\\ \rho\end{Bmatrix}\right]A_\rho \end{aligned}$$

Dieser Ausdruck ladet zur Bildung des Tensors $A_{\mu\sigma\tau} - A_{\mu\tau\sigma}$ ein. Denn dabei heben sich folgende Terme des Ausdrucks für $A_{\mu\sigma\tau}$ gegen solche von $A_{\mu\tau\sigma}$ weg: das erste Glied, das vierte Glied, sowie das dem letzten Term in der eckigen Klammer entsprechende Glied; denn alle diese sind in σ und τ symmetrisch. Gleiches gilt von der Summe des zweiten und dritten Gliedes. Wir erhalten also

黎曼 – 克利斯朵夫张量的几何意义是什么?

黎曼–克利斯朵夫张量在微分几何，以及在广义相对论中是一个重要的数学客体。它在每一点上度量该点邻域上的几何与平坦空间（欧几里得空间或闵可夫斯基时空）的不同程度。它不能仅仅基于度规张量而决定。在平坦空间中，度规张量也可以因选择坐标系而改变。相比之下，黎曼张量可方便且直接地用来诊断空间的本性。在平坦空间中，对任意坐标系它都为零。今天，黎曼张量更为人们所知的是称为黎曼曲率张量。直到 1916 年 10 月，当爱因斯坦第一次将黎曼张量称为曲率的黎曼张量时，才提到了曲率的概念（第 41[A2] 页）。

> 在微分几何中曲率是一个核心概念。可以用各种概念上不同的方法来定义它，这些概念分别与不同的数学对象、度规张量和仿射联络相关。然而，在我们的情形，仿射联络可以从度规导出[①]。“仿射曲率”与勒维–西维他引入的矢量的平行移动概念相关。这可以在二维表面嵌入三维空间的情形进行最简单的说明。在那个表面上取一条闭合的曲线，在那条曲线的一点上附着一个与表面相切的矢量。现在我们沿着曲线移动那个矢量，要求保持它与自身平行。当它回到起始位置时，如果表面是平坦的，它将与初始矢量重合，如果表面是弯曲的，它将以一定的角度偏离初始矢量。如果我们围绕着表面上的一点取了很小的一条曲线，那么初矢量和终矢量之间的角度与曲线所围的面积之比就是那点的曲率。二维表面上一点的曲率是一个纯数[②]。
>
> 平行移动概念也适用于分析四维空间中一点的曲率，只是情况更为复杂罢了。定义了平行移动轨道的闭合曲线，可以位于通过那个点的无穷多平面中任一个之上。需要两个矢量来确定平行移动在其上实际进行的平面。并且，一般来说，在平行移动的终点，终矢量和初矢量之间的角度不在平行移动的曲线的平面上。因此，需要由初矢量和终矢量所定义的第二个平面来确定这个过程的结果。曲率仍然是偏离角度与闭合曲线面积之间的比值，但是现在它依赖于所涉及的两个平面的取向。决定这两个平面的 4 个矢量中的每一个，都对定义曲率的表达式贡献了一个指标。这个表达式就是 4 秩黎曼曲率张量。

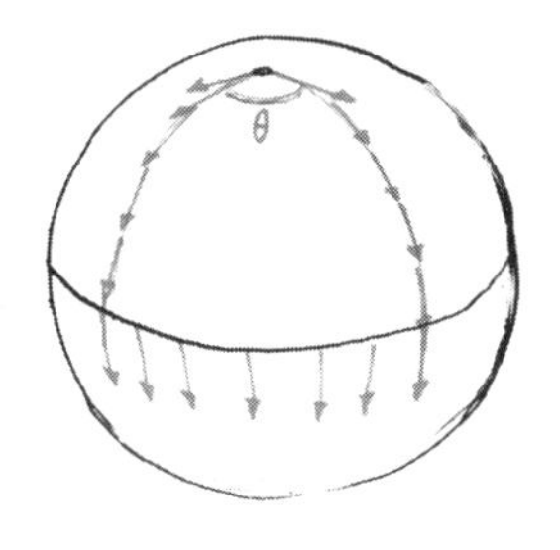

沿着一个微小的闭合环移动一个矢量，需要追踪这个矢量沿曲线运动时的变化。在数学上，这相当于计算一个矢量的导数。这必须由引入克利斯朵夫记号来表达的协变微分来完成（第 79[21] 页）。此外，在闭合曲线两边比较矢量的变化，也将引入克利斯朵夫记号自身的变化。因此，黎曼（曲率）张量是克利斯朵夫记号和它们的导数的组合，见下一页的（43）式。

---

① 数学家和物理学家在使用术语“黎曼几何”时，常常会有所不同。在广义相对论中，事实上采用的是挠率为零的黎曼几何，那么仿射联络与克利斯朵夫记号相同，或者说它可以从度规导出。物理学家将带挠的黎曼空间称作嘉当空间。近几年来，有挠的引力理论研究方兴未艾，仍有大量研究者在从事对它的探索。—— 译者注

② 原文如此（pure number）。事实上，应为“是一个标量”。曲率是具有量纲的量，不是纯数。—— 译者注

(22)

$$A_{\mu\sigma\tau} - A_{\mu\tau\sigma} = B^{\rho}_{\mu\sigma\tau} A_{\rho} \quad \ldots\ldots (42)$$

$$\left.\begin{aligned} B^{\rho}_{\mu\sigma\tau} = &-\frac{\partial}{\partial x_{\tau}}\begin{Bmatrix}\mu\sigma\\ \rho\end{Bmatrix} + \frac{\partial}{\partial x_{\sigma}}\begin{Bmatrix}\mu\tau\\ \rho\end{Bmatrix} \\ &-\begin{Bmatrix}\mu\sigma\\ \alpha\end{Bmatrix}\begin{Bmatrix}\alpha\tau\\ \rho\end{Bmatrix} + \begin{Bmatrix}\mu\tau\\ \alpha\end{Bmatrix}\begin{Bmatrix}\alpha\sigma\\ \rho\end{Bmatrix} \end{aligned}\right\} \quad \ldots\ldots (43)$$

Wesentlich ist an diesem Resultat, dass auf der rechten Seite von (42) nur die A_{ρ} aber nicht mehr ihre Ableitungen auftreten. Aus dem Tensorcharakter von $A_{\mu\sigma\tau} - A_{\mu\tau\sigma}$ in Verbindung damit, dass A_{ρ} ein frei wählbarer Vierervektor ist, folgt vermöge der Resultate des § 7, dass $B^{\rho}_{\mu\sigma\tau}$ ein Tensor ist (Riemann-Christoffel'scher Tensor).

Die mathematische Bedeutung dieses Tensors liegt im Folgenden. Wenn das Kontinuum so beschaffen ist, dass es ein Koordinatensystem gibt, bezüglich dessen die $g_{\mu\nu}$ Konstante sind, so verschwinden alle $R^{\rho}_{\mu\sigma\tau}$. Wählt man statt des ursprünglichen Koordinatensystems ein beliebiges neues, so werden die auf letzteres bezogenen $g_{\mu\nu}$ nicht Konstante sein. Der Tensorcharakter von $R^{\rho}_{\mu\sigma\tau}$ bringt es aber mit sich, dass diese Komponenten auch in dem beliebig gewählten Bezugssystem sämtlich verschwinden. Das Verschwinden des Riemann'schen Tensors ist also eine notwendige Bedingung dafür, dass durch geeigneter Wahl des Bezugssystems die Konstanz der $g_{\mu\nu}$ herbeigeführt werden kann.[x] In unserem Problem entspricht dies dem Falle, dass bei passender Wahl des Koordinatensystems in endlichen Gebieten die spezielle Relativitätstheorie gilt.

Durch Verjüngung von (43) bezüglich der Indizes τ und ρ erhält man den kovarianten Tensor zweiten Ranges

$$\left.\begin{aligned} B_{\mu\nu} &= R_{\mu\nu} + S_{\mu\nu} \\ R_{\mu\nu} &= -\frac{\partial}{\partial x_{\alpha}}\begin{Bmatrix}\mu\nu\\ \alpha\end{Bmatrix} + \begin{Bmatrix}\mu\alpha\\ \beta\end{Bmatrix}\begin{Bmatrix}\nu\beta\\ \alpha\end{Bmatrix} \\ S_{\mu\nu} &= \frac{\partial^{2} \lg\sqrt{-g}}{\partial x_{\mu}\partial x_{\nu}} - \begin{Bmatrix}\mu\nu\\ \alpha\end{Bmatrix}\frac{\partial \lg\sqrt{-g}}{\partial x_{\alpha}} \end{aligned}\right\} \quad \ldots\ldots (44)$$

Bemerkung über die Koordinatenwahl. Es ist schon in § 8 im Anschluss an Gleichung (18a) bemerkt worden, dass die Koordinatenwahl mit Vorteil so getroffen werden kann, dass $\sqrt{-g} = 1$ wird. Ein Blick auf die in den beiden letzten §§ erlangten Gleichungen zeigt, dass durch eine solche Wahl

[x] Die Mathematiker haben bewiesen, dass diese Bedingung auch eine hinreichende ist.

推测的引力张量是什么？它为什么被丢弃了？

> 在苏黎世笔记中，在寻找从度规张量的导数构造的协变的数学表达式时，出现了黎曼张量。在那里，它由 4 指标记号（*ik*，*lm*）表示。它用标签加注了“格罗斯曼张量 4 秩”，表明是格罗斯曼使爱因斯坦注意到这个张量。

$$\begin{bmatrix}\mu\nu\\ l\end{bmatrix} = \frac{1}{2}\left(\frac{\partial g_{\mu l}}{\partial x_\nu} + \frac{\partial g_{\nu l}}{\partial x_\mu} - \frac{\partial g_{\mu\nu}}{\partial x_l}\right) \qquad \frac{\partial}{\partial x_l}\begin{bmatrix}ik\\ m\end{bmatrix} - \frac{\partial}{\partial x_i}\begin{bmatrix}kl\\ m\end{bmatrix}$$

$$(ik, lm) = \frac{1}{2}\left(\frac{\partial^2 g_{im}}{\partial x_k \partial x_l} + \frac{\partial^2 g_{kl}}{\partial x_i \partial x_m} - \frac{\partial^2 g_{il}}{\partial x_k \partial x_m} - \frac{\partial^2 g_{km}}{\partial x_i \partial x_l}\right) + \sum_{\rho\sigma} \gamma_{\rho\sigma}\left(\begin{bmatrix}im\\ \sigma\end{bmatrix}\begin{bmatrix}kl\\ \rho\end{bmatrix} - \begin{bmatrix}il\\ \sigma\end{bmatrix}\begin{bmatrix}km\\ \rho\end{bmatrix}\right)$$

Grossmann Tensor vierter Mannigfaltigkeit

与黎曼张量密切相关的是里奇张量，它是从黎曼张量通过将其逆变指标与一个协变指标进行缩并得到的。结果是两个 2 秩协变张量之和（44）式。选择 $g=-1$ 的幺模变换（第 71[17] 页）的优势现在就显而易见了。做了这样的选择后，这些项中的其中一项为零。因此，做了这样的坐标选择后，理论的形式极大地简化了。爱因斯坦强调，采用这样的坐标选择仅仅是为了方便，在理论得到充分发展后，很容易恢复到广义协变的形式。里奇张量是广义相对论的里程碑。

在苏黎世笔记中，里奇张量用来生成场方程中引力张量的候选者。格罗斯曼的名字再次出现在页面的顶端。

Grossmann

$$T_{il} = \sum_{\kappa l} \frac{\partial \begin{Bmatrix}ik\\ \kappa\end{Bmatrix}}{\partial x_l} - \frac{\partial \begin{Bmatrix}il\\ \kappa\end{Bmatrix}}{\partial x_\kappa} + \begin{Bmatrix}i\kappa\\ \lambda\end{Bmatrix}\begin{Bmatrix}\lambda l\\ \kappa\end{Bmatrix} - \begin{Bmatrix}il\\ \lambda\end{Bmatrix}\begin{Bmatrix}\lambda\kappa\\ \kappa\end{Bmatrix}$$

Wenn G ein Skalar ist, dann $\frac{\partial \lg\sqrt{G}}{\partial x_i} = T_i$ Tensor 1. Ranges.

$$T_{il} = \left(\frac{\partial T_i}{\partial x_l} - \sum \begin{Bmatrix}il\\ \lambda\end{Bmatrix} T_\lambda\right) - \sum_{\kappa l}\left(\frac{\partial \begin{Bmatrix}il\\ \kappa\end{Bmatrix}}{\partial x_\kappa} - \begin{Bmatrix}i\kappa\\ \lambda\end{Bmatrix}\begin{Bmatrix}\lambda l\\ \kappa\end{Bmatrix}\right)$$

Tensor 2. Ranges

Vermutlicher Gravitations-Tensor T_{il}^{x}

爱因斯坦将这个张量的第二项标记为“推测的引力张量 T_{il}”。为了接受这个张量作为引力张量，他必须证明在弱静态引力场情形下，这个张量能约化到牛顿极限，必须证明它满足能量动量守恒，必须证明它允许相对性原理的广义化。在苏黎世笔记时期，爱因斯坦和格罗斯曼认为这个候选者不能通过检验，所以将它扔掉了。在 1915 年 11 月纲领理论寿终正寝后，这个候选者又枯木逢春了。

(28)

die Bildungsgesetze der Tensoren eine bedeutende Vereinfachung erfahren. Besonders gilt dies für den soeben entwickelten Tensor $B_{\mu\nu}$, welcher in der darzulegenden Theorie eine fundamentale Rolle spielt. Die ins Auge gefasste Spezialisierung der Koordinatenwahl bringt nämlich das Verschwinden von $S_{\mu\nu}$ mit sich, sodass sich der Tensor $B_{\mu\nu}$ auf $R_{\mu\nu}$ reduziert.

Ich will deshalb im Folgenden alle Beziehungen in der vereinfachten Form angeben, welche die genannte Spezialisierung der Koordinatenwahl mit sich bringt. Es ist dann ein Leichtes, auf die allgemein kovarianten Gleichungen zurückzugreifen, falls dies in einem speziellen Falle erwünscht erscheint.

C. Theorie des Gravitationsfeldes.

§13. Bewegungsgleichung des materiellen Punktes im Gravitationsfeld. Ausdruck für die Feldkomponenten der Gravitation.

Ein frei beweglicher, äusseren Kräften nicht unterworfener Körper bewegt sich nach der speziellen Relativitätstheorie geradlinig und gleichförmig. Dies gilt auch nach der allgemeinen Relativitätstheorie für einen Teil des vierdimensionalen Raumes, in welchem das Koordinatensystem K_0 so wählbar und so gewählt ist, dass die $g_{\mu\nu}$ die in (4) gegebenen speziellen konstanten Werte haben.

Betrachten wir eben diese Bewegung von einem beliebig gewählten Koordinatensystem K_1 aus, so bewegt er sich von K_1 aus beurteilt nach den Überlegungen des §2 in einem Gravitationsfelde. Das Bewegungsgesetz mit Bezug auf K_1 ergibt sich leicht aus folgender Überlegung. Mit Bezug auf K_0 ist das Bewegungsgesetz eine vierdimensionale Gerade, also eine geodätische Linie. Da nun die geodätische Linie unabhängig vom Bezugssystem definiert ist, wird ihre Gleichung auch die Bewegungsgleichung des materiellen Punktes inbezug auf K_1 sein. Setzen wir

$$\Gamma^{\tau}_{\mu\nu} = -\left\{ {\mu\nu \atop \tau} \right\}, \quad \ldots\ldots(45)$$

so lautet also die Gleichung der Punktbewegung inbezug auf K_1

$$\frac{d^2 x_\tau}{ds^2} = \Gamma^{\tau}_{\mu\nu} \frac{dx_\mu}{ds} \frac{dx_\nu}{ds}. \quad \ldots\ldots(46)$$

Wir machen nun die sehr naheliegende Annahme, dass dieses allgemein kovariante Gleichungssystem die Bewegung des Punktes im Gravitationsfeld auch in dem Falle bestimmt, dass kein Bezugssystem K_0 existiert, bezüglich dessen in endlichen Räumen die spezielle

爱因斯坦何时开始对纲领理论失去信心?

1915 年 11 月 4 日，爱因斯坦宣布他已经找到一种方法，能实现他最初所想象的广义相对性原理，他认为这体现在广义协变性的数学需求上。那时，他写道:“我对我已经得到的场方程失去信任，取而代之的是，要寻找以一种自然的方式限制可能性的方法。在这种孜孜以求之中，我达到了广义协变性的需求，在 3 年前当我和我的朋友格罗斯曼一起工作时，我曾经抛弃过这个需求，尽管那时心情沉郁。事实上，那时我们已经非常接近问题的答案了，接下来我将给出这个答案。”然而，直到 11 月 25 日，他才最终解决了这个问题。

现在，推导广义相对论所需的数学体系已得到充分描述。爱因斯坦一直与数学斗争直到晚年，不仅仅是为了努力将引力与电磁统一为一个理论框架，还为了寻找场论的替代理论，例如，描述现实的代数理论。

1943 年 1 月，爱因斯坦收到一封来自华盛顿的年轻姑娘芭芭拉·李的一封信。她向他倾诉:“我在数学上低于平均水平。我在这上面花的时间比我的大多数朋友都长……”对这点，爱因斯坦回复道:“不要担心你在数学上的困难；我可以向你保证，我的困难比你还要大。”

C 部分基本上是关于理论的更详细且综合的阐述，是在 1915 年 11 月以 4 封连续通信形式递交给普鲁士皇家科学院的，没有明确提及那项工作，也没有提到在苏黎世笔记和纲领理论中所体现出的他与格罗斯曼合作的工作。

粒子如何在引力场中运动?

爱因斯坦迈出的第一步，是探索粒子在引力场中的运动。在经典物理中，根据牛顿第一定律，一个不受力的物质粒子以恒定速度沿直线运动。早在 1912 年，爱因斯坦一经认识到引力反映在时空几何上，他就清楚了，遵循最直的可能路径，直线的自然推广当然就是测地线。所以他得到了结论，不受力（引力除外）的物质粒子沿测地线运动。

粒子在引力场中的运动方程（46 式）等同于测地线方程（第 76[20] 页的 22 式），只不过爱因斯坦已将代表克利斯朵夫记号的大括号换成了字母 Γ。方程的左边是粒子位置对沿运动路径（测地线）距离的二阶导数。这个距离是以时间单位测量的。因此，左边是粒子的加速度。在相对论中，这个时间称为固有时，当速度远小于光速时，它退化为通常的时间。按照爱因斯坦所说的，克利斯朵夫记号表示引力场，所以当引力场不存在时，克利斯朵夫记号为零，加速度为零，粒子以恒定速度运动。在牛顿理论中，加速度依赖于引力场；在广义相对论中，（46）式取代了牛顿运动方程。

在 1912 年夏天爱因斯坦已经找到了正确的运动方程。而最大的挑战是场方程。

(29)

Relativitätstheorie gilt. Zu dieser Annahme sind wir umso berechtigter, als (46) nur erste Ableitungen der $g_{\mu\nu}$ enthält, zwischen denen auch im Spezialfalle der Existenz von K_0 keine Beziehungen bestehen.ˣ

Verschwinden die $\Gamma^{\tau}_{\mu\nu}$, so bewegt sich der Punkt geradlinig und gleichförmig; diese Grössen bedingen also die Abweichung der Bewegung von der Gleichförmigkeit. Sie sind die Komponenten des Gravitationsfeldes.

§14. Die Feldgleichungen der Gravitation bei Abwesenheit von Materie.

Wir unterscheiden im Folgenden zwischen „Gravitationsfeld" und „Materie", in dem Sinne, dass alles ausser dem Gravitationsfeld als „Materie" bezeichnet wird, also nicht nur die „Materie" im üblichen Sinne sondern auch das elektromagnetische Feld.

Unsere nächste Aufgabe ist es, die Feldgleichungen der Gravitation bei Abwesenheit von Materie aufzusuchen. Dabei verwenden wir wieder dieselbe Methode wie im vorigen § bei der Aufstellung der Bewegungsgleichung des materiellen Punktes. Ein Spezialfall, in welchem die gesuchten Feldgleichungen jedenfalls erfüllt sein müssen, ist der der ursprünglichen Relativitätstheorie, in dem die $g_{\mu\nu}$ gewisse konstante Werte haben. Dies sei der Fall in einem gewissen endlichen Gebiete inbezug auf ein bestimmtes Koordinatensystem K_0. Inbezug auf dies System verschwinden sämtliche Komponenten $B^{\varrho}_{\mu\sigma\tau}$ des Riemann'schen Tensors (Gleichung (43)); diese verschwinden dann für das betrachtete Gebiet auch bezüglich jedes anderen Koordinatensystems.

Die gesuchten Gleichungen des materiefreien Gravitationsfeldes müssen also jedenfalls erfüllt sein, wenn alle $B^{\varrho}_{\mu\sigma\tau}$ verschwinden. Aber diese Bedingung ist jedenfalls eine zu weitgehende. Denn es ist klar, dass z. B. das von einem Massenpunkte in seiner Umgebung erzeugte Gravitationsfeld sicherlich durch keine Wahl des Koordinatensystems „wegtransformiert", d. h. auf den Fall konstanter $g_{\mu\nu}$ transformiert werden.

Deshalb liegt es nahe, für das materiefreie Gravitationsfeld das Verschwinden des aus dem Tensor $B^{\varrho}_{\mu\sigma\tau}$ abgeleiteten symmetrischen Tensors $B_{\mu\nu}$ zu verlangen. Man erhält so 10 Gleichungen für die 10 Grössen $g_{\mu\nu}$, welche im Speziellen erfüllt sind, wenn sämtliche $B^{\varrho}_{\mu\sigma\tau}$ verschwinden. Diese Gleichungen lauten mit Rücksicht auf (44) bei der von uns getroffenen Wahl für das Koordinatensystem für das materiefreie Feld

$$\left.\begin{array}{l}\frac{\partial \Gamma^{\alpha}_{\mu\nu}}{\partial x_\alpha} + \Gamma^{\alpha}_{\mu\beta}\Gamma^{\beta}_{\nu\alpha} = 0\\ \sqrt{-g} = 1.\end{array}\right\}\quad(47).$$

ˣ Erst zwischen den zweiten (und ersten) Ableitungen bestehen gemäss §12 die Beziehungen $B^{\varrho}_{\mu\sigma\tau} = 0$.

爱因斯坦的最大挑战是什么？

爱因斯坦寻找引力的相对论性理论的最大挑战是寻找场方程，这个场方程既要以合理的方式推广牛顿理论，同时又要将从等效原理和狭义相对论中得到的顿悟结合起来。这里，爱因斯坦没有过多显示他奋斗的踪迹，反而强调了数学的优美。我们已经强调了引力场是由物质产生的。然而，没有物质作为源时，引力场也能存在。爱因斯坦从这种特殊情形开始，表明了绝对微分学的数学框架几乎立刻就提出了一个场方程。实际的场方程应该是没有物质存在情形的自然推广。

爱因斯坦的出发点是先前引入的 4 秩黎曼-克利斯朵夫张量。爱因斯坦早就意识到，类似于电磁场，方程的右边相应于场源，必定是 2 秩能动张量。所以，方程的左边，描述了代表引力场的时空几何，也必定是一个 2 秩张量。我们已经见到过这样的张量，它是通过缩并黎曼-克利斯朵夫张量得到的（第 90[27] 页）的（44）式。局限在幺模坐标中（$-g=1$），它约化为里奇张量 $R_{\mu\nu}$。这就是场方程（47）式的左边，其中克利斯朵夫记号用 Γ 表示[①]。没有物质存在时，方程的右边为零。

然而，在这点上，爱因斯坦放弃了这样的物理论据，提议没有物质存在时的场方程可立即从他的“数学策略”中得到。他首先考虑了没有物质的场方程，要求它也能覆盖狭义相对论的情形下，或者更具体地说，在某个区域以及在某种坐标系中度规张量的分量为常数。在这种情形下，黎曼张量的所有分量为零。因此，若黎曼张量为零，场方程也要满足。那么，爱因斯坦就主张这个条件太苛刻了，放宽它的自然方式是只要求里奇张量的分量为零。这就给出了无物质情形的场方程（47）式。

爱因斯坦用一段话（在下一页）结束了最后两节，用他自己的话来表达很恰当：“这些从相对论广义理论的要求出发，用纯数学方法得到的（47）式，与运动方程（46）式结合起来，给出了牛顿引力定律的一级近似，并且给出了勒维耶所发现的水星近日点进动解释的二级近似……在我看来，这些事实可以作为理论正确性的令人信服的证据。”

爱因斯坦这里所指的是对水星近日点进动的计算，这是他在 1915 年 11 月给普鲁士皇家科学院的第三封信中的内容。这个评论似乎有点脱离这里的上下文，但爱因斯坦寻求的是，让读者明白他走的路是正确的。

---

① 黎曼几何诞生于1854年，黎曼的开拓性演讲在他去世后两年才出版。在1870年左右许多新工作发展了这种新几何。数学家早已用Γ^{k}_{ij}或$\Gamma_{k,\,ij}$标记克利斯朵夫记号，并不是物理学家特有的记号。—— 译者注

(30)

Es muss darauf hingewiesen werden, dass der Wahl dieser Gleichungen ein Minimum von Willkür anhaftet. Denn es gibt ausser $B_{\mu\nu}$ keinen Tensor zweiten Ranges, der aus den $g_{\mu\nu}$ und deren Ableitungen gebildet ist, keine höheren als zweite Ableitungen enthält, und in letzteren linear ist.ˣ

Dass diese aus der Forderung der allgemeinen Relativität auf rein mathematischem Wege fliessenden Gleichungen in Verbindung mit den Bewegungsgleichungen (46) in erster Näherung das Newton'sche Attraktionsgesetz, in zweiter Näherung die Erklärung der von Leverrier entdeckten (nach Anbringung der Störungskorrektionen übrig bleibenden) Perihelbewegung des Merkur liefern, muss nach meiner Ansicht von der physikalischen Richtigkeit der Theorie überzeugen.

§ 15. Hamilton'sche Funktion für das Gravitationsfeld. Impuls-Energiesatz.

Um zu zeigen, dass die Feldgleichungen dem Impuls-Energiesatz entsprechen, ist es am bequemsten, sie in folgender Hamilton'scher Form zu schreiben

$$\left.\begin{aligned} &\delta\left\{\int H d\tau\right\} = 0 \\ &H = g^{\mu\nu}\Gamma^{\alpha}_{\mu\beta}\Gamma^{\beta}_{\nu\alpha}. \\ &\sqrt{-g} = 1 \end{aligned}\right\} \quad (47a)$$

Dabei verschwinden die Variationen an den Grenzen des betrachteten begrenzten vierdimensionalen Integrationsraumes. Es ist zunächst zu zeigen, dass die Form (47a) den Gleichungen (47) äquivalent ist. Zu diesem Zweck betrachten wir H als Funktion der $g^{\mu\nu}$ und der $g^{\mu\nu}_{\sigma}\left(=\frac{\partial g^{\mu\nu}}{\partial x_\sigma}\right)$. Dann ist zunächst

$$\delta H = \Gamma^{\alpha}_{\mu\beta}\Gamma^{\beta}_{\nu\alpha}\delta g^{\mu\nu} + 2g^{\mu\nu}\Gamma^{\alpha}_{\mu\beta}\delta\Gamma^{\beta}_{\nu\alpha}$$

$$= -\Gamma^{\alpha}_{\mu\beta}\Gamma^{\beta}_{\nu\alpha}\delta g^{\mu\nu} + 2\Gamma^{\alpha}_{\mu\beta}\delta(g^{\mu\nu}\Gamma^{\beta}_{\nu\alpha})$$

Nun ist aber

$$\delta(g^{\mu\nu}\Gamma^{\beta}_{\nu\alpha}) = -\frac{1}{2}\delta\left[g^{\mu\nu}g^{\beta\lambda}\left(\frac{\partial g_{\nu\lambda}}{\partial x_\alpha} + \frac{\partial g_{\alpha\lambda}}{\partial x_\nu} - \frac{\partial g_{\alpha\nu}}{\partial x_\lambda}\right)\right]$$

Die aus den beiden letzten Termen der runden Klammer hervorgehenden Terme sind von verschiedenem Vorzeichen und gehen auseinander (da die Benennung der Summationsindizes belanglos ist) durch Vertauschung der Indizes μ und β hervor. Sie heben einander im Ausdruck für δH weg, weil sie mit der bezüglich der Indizes μ und β symmetrischen Grösse $\Gamma^{\alpha}_{\mu\beta}$ multipliziert werden. Es bleibt also nur das erste Glied der runden Klammer zu berücksichtigen, sodass man mit Rücksicht auf (31) erhält

ˣ Eigentlich lässt sich dies nur von dem Tensor $B_{\mu\nu} + \lambda g_{\mu\nu}(g^{\alpha\beta}B_{\alpha\beta})$ behaupten, wobei λ eine Konstante ist. Setzt man jedoch diesen gleich null, so kommt man wieder zu den Gleichungen $B_{\mu\nu} = 0$.

拉格朗日形式是什么？它在广义相对论发端时的作用是什么？

1915 年 11 月，爱因斯坦提出了他的快速发展的新引力理论，是以简短总结、匆忙写就的通讯形式，提交给普鲁士皇家科学院的。之后，爱因斯坦和他在莱顿的朋友、理论物理学家洛伦兹和爱伦弗斯特互通了几封信。他们支持他的工作和普遍结论，但是提出一些质疑，爱因斯坦试图根据 11 月论文进行解释。大约在 1916 年 1 月底或者更晚的某个时间（我们不知道确切日期），他意识到他应该详细地跟他们解释他是怎样得到引力场方程的。他给爱伦弗斯特写信道：“今天你总算应该对我满意了。我很高兴你对这个问题有这么大的兴趣。我不会在论文中给出具体推导，但我将详细计算给你看。①”爱因斯坦请爱伦弗斯特将这封信也给洛伦兹看看，然后再将这封信返还给他，“因为没有别的地方能使我把这些东西如此漂亮地写在一处。”

很可能当爱因斯坦写手稿的 C 部分时，这封信就放在他面前。从 15 节向前的推导紧跟着这封信，除了克利斯朵夫记号仍然采用大括号。注意，有意思的是，正是在这封信中，爱因斯坦才明确地引入了求和约定（59 页）。

他依然要证明由方程（47）式所定义的不含“物质”源的引力场方程独自满足能量动量守恒定律。为此，爱因斯坦应用了拉格朗日形式，他在 1914 年推导纲领理论的场方程时就用过的。那时他相信这个推导只能得到纲领方程。结果证明这个结论是错的，但在那时，这巩固了他对理论有效性的自信。

在广义相对论的发展中起到如此重要作用的拉格朗日形式是什么呢？牛顿力学的基础是力的概念，在数学上力是用矢量表示的。从莱布尼兹的工作开始，又经欧拉、拉格朗日和哈密顿进行了扩展，于是出现了另一种理论，其应用可远达力学之外。这种方法的基础是将一个物理过程，比如粒子的运动，刻画成一个量——通常称为拉格朗日量或哈密顿量，但这里称为哈密顿量——这个量依赖于描述系统状态的参量以及它们对空间（或时空坐标）的导数②。动力学是由变分原理而不是运动方程描述的。按照首先由哈密顿引入的这个过程，运动的初点和终点是固定的，初终点之间的可能路径是由一个称为作用量的标量刻画的，它是通过拉格朗日量的时间积分得到的。粒子的实际运动（或者物理系统的动力学）是由这个积分的极值（极小或极大）给出的。从哈密顿的“变分原理”，就有可能得到运动的微分方程，即所谓的欧拉-拉格朗日方程。拉格朗日形式是用来描述各种各样物理系统动力学的主要工具之一。它已经用来推导电磁场方程。在场的情形，拉格朗日量看起来像一个标量，但它实际上是一个标量密度，就是说，是一个标量乘以一个因子，这个因子依赖于坐标变换以确保体积不变。

在爱因斯坦看来，广义相对论基本方程的拉格朗日形式的优势在于，优美地证明了方程与能量动量守恒的要求是相容的，而在以前，这是寻找正确场方程的一个主要问题。

---

① 爱因斯坦在该信中，还写道：“倘若其后仍有什么不明白之处，那这种不足之处也是很容易弥补的。”该信较长，信中演算了下述四个部分：1）拉格朗日形式的方程式；2）守恒定律；3）引力方程的混合形式；4）A_μ为零之求证。在信中，爱因斯坦还写道：“注：我始终略去求和号。如果指标两次出现，则总是要进行求和。”这是爱因斯坦首次使用“求和约定”。信中的克利斯朵夫记号是用Γ标记，而不是用括号标记的。—— 译者注

② 原文如此。使用当前流行的术语，应是：这种方法用拉格朗日量或哈密顿量描述粒子的运动，这里采用的是拉格朗日量。两者之间相差一个勒让德变换。—— 译者注

(31)

$$\delta \mathfrak{H} = - \Gamma^{\alpha}_{\mu\beta} \Gamma^{\beta}_{\nu\alpha} \delta g^{\mu\nu} - \Gamma^{\alpha}_{\mu\beta} \delta g^{\mu\beta}_{\alpha}.$$

Es ist also

$$\left.\begin{aligned} \frac{\partial \mathfrak{H}}{\partial g^{\mu\nu}} &= - \Gamma^{\alpha}_{\mu\beta} \Gamma^{\beta}_{\nu\alpha} \\ \frac{\partial \mathfrak{H}}{\partial g^{\mu\nu}_{\sigma}} &= \Gamma^{\sigma}_{\mu\nu}. \end{aligned}\right\} \quad (48)$$

Die Ausführung der Variation in (47a) ergibt zunächst ~~das~~ Gleichungssystem

$$\frac{\partial}{\partial x_\alpha}\left(\frac{\partial \mathfrak{H}}{\partial g^{\mu\nu}_{\alpha}}\right) - \frac{\partial \mathfrak{H}}{\partial g^{\mu\nu}} = 0, \quad \cdots (47b)$$

welches wegen (48) mit (47) übereinstimmt, was zu beweisen war. — Multipliziert man (47b) mit $g^{\mu\nu}_{\sigma}$, so erhält man, ~~nach geläufiger weil Umformung~~ weil

$$\frac{\partial g^{\mu\nu}_{\sigma}}{\partial x_\alpha} = \frac{\partial g^{\mu\nu}_{\alpha}}{\partial x_\sigma}$$

und folglich

$$g^{\mu\nu}_{\sigma} \frac{\partial}{\partial x_\alpha}\left(\frac{\partial \mathfrak{H}}{\partial g^{\mu\nu}_{\alpha}}\right) = \frac{\partial}{\partial x_\alpha}\left(g^{\mu\nu}_{\sigma} \frac{\partial \mathfrak{H}}{\partial g^{\mu\nu}_{\alpha}}\right) - \frac{\partial \mathfrak{H}}{\partial g^{\mu\nu}_{\alpha}} \frac{\partial g^{\mu\nu}_{\alpha}}{\partial x_\sigma}$$

die Gleichung

$$\frac{\partial}{\partial x_\alpha}\left(g^{\mu\nu}_{\sigma} \frac{\partial \mathfrak{H}}{\partial g^{\mu\nu}_{\alpha}}\right) - \frac{\partial \mathfrak{H}}{\partial x_\sigma} = 0$$

oder*

$$\left.\begin{aligned} \frac{\partial t^{\alpha}_{\sigma}}{\partial x_\alpha} &= 0 \\ -2\kappa t^{\alpha}_{\sigma} &= g^{\mu\nu}_{\sigma} \frac{\partial \mathfrak{H}}{\partial g^{\mu\nu}_{\alpha}} - \delta^{\alpha}_{\sigma} \mathfrak{H}, \end{aligned}\right\} \quad (49)$$

oder wegen (48), ~~und~~ der zweiten Gleichung (47) und (34)

~~$\kappa t^{\alpha}_{\sigma} = \frac{1}{2} \delta^{\alpha}_{\sigma} g^{\mu\nu} \Gamma^{\alpha}_{\mu\beta} \Gamma^{\beta}_{\nu\alpha} - g^{\mu\beta} \Gamma^{\alpha}_{\mu\beta} \Gamma^{\beta}_{\nu\sigma}$~~

$$\kappa t^{\alpha}_{\sigma} = \frac{1}{2} \delta^{\alpha}_{\sigma} g^{\mu\nu} \Gamma^{\alpha}_{\mu\beta} \Gamma^{\beta}_{\nu\alpha} - g^{\mu\nu} \Gamma^{\alpha}_{\mu\beta} \Gamma^{\beta}_{\nu\sigma} \quad \cdots (50)$$

Es ist ~~wohl~~ zu beachten, dass t^{α}_{σ} kein Tensor ist; dagegen gilt (49) für alle Koordinatensysteme, für welche $\sqrt{-g} = 1$ ist. Diese Gleichung drückt den Erhaltungssatz des Impulses und der Energie für das Gravitationsfeld aus. In der That liefert die Integration dieser Gleichung über ein dreidimensionales Volumen V die vier Gleichungen

* Der Grund der Einführung des Faktors -2κ wird später angegeben.

没有物质时能量动量守恒原理意味着什么？或者，引力场可以是自身的源吗？

爱因斯坦首先应用拉格朗日（他称其为哈密顿）形式来推导没有物质时的场方程（47）式。然后，他重新整理这个方程，在这个过程中出现了一组新的量 t_μ^ν，看起来像一个张量的分量。然而，t_μ^ν 不是张量。相反，它代表了引力场的能量和动量，它不是一个协变量，而是依赖于所选的参考系。不过，借助于引力场的这个能量动量“复合体”所进行的方程变形，对爱因斯坦来说起到了重要的启发作用，提示了物质的能量动量张量应该以何种形式引入场方程。（49）式的第一式代表引力场的能量动量守恒定律。这个形式在所有 $g=-1$ 的坐标系中都有效。

1912 年，当爱因斯坦还在致力于静态引力场理论时，他就已经知道引力场能量动量的重要性以及它在引力场方程中的作用。他的理论的第一个版本违反了能量动量守恒。当他增加了一项以作修正时，他意识到这一项代表了引力场自身的能量动量。这个顿悟，决定性地影响了他对场方程的进一步探索。

爱因斯坦的主要竞争者是谁？

1915 年 11 月，爱因斯坦完成广义相对论的最后阶段是一个孤军奋战的阶段。除了与数学家希尔伯特（David Hilbert）交流过他们各自工作的进展以外，他很少就这个话题进行通信。希尔伯特一直对自己的物理公理化项目中的一些基本问题感兴趣。他被米（Gustav Mie）在 1912 年发表的物质的电动力学理论所吸引。希尔伯特希望像电子这样的粒子能从电磁场中得到。它们可以由电磁场线的奇点状结构来表示。

1915 年夏天，受希尔伯特之邀，爱因斯坦访问了哥廷根。之后，希尔伯特试图将米的物质理论与爱因斯坦的引力理论结合起来，但是仍然将纲领理论作为了出发点。希尔伯特和爱因斯坦之间直接地，也可能通过他人间接地交换了批评和初步的结果。不过，很清楚的是，爱因斯坦沿着他以前的研究路径，完成了理论的最后一步。

1915 年 11 月，希尔伯特接近完成他的电磁场与相对论的整合理论，成为爱因斯坦在形成引力场的场方程上的主要竞争者。

(32)

$$\frac{d}{dx_4}\left\{\int t_\sigma^4\, dV\right\} = \int (t_\sigma^1 \alpha_1 + t_\sigma^2 \alpha_2 + t_\sigma^3 \alpha_3)\, dS, \quad \ldots (49a)$$

wobei $\alpha_1, \alpha_2, \alpha_3$ die Richtungskosinus der nach innen gerichteten Normale eines Flächenelementes der Begrenzung von der Grösse dS (im Sinne der euklidischen Geometrie) bedeuten. Man erkennt hierin den Ausdruck der Erhaltungssätze in üblicher Fassung. Die Grössen t_σ^α bezeichnen wir als die "Energie-Komponenten" des Gravitationsfeldes.

Ich will nun die Gleichungen (47) noch in einer dritten Form angeben, die einer lebendigen Erfassung unseres Gegenstandes besonders dienlich ist. Durch Multiplikation der Feldgleichungen (47) mit $g^{\nu\sigma}$ ergeben sich diese in der "gemischten" Form. Beachtet man, dass

$$g^{\nu\sigma}\frac{\partial \Gamma^\alpha_{\mu\nu}}{\partial x_\alpha} = \frac{\partial}{\partial x_\alpha}\left(g^{\nu\sigma}\Gamma^\alpha_{\mu\nu}\right) - \frac{\partial g^{\nu\sigma}}{\partial x_\alpha}\Gamma^\alpha_{\mu\nu},$$

welche Grösse wegen (34) gleich

$$\frac{\partial}{\partial x_\alpha}\left(g^{\nu\sigma}\Gamma^\alpha_{\mu\nu}\right) - g^{\nu\beta}\Gamma^\sigma_{\alpha\beta}\Gamma^\alpha_{\mu\nu} - g^{\sigma\beta}\Gamma^\nu_{\beta\alpha}\Gamma^\alpha_{\mu\nu}$$

oder (nach geänderter Benennung der Summationsindizes) gleich

$$\frac{\partial}{\partial x_\alpha}\left(g^{\sigma\beta}\Gamma^\alpha_{\mu\beta}\right) - g^{\nu\sigma}\Gamma^\alpha_{\mu\beta}\Gamma^\beta_{\nu\alpha} - g^{mn}\Gamma^\sigma_{m\beta}\Gamma^\beta_{n\mu}$$

Das dritte Glied dieses Ausdrucks hebt sich weg gegen das aus dem zweiten Glied der Feldgleichungen (47) entstehende; anstelle des zweiten Gliedes dieses Ausdrucks lässt sich nach (50)

$$\kappa\left(t_\mu^\sigma - \frac{1}{2}\delta_\mu^\sigma t\right)$$

setzen ($t = t_\alpha^\alpha$). Man erhält also anstelle der Gleichungen (47)

$$\left.\begin{aligned}\frac{\partial}{\partial x_\alpha}\left(g^{\sigma\beta}\Gamma^\alpha_{\mu\beta}\right) &= -\kappa\left(t_\mu^\sigma - \frac{1}{2}\delta_\mu^\sigma t\right)\\ \sqrt{-g} &= 1\end{aligned}\right\} \quad \ldots (51)$$

§ 16. Allgemeine Fassung der Feldgleichungen der Gravitation.

Die im vorigen § aufgestellten Feldgleichungen für materiefreie Räume sind der Feldgleichung

$$\Delta\varphi = 0$$

der Newton'schen Theorie zu vergleichen. Wir haben die Gleichungen aufzusuchen, welche der Poisson'schen Gleichung

$$\Delta\varphi = 4\pi K\rho$$

entspricht, wobei ρ die Dichte der Materie bedeutet.

Die spezielle Relativitätstheorie hat zu dem

怎样才能将没有物质的场方程推广到含有物质?

爱因斯坦已经用变分方法得到了没有物质时的场方程(47)式。现在的问题是,如何将这个方程推广到存在物质情形。为此,爱因斯坦将方程变换成另外的第 3 种形式,“这种形式对生动理解我们的话题特别合适”。在这个形式中(51)式,确认为引力场能动量的表达式出现在方程的右边,起到场源的作用。现在所需的只是在方程的右边增加物质的能动量,并使它与引力场的能动量表达式进入方程的形式相同。

作为将方程推广到含有普通物质之前的最后一步,爱因斯坦回顾了牛顿理论中的引力场方程(所谓的泊松方程),在泊松方程中,质量密度 ρ 是场 φ 的源。

> 在其《自述》中,爱因斯坦评论了泊松方程在物理中场的概念产生中所起的作用。这个方程是根据充满空间的势,表达著名的牛顿引力定律的一种方式,势在各处产生了场,进而产生了遵循牛顿定律的力。但是描述引力如何随距离改变的引力定律本身看似任意的,而泊松方程却将引力势与空间自身的性质联系起来,从而预期了后来的“场”的概念,就像爱因斯坦在关于牛顿力学和力的概念的一次讨论中所指出的那样:
>
> 运动定律是精确的,尽管只要没给出力的表达式它就是空的。然而,对于假设力的表达式,存在极大的随意性,特别是如果我们放弃了在任意情形都不那么自然的要求:力仅仅依赖于坐标(而不依赖于,例如,它们对时间的导数)。仅仅在那个理论框架下,来自于一点的引力(以及电力)受势函数的支配就将是完全任意的($1/r$)。补充说明:早就知道这个函数是最简单的(旋转不变的)微分方程 $\Delta\Phi=0$ 的球对称解;因此,这样考虑并不牵强:可把这看成是这个函数来自空间定律的线索,这种尝试可能会消除引力定律的随意性。这是真正的一流见解,使人联想到摆脱超距作用,而使理论升华,这个进展是由法拉第、麦克斯韦和赫兹预先准备好的,只是后来在回应实验数据的外部压力时,才真正开始的。

(33)

Ergebnis geführt, dass die träge Masse nichts anderes ist als Energie, welche ihren vollständigen mathematischen Ausdruck in einem symmetrischen Tensor zweiten Ranges, dem Energietensor findet. Wir werden daher auch in der allgemeinen Relativitätstheorie einen der Materie T_σ^α einzuführen haben, der wie die Energiekomponenten t_σ^α (Gleichungen (49) und (50)) des Gravitationsfeldes gemischten Charakter haben wird, aber zu einem symmetrischen kovarianten Tensor gehören wird.×

Wie dieser Energietensor (entsprechend der Dichte ρ in der Poisson'schen Gleichung) in die Feldgleichungen der Gravitation einzuführen ist, lehrt das Gleichungssystem (51). Betrachtet man nämlich ein vollständiges System (z. B. das Sonnensystem) so wird die Gesamtmasse des Systems, also auch seine gesamte gravitierende Wirkung von der Gesamtenergie des Systems, also von der ponderabeln und Gravitationsenergie zusammen abhängen. Dies wird sich dadurch ausdrücken lassen, dass man in (51) anstelle der Energiekomponenten t_μ^σ des Gravitationsfeldes allein die Summen $t_\mu^\sigma + T_\mu^\sigma$ der Energiekomponenten von Materie und Gravitationsfeld einführt. Man erhält so statt (51) die Tensorgleichung

$$\left.\begin{aligned} \frac{\partial}{\partial x_\alpha}\left(g^{\sigma\beta}\Gamma_{\mu\beta}^\alpha\right) &= -\kappa\left[\left(t_\mu^\sigma + T_\mu^\sigma\right) - \frac{1}{2}\delta_\mu^\sigma\left(t + T\right)\right] \\ \sqrt{-g} &= 1, \end{aligned}\right\} \quad (52)$$

wobei $T = T_\mu^\mu$ gesetzt ist (Laue'scher Skalar). Dies sind die gesuchten allgemeinen Feldgleichungen der Gravitation in gemischter Form. Anstelle von (47) ergibt sich daraus rückwärts das System

$$\left.\begin{aligned} \frac{\partial \Gamma_{\mu\nu}^\alpha}{\partial x_\alpha} + \Gamma_{\mu\beta}^\alpha \Gamma_{\nu\alpha}^\beta &= -\kappa\left(T_{\mu\nu} - \frac{1}{2}g_{\mu\nu}T\right) \\ \sqrt{-g} &= 1. \end{aligned}\right\} \quad (53).$$

Es muss zugegeben werden, dass diese Einführung des Energietensors der Materie durch das Relativitätspostulat allein nicht gerechtfertigt wird; deshalb haben wir sie im Vorigen aus der Forderung abgeleitet, dass die Energie des Gravitationsfeldes in gleicher Weise gravitierend wirken soll, wie jegliche Energie anderer Art. Der stärkste Grund für die Wahl der vorstehenden Gleichungen liegt aber darin,

× $g_{\alpha\tau}T_\sigma^\alpha = T_{\sigma\tau}$ und $g^{\sigma\beta}T_\sigma^\alpha = T^{\alpha\beta}$ sollen symmetrische Tensoren sein.

终于得到了引力场方程！

出现在泊松方程右边的质量密度，在广义相对论中，由物质的能量动量张量所取代。在前一页中，爱因斯坦已经准备好了将这个张量作为场方程的源项引入的方式。他要求物质的能量动量，与场的能动量一视同仁地进入场方程。这个要求是假定爱因斯坦场方程特定形式（（52）式，其后很容易地变换成（53）式）的主要动机。接着，他进一步阐明了假设这个场方程的主要理由，是从它所推断出的物理结果。确切地说，这将导致物质和引力场的总能量动量守恒（在下页）。

（53）式代表了爱因斯坦在寻找引力场的广义协变方程上进行奋斗的胜利成果。他回忆这个成就时，将它看成是数学策略的结果，而没有看成是物理和数学策略交替相融、错综复杂的探究结果。场方程的左边是里奇张量的显式表达，在1912年爱因斯坦就已将其看成是广义相对论的核心要素。右边场源的引入方式与以前不同，就是说，增加了一项：能量动量张量的迹（张量的对角元之和）。

> 如果我们坚持右边为通常的形式，我们必须修改方程的左边，增加里奇张量的迹。修改后左边的表达式称为爱因斯坦张量。这样修改后就是今天我们所熟知的引力场方程的标准形式。到1918年爱因斯坦才采用了这个形式。

$$R_{\mu\nu}-\frac{1}{2}g_{\mu\nu}R=-kT_{\mu\nu}$$

> 多年后，在1936年，爱因斯坦这样描述这个方程："这个理论……类似于一座大楼，一侧由上等大理石建成（方程的左侧），而另一侧由低等级的木头建造（方程的右侧）。事实上，表观上的物质只不过是粗略替代了物质所有合理的已知属性。

(34)

dass sie zur Folge haben, dass für die Komponenten der Totalenergie Erhaltungsgleichungen (des Impulses und der Energie) gelten, welche den Gleichungen (49) und (49a) genau entsprechen. Dies soll im Folgenden dargethan werden.

§ 17. Die Erhaltungssätze im allgemeinen Falle.

Wir bilden an Gleichung (52) zunächst die Verjüngung nach den

Die Gleichung (52) ist leicht so umzuformen, dass auf der rechten Seite das zweite Glied wegfällt. Man verjüngt (52) nach den Indizes μ und σ und ~~multiplic~~ subtrahiere die so erhaltene, mit $\frac{1}{2}\delta_\mu^\sigma$ multiplizierte Gleichung von (52). Es ergibt sich

$$\frac{\partial}{\partial x_\alpha}\left(g^{\sigma\beta}\Gamma^\alpha_{\mu\beta} - \frac{1}{2}\delta^\sigma_\mu g^{\lambda\beta}\Gamma^\alpha_{\lambda\beta}\right) = -\kappa\left(t_\mu^\sigma + T_\mu^\sigma\right) \cdots (52a)$$

An dieser Gleichung bilden wir die Operation $\frac{\partial}{\partial x_\sigma}$. Es ist

$$\frac{\partial^2}{\partial x_\alpha \partial x_\sigma}\left(g^{\sigma\beta}\Gamma^\alpha_{\mu\beta}\right) = -\frac{1}{2}\frac{\partial^2}{\partial x_\alpha \partial x_\sigma}\left[g^{\sigma\beta}g^{\alpha\lambda}\left(\frac{\partial g_{\mu\lambda}}{\partial x_\beta} + \frac{\partial g_{\beta\lambda}}{\partial x_\mu} - \frac{\partial g_{\mu\beta}}{\partial x_\lambda}\right)\right]$$

Das erste und das dritte Glied der runden Klammer liefern Beiträge, die einander wegheben, wie man erkennt, wenn man im Beitrage des dritten Gliedes die Summationsindices α und σ einerseits, β und λ andererseits vertauscht. Das zweite Glied lässt sich nach (31) umformen, sodass man erhält

$$\frac{\partial^2}{\partial x_\alpha \partial x_\sigma}\left(g^{\sigma\beta}\Gamma^\alpha_{\mu\beta}\right) = \frac{1}{2}\frac{\partial^3 g^{\alpha\beta}}{\partial x_\alpha \partial x_\beta \partial x_\mu} \quad \ldots\ldots (54)$$

Das zweite Glied der linken Seite von (52a) liefert zunächst

$$-\frac{1}{2}\frac{\partial^2}{\partial x_\alpha \partial x_\mu}\left(g^{\lambda\beta}\Gamma^\alpha_{\lambda\beta}\right)$$

oder

$$\frac{1}{4}\frac{\partial^2}{\partial x_\alpha \partial x_\mu}\left[g^{\lambda\beta}g^{\alpha\delta}\left(\frac{\partial g_{\delta\lambda}}{\partial x_\beta} + \frac{\partial g_{\delta\beta}}{\partial x_\lambda} - \frac{\partial g_{\lambda\beta}}{\partial x_\delta}\right)\right]$$

Das vom letzten Glied der runden Klammer herrührende Glied verschwindet wegen (29) bei der von uns getroffenen Koordinatenwahl. Die beiden andern lassen sich zusammenfassen und liefern wegen (31) zusammen

$$-\frac{1}{2}\frac{\partial^3 g^{\alpha\beta}}{\partial x_\alpha \partial x_\beta \partial x_\mu},$$

sodass mit Rücksicht auf (54) die Identität

$$\frac{\partial^2}{\partial x_\alpha \partial x_\sigma}\left(g^{\sigma\beta}\Gamma^\alpha_{\mu\beta} - \frac{1}{2}\delta^\sigma_\mu g^{\lambda\beta}\Gamma^\alpha_{\lambda\beta}\right) \equiv 0 \quad \ldots\ldots (55)$$

besteht. Man erhält deshalb

$$\frac{\partial\left(t_\mu^\sigma + T_\mu^\sigma\right)}{\partial x_\sigma} = 0 \quad \ldots\ldots 56.$$

守恒原理是怎样以一种爱因斯坦在理论发展早期阶段未曾预料的方式得到满足的？

现在爱因斯坦表明了推测的场方程满足能量动量守恒，强调了守恒的是物质和引力场的能量动量之和，而不是这两个分量单独守恒（56 式）。这解决了在探求广义协变的场方程过程中，长时间困扰爱因斯坦的问题。起初，能量动量守恒原理是一个单独的要求，似乎与广义协变性不相容。为了满足守恒原理，他不得不限制所允许的坐标系，从而放弃了广义协变性。

爱因斯坦在 1915 年提交到普鲁士皇家科学院的 4 篇通讯，恰好从 3 年前他与格罗斯曼一起考虑过却放弃了的场方程开始，因为那时他不能证明方程与能量动量守恒的相容性。然而，现在在变分形式的基础上，爱因斯坦能解决这个问题了。但是能量动量守恒的要求还留下了一个条件。在现阶段，条件 $-g=1$ 仍然充当着坐标约束（第 71[17] 页）。因此，在这个“11 月场方程”中，协变性和守恒定律之间仍然存在着不相符之处。在一周后发表的下一篇论文中，爱因斯坦试图利用这个相左之处，论证物质的电磁起源。假定物质的纯粹的电磁本性对其能量动量张量施加了一个条件，就会解决这个问题。正是基于这个修正的理论，爱因斯坦计算了水星近日点移动，找到了正确的值。同时，在计算过程中，他发现，关于新理论如何得到牛顿引力理论的极限情形，他必须修正他的想法。这个发现最终打开了一扇门，以略为不同的方式将物质的能量动量引入场方程中，蕴含着守恒定律不再施加限制广义协变性的额外条件。

因此，爱因斯坦对于解决协变性和守恒定律之间相左的尝试，铺平了他的道路，最终的场方程于 11 月 25 日发表了。能量动量守恒可从广义协变的场方程作为推论而得到。爱因斯坦结束最后一篇论文时，他宽慰地声明道：“关于自然界中各种过程的本质，与狭义相对论已经告诉我们的相比，广义相对论的公设没有给我们揭示更新和更不同的东西。我最近在这点上所表达的意见是错的。①”

在爱因斯坦将他的理论的第一篇报告提交给普鲁士皇家科学院的当天，他给他的儿子汉斯・阿尔伯特写了一封信：“你可以从我身上学到很多好的东西，除我之外没人能教给你。我从如此紧张的工作中所获得的东西，应该不仅对陌生人有价值，而且更应该对我自己的孩子有价值。在过去几天里，我完成了生命中最好的论文之一。等你长大些，我会把它讲给你听……我在工作中经常全神贯注，以至于忘记吃午饭。”

---

① 爱因斯坦所指的最近表达的错误，是指1915年11月发表的论文中的前三篇中的坐标约束 $-g=1$。坐标约束显然与相对性原理相悖，而在第四篇论文中，爱因斯坦解放了自己，也解放了全体引力学家。—— 译者注

(35)

Aus unseren Feldgleichungen der Gravitation geht also hervor, dass den Erhaltungssätzen des Impulses und der Energie Genüge geleistet ist. Man sieht dies am einfachsten nach der Betrachtung ein, die zu Gleichung (49a) führt, nur hat man hier anstelle der Energiekomponenten t_μ^σ des Gravitationsfeldes die Gesamt-Energiekomponenten von Materie und Gravitationsfeld einzuführen.

§18. Der Impuls-Energiesatz für die Materie als Folge der Feldgleichungen.

Multipliziert man (53) mit $\frac{\partial g^{\mu\nu}}{\partial x_\sigma}$, so erhält man auf dem in §15 eingeschlagenen Wege mit Rücksicht auf das Verschwinden von $g_{\mu\nu}\frac{\partial g^{\mu\nu}}{\partial x_\sigma}$ die Gleichung

$$\frac{\partial t_\sigma^\alpha}{\partial x_\alpha} = \frac{1}{2}\frac{\partial g^{\mu\nu}}{\partial x_\sigma} T_{\mu\nu},$$

oder mit Rücksicht auf (56)

$$\frac{\partial T_\sigma^\alpha}{\partial x_\alpha} + \frac{1}{2}\frac{\partial g^{\mu\nu}}{\partial x_\sigma} T_{\mu\nu} = 0 \ldots\ldots (57)$$

Ein Vergleich mit (41b) zeigt, dass diese Gleichung bei der getroffenen Wahl für das Koordinatensystem nichts anderes aussagt als das Verschwinden der Divergenz des Tensors der Energiekomponenten der Materie. Physikalisch zeigt das Auftreten des zweiten Gliedes der linken Seite, dass für die Materie allein Erhaltungssätze des Impulses und der Energie im eigentlichen Sinne nicht, bezw. nur dann gelten, wenn die $g^{\mu\nu}$ konstant sind, d. h. wenn die Feldstärken der Gravitation verschwinden. Dies zweite Glied ist ein Ausdruck für Impuls bezw. Energie, welche pro Volumen und Zeiteinheit vom Gravitationsfelde auf die Materie übertragen werden. Dies tritt noch klarer hervor, wenn man statt (57) im Sinne von (41) schreibt

$$\frac{\partial T_\sigma^\alpha}{\partial x_\alpha} = -\Gamma_{\sigma\beta}^\alpha T_\alpha^\beta \ldots\ldots (57a).$$

Die rechte Seite drückt die energetische Einwirkung des Gravitationsfeldes auf die Materie aus.

Die Feldgleichungen der Gravitation enthalten also gleichzeitig vier Bedingungen, welchen der materielle Vorgang zu genügen hat. Sie liefern die Gleichungen des materiellen Vorganges vollständig, wenn letzterer durch vier voneinander unabhängige

物理守恒定律来自自然界的对称性吗？

在他的理论的演绎构造的最后一步，爱因斯坦建立了与希尔伯特的工作之间的联系，将希尔伯特工作的核心数学结果之一——守恒与协变性之间的关系（后来在诺特定理中得到推广）——归并到他新近建立的引力理论中。在纲领理论中，爱因斯坦已经用他自己的术语发展了这个关系。后来，在他 1916 年 10 月发表的一篇论文中（将在附录 130—139[A1—A5] 页的注释中详细讨论），他又进行了详细的阐述。在这份手稿中，他在脚注中感谢了希尔伯特所发表的工作（在手稿下一页的底部）。

> 诺特（Emmy Noether）是一位德国数学家，与希尔伯特一起在那时的伟大数学中心之一的哥廷根工作。她以在抽象代数和理论物理上的开创性贡献而闻名。在物理上，她最有名的是现在所称的诺特定理。这个定理告诉我们，每种对称性都与一个守恒定律相联系。诺特定理已经被看成是引导现代物理学发展的最重要的数学定理之一。在广义相对论的情况下，广义协变性可以解释为刻画宇宙时空几何的基本对称性，能量动量守恒就是由诺特定理所隐含的相关守恒定律[①]。1935 年在她离世以后，爱因斯坦在给纽约时报的一封信中写到她：“以当今最能干的数学家们的判断，诺特小姐是自女性接受高等教育开始以来，迄今所出现的最具重要创造性的数学天才。”

在手稿 C 部分的结论中，有趣的是，爱因斯坦回顾了在 1912—1913 年间所面对的困难，以及这些困难是如何在他的“十一月理论”中得到解决的。在他寻找引力场方程时，选择一个牛顿极限（按他所理解的）能实现的坐标系这个要求，与能量动量守恒的要求陷入矛盾。最后，爱因斯坦认识到基于 11 月张量的场方程，能通过仅仅施加一个弱坐标约束而与能量动量守恒相容，从而成功解决了这些问题。这使他看到，要从他的近乎广义协变的理论中恢复泊松方程，他所需的只是一个坐标条件而不再是一个坐标约束。他设法将能量动量守恒问题与恢复泊松方程问题进行分离，从而解开了这个在苏黎世笔记中阻碍了朝引力的广义协变理论进展的心结。

> 爱因斯坦在提交了他的理论的最终版本的第二天，他给他的朋友赞格尔写信道：“这个理论有着无与伦比的美。但是只有一个同行真正理解了它，并且那个家伙很聪明地试图盗用它。”希尔伯特没有盗用它，尽管他是沿着爱因斯坦的脚步在走。在希尔伯特的论文中，他承认广义相对论的发现应归功于爱因斯坦：“在我看来，这里所得到的引力的微分方程与爱因斯坦所建立的伟大的广义相对论是一致的。”

---

① 利用诺特定理，从时间平移不变性可导出能量守恒定律；从空间平移不变性可导出动量守恒定律；从空间的各向同性可导出角动量守恒定律。诸如电荷守恒、色荷守恒等，可以从粒子物理的规范不变性导出。—— 译者注

(36)

Differentialgleichungen charakterisierbar ist.*

D. Die „materiellen" Vorgänge.

Die unter B entwickelten mathematischen Hilfsmittel setzen uns ohne Weiteres in den Stand, die physikalischen Gesetze der Materie (Hydrodynamik, Maxwell'sche Elektrodynamik), wie sie in der speziellen Relativitätstheorie formuliert vorliegen, so zu verallgemeinern, dass sie in die allgemeine Relativitätstheorie hineinpassen. Dabei ergibt das allgemeine Relativitätsprinzip zwar keine weitere Einschränkung der Möglichkeiten, aber es lehrt den Einfluss des Gravitationsfeldes auf alle Prozesse exakt kennen, ohne dass irgendwelche neue Hypothese eingeführt werden müsste.

Diese Sachlage bringt es mit sich, dass über die physikalische Natur der Materie (im engeren Sinne) nicht notwendig bestimmte Voraussetzungen eingeführt werden müssen. Insbesondere kann die Frage offen bleiben, ob die Theorien des elektromagnetischen Feldes und des Gravitationsfeldes zusammen eine hinreichende Basis für die Theorie der Materie liefern oder nicht. Das allgemeine Relativitätspostulat kann uns hierüber im Prinzip nichts lehren. Es muss sich bei dem Ausbau der Theorie zeigen, ob Elektromagnetik und Gravitationslehre zusammen leisten können, was ersterer allein nicht gelingen will.

§19. Euler'sche Gleichungen für reibungslose adiabatische Flüssigkeiten.

Es seien p und ϱ zwei Skalare, von denen wir ersteren als den „Druck", letzteren als die „Dichte" einer Flüssigkeit bezeichnen; zwischen ihnen bestehe eine Gleichung. Der kontravariante symmetrische Tensor

$$T^{\alpha\beta} = -g^{\alpha\beta} p + \varrho \frac{dx_\alpha}{ds} \frac{dx_\beta}{ds} \quad \ldots\ldots (58)$$

sei der kontravariante Energietensor der Flüssigkeit. Zu ihm gehört der kovariante Tensor

$$T_{\mu\nu} = -g_{\mu\nu} p + g_{\mu\alpha} \frac{dx_\alpha}{ds} g_{\nu\beta} \frac{dx_\beta}{ds} \varrho \quad \ldots\ldots (58a)$$

sowie der gemischte Tensor**

$$T_\sigma^\alpha = -\delta_\sigma^\alpha p + g_{\sigma\beta} \frac{dx_\beta}{ds} \frac{dx_\alpha}{ds} \varrho \quad \ldots\ldots (58b)$$

Setzt man die rechte Seite von (58b) in (57a) ein, so erhält man die Euler'schen hydrodynamischen Gleichungen der allgemeinen

* Vgl. hierüber D. Hilbert. Nachr. d. K. Gesellsch. d. W. z. Göttingen. Math. phys. Klasse. 1915. S. 3

** Für einen mitbewegten Beobachter, der im unendlich Kleinen ein Bezugssystem im Sinne der speziellen Relativitätstheorie benutzt, ist die Energiedichte T_4^4 gleich $\varrho - p$. Hierin liegt die Definition von ϱ. Es ist also ϱ nicht konstant für eine inkompressible Flüssigkeit.

物理学中已建立的理论，诸如流体力学、电磁学，如何纳入新的引力理论中？

在 C 部分中，爱因斯坦已经导出了引力场方程（53）式，其中协变的能动张量 $T_{\mu\nu}$，代表除了引力场自身以外的所有物理实体。他把引力场之外的所有东西称为“物质”。借助于在 B 部分所发展的数学工具，现在他来检验这两种“物质”例子（流体力学和电磁学），如何纳入广义相对论的框架。他着重指出，无须增添任何新的物理假定，引力场对这些物质现象的效应是可以确定的。在这个新的背景下，人们可以重构熟知的流体力学和电磁学的狭义相对论性方程，对它们所描述的物质过程，毋庸任何进一步的条件。

爱因斯坦留下一个未决的问题：引力的新理论与电动力学的结合是否会导致新的物质理论？当时诸如米那样的物理学家曾试图只在电动力学之内建立这样的理论。爱因斯坦在这里暗指将电磁学和引力纳入一个单一理论框架的挑战，没有明确提到希尔伯特在那个方向所做的努力。在爱因斯坦真正努力着手寻找这样的统一理论的前几年，希尔伯特就已朝那个方向着手探索了。爱因斯坦的统一理论之梦虽然没有成功，但这个梦想占据了他提出广义相对论之后的几十年余生。

> 1914 年 11 月，爱因斯坦发表了一篇综述文章《相对论广义理论的形式基础》，总结了爱因斯坦-格罗斯曼纲领理论。在这篇文章中，他推导了流体力学方程和动体的电动力学场方程，把这两种情形都称为“物质过程规律”。这些方程在最终理论中也保持不变。唯一的区别是，在这些方程中出现的场势 $g_{\mu\nu}$，必须从正确的引力方程导出。本手稿的 D 部分是 1914 年文章有关章节的缩写本，只是对电磁能动张量的处理大大简化了。确切地说，爱因斯坦去掉了“6 矢量”，它使该主题以前的形式显得很复杂（在下一页还出现过）。

除了质量和能量密度，内压强 p 也是引力场的源，且出现在能动张量中。内压强与构成有质量介质的粒子所做的随机运动有关。这种运动携带能量，并且如任一种类型的能量一样，都对引力场有贡献。推广的相对论性的欧拉方程是将方程（57a）应用到这个张量的混合形式（58b）式上而得到的四个方程。

> 大约在 18 世纪中叶，欧拉（Leonhard Euler）发表了不可压缩流体的运动方程。这些方程本质上表达了任何流体力学过程中质量和动量的守恒。能量守恒方程是大约一个世纪以后才得到的，但是今天，所有这三个方程都称为欧拉方程。狭义相对论的发现，使质量、能量和动量合并为一个能动张量。狭义相对论中的欧拉方程，是通过令这个张量的协变散度的 4 个分量为零而得到的。

(37)

Relativitätstheorie. Diese lösen das Bewegungsproblem im Prinzip vollständig; denn die vier Gleichungen (57a) zusammen mit der gegebenen Gleichung zwischen p und ρ und der Gleichung

$$g_{\alpha\beta}\frac{dx_\alpha}{ds}\frac{dx_\beta}{ds}=1$$

genügen bei gegebenen $g_{\alpha\beta}$ zur Bestimmung der 6 Unbekannten

$$p,\ \rho,\ \frac{dx_1}{ds},\ \frac{dx_2}{ds},\ \frac{dx_3}{ds},\ \frac{dx_4}{ds}.$$

Sind auch die $g_{\mu\nu}$ unbekannt, so kommen hiezu noch die Gleichungen (53). Dies sind 11 Gleichungen zur Bestimmung der 10 Funktionen $g_{\mu\nu}$, sodass diese überbestimmt scheinen. Es ist indessen zu beachten, dass die Gleichungen (57a) in den Gleichungen (53) bereits enthalten sind, sodass letztere nur mehr 7 unabhängige Gleichungen repräsentieren. Diese Unbestimmtheit hat ihren guten Grund darin, dass die weitgehende Freiheit in der Wahl der Koordinaten es mit sich bringt, dass das Problem mathematisch in solchem Grade unbestimmt bleibt, dass drei der Raumfunktionen beliebig gewählt werden können.[x]

§20. Maxwell'sche elektromagnetische Feldgleichungen für das Vakuum.

Es seien φ_ν die Komponenten eines kovarianten Vierervektors, des Vierervektors des elektromagnetischen Potentials. Aus ihnen bilden wir gemäss (36) die Komponenten $F_{\rho\sigma}$ des kovarianten Sechservektors des elektromagnetischen Feldes gemäss dem Gleichungssystem

$$F_{\rho\sigma}=\frac{\partial\varphi_\rho}{\partial x_\sigma}-\frac{\partial\varphi_\sigma}{\partial x_\rho}\quad\ldots\ldots\ (59)$$

Aus (59) folgt, dass das Gleichungssystem

$$\frac{\partial F_{\rho\sigma}}{\partial x_\tau}+\frac{\partial F_{\sigma\tau}}{\partial x_\rho}+\frac{\partial F_{\tau\rho}}{\partial x_\sigma}=0\quad\ldots\ldots\ (60)$$

erfüllt ist, dessen linke Seite gemäss (37) ein antisymmetrischer Tensor dritten Ranges ist. Das System (60) enthält also im Wesentlichen 4 Gleichungen, die ausgeschrieben wie folgt lauten

$$\left.\begin{aligned}
\frac{\partial F_{23}}{\partial x_4}+\frac{\partial F_{34}}{\partial x_2}+\frac{\partial F_{42}}{\partial x_3}&=0\\
\frac{\partial F_{34}}{\partial x_1}+\frac{\partial F_{41}}{\partial x_3}+\frac{\partial F_{13}}{\partial x_4}&=0\\
\frac{\partial F_{41}}{\partial x_2}+\frac{\partial F_{12}}{\partial x_4}+\frac{\partial F_{24}}{\partial x_1}&=0\\
\frac{\partial F_{12}}{\partial x_3}+\frac{\partial F_{23}}{\partial x_1}+\frac{\partial F_{31}}{\partial x_2}&=0.
\end{aligned}\right\}\ (60a)$$

[x] Bei Verzicht auf die Koordinatenwahl gemäss $g=-1$ bleiben vier Raumfunktionen frei wählbar, entsprechend den vier willkürlichen Funktionen, über die man bei der Koordinatenwahl frei verfügen kann.

f. 45/3

麦克斯韦是怎样用数学方程表示电磁定律的？这些方程又如何受到引力的影响？

在这一节中，爱因斯坦基本上重现了他几个月前发表在普鲁士皇家科学院快报上的《电动力学麦克斯韦场方程的新形式解释》。那次的发表简化了对他 1914 年的综述文章《相对论广义理论的形式基础》中同一论题的表述。它可以立即过渡到广义相对论。爱因斯坦对麦克斯韦方程的这个简化了的新协变形式感到很高兴，并就此与洛伦兹通过信。1915 年 9 月，他很高兴地通知洛伦兹说："考虑了引力以后，我也证明了电磁场能量动量守恒原理的有效性，以及真空方程的简单的协变理论表示，其中'对偶'6 矢量概念被证明是非本质的。"

到 19 世纪中叶，英国物理学家法拉第和苏格兰物理学家和数学家麦克斯韦已经引入了电场和磁场的概念。那时，已经在经验上建立了几个关于电荷和电流，以及电场和磁场之间关系的物理定律：

· 高斯定律，描述由（正或负）电荷产生的静电场。

· 磁场的高斯定律，陈述了自然界中不存在磁荷（磁单极）。它们总是成对出现（偶极子），就像磁罗盘针的"南极"和"北极"。磁性材料产生的静态磁场，是由这样的偶极子生成的。

· 安培定律，陈述的是电流产生磁场。环绕电流的磁场线是闭合的。

· 法拉第定律，陈述了随时间变化的磁场产生电场。环绕磁场的电场线是闭合的。

麦克斯韦对这些定律增加了一个陈述：磁场也可以由随时间变化的电场产生。因此，随时间变化的电场的行为就像电流（所谓的位移电流）。这不是任何实验结果的要求，而是麦克斯韦巧妙洞察力的结果。大约在 1862 年，他发表了首个版本的一组数学方程，用来描述所有这些定律。这些方程就是著名的麦克斯韦方程组。它们构成了经典物理史上最大的统一方案，将电学、磁学和光学结合成一个框架。麦克斯韦方程组预言了电磁波的存在，它在空间中以光速 c 传播。

与狭义相对论的闵可夫斯基形式相一致，有可能从反对称的电磁场张量 $F_{\mu\nu}$ 导出麦克斯韦方程，而 $F_{\mu\nu}$ 是从电磁势（电场势和磁场势）的导数构造的。爱因斯坦在这一页上开始了这个过程。1912 年，科特勒（Friedrich Kottler）首先写出了广义坐标下的麦克斯韦方程。

(38)

Das Gleichungssystem entspricht dem zweiten Gleichungssystem Maxwells. Man erkennt dies sofort, indem man setzt

$$\left.\begin{array}{ll} F_{23} = f_x & F_{14} = n_x \\ F_{31} = f_y & F_{24} = n_y \\ F_{12} = f_z & F_{34} = n_z \end{array}\right\} \quad (61)$$

Dann kann man statt (60a) in üblicher Schreibweise der dreidimensionalen Vektoranalysis setzen

$$\left.\begin{array}{l} \frac{\partial f}{\partial t} + \mathrm{rot}\, n = 0 \\ \mathrm{div}\, f = 0 \end{array}\right\} \quad (60b)$$

Das erste Maxwell'sche System erhalten wir durch Verallgemeinerung der von Minkowski angegebenen Form. Wir führen den zu $F_{\alpha\beta}$ gehörigen kontravarianten Sechservektor

$$F^{\mu\nu} = g^{\mu\alpha} g^{\nu\beta} F_{\alpha\beta} \quad \ldots (62)$$

ein sowie den kontravarianten Vierervektor J^μ der elektrischen Vakuum-Stromdichte, dann kann man das mit Rücksicht auf (40) gegenüber beliebigen Substitutionen von der Determinante 1 (gemäss der von uns getroffenen Koordinatenwahl) invariante Gleichungssystem ansetzen

$$\frac{\partial F^{\mu\nu}}{\partial x_\nu} = J^\mu \quad \ldots\ldots (63)$$

Setzt man nämlich

$$\left.\begin{array}{ll} F^{23} = f_x' & F^{14} = -n_x' \\ F^{31} = f_y' & F^{24} = -n_y' \\ F^{12} = f_z' & F^{34} = -n_z', \end{array}\right\} \quad (64)$$

welche Grössen im speziellen Fall der speziellen Relativitätstheorie den Grössen $f_x \ldots n_z$ gleich sind, und ausserdem

$$J^1 = i_x, \quad J^2 = i_y, \quad J^3 = i_z, \quad J^4 = \rho$$

so erhält man anstelle von (63)

$$\left.\begin{array}{l} \mathrm{rot}\, f' - \frac{\partial n'}{\partial t} = i \\ \mathrm{div}\, n' = \rho \end{array}\right\} \quad \ldots (63a)$$

Die Gleichungen (60), (62) und (63) bilden also die Verallgemeinerung der Maxwell'schen Feldgleichungen des Vakuums bei der von uns bezüglich der Koordinatenwahl getroffenen Festsetzung.

“以太”在前相对论物理中起什么作用？为什么爱因斯坦最终认为没有以太的空间是难以想象的？

> 光速明确地出现在麦克斯韦方程组中。这提出了一个问题：这个速度是根据什么来测量的？ 物理学家假定了一种无质量的不可见媒质弥漫在整个空间中，提供了一种绝对参考系，用来定义光速。这个媒质也用来传递作用在电荷和磁极上的力。爱因斯坦的狭义相对论潜在的基本假定是，光速在所有参考系中都是不变的，所有参考系都以恒定速度相对其他参考系运动（惯性参考系）。这个假定决定了惯性参考系之间的变换规律。麦克斯韦方程组在这样的变换下是不变的。
>
> 在狭义相对论中，光速在所有惯性参考系中都是相同的，以太的概念成为多余的。因此，爱因斯坦在他的理论框架中，完全摒除了以太概念。然而，在 1920 年他却远离了这个观点，把广义相对论的动力学时空认同于以太，尽管不是作为绝对参考系。1920 年 10 月在莱顿所做的关于“以太和相对论”的演讲中，他作了如下陈述：“我们可以说，根据广义相对论，空间被赋予了物理属性；所以，在这个意义上，以太是存在的。根据广义相对论，没有以太的空间是难以想象的；……但是这个以太不能看成具有可衡量的媒质的特性，比如由可随时间追踪的各个部分组成那样的特性。运动的思想不适用于它。”这段引用中的最后一句与这个事实有关：可用来解释广义相对论中时空性质的以太概念，不能理解为力学媒质，不是爱因斯坦所摒弃的前相对论物理中的以太观念。

协变的矢量与张量和逆变的矢量与张量之间的区别也适用于狭义相对论。麦克斯韦方程组中描述法拉第定律（见前一页）和磁场高斯定律的两个方程，是从电磁场张量 $F_{\mu\nu}$ 的协变形式导出的，而另外两个方程是从逆变形式导出的。爱因斯坦一直记录这个区别，用撇标记从张量 F 的逆变形式中导出的方程中的电场和磁场分量。由于狭义相对论中度规张量的形式很简单，磁场和电场的带撇和不带撇的值是相同的，在对待狭义相对论时，这个区别通常就忽略了。

爱因斯坦用字母 n 表示电场，用 f 表示磁场。在印刷版本中，用了当时更常规的记法 e 和 h。

在爱因斯坦 67 岁时写的《自述》中，他表达了对麦克斯韦理论的迷恋：“在我还是学生时，最迷人的课题就是麦克斯韦理论。这个理论的革命性在于从超距作用转变到了将场作为基本变量。”

(39)

Die Energiekomponenten des elektromagnetischen Feldes. Wir bilden das innere Produkt

$$K_\sigma = \mathfrak{F}_{\sigma\mu} \mathfrak{J}^\mu \quad \ldots\ldots (65)$$

Seine Komponenten lauten gemäss (61) in dreidimensionaler Schreibweise

$$\left.\begin{array}{l} K_1 = \rho\, \mathfrak{e}_x + [\mathfrak{i}, \mathfrak{h}]_x \\ -\ -\ -\ -\ -\ -\ - \\ -\ -\ -\ -\ - \\ K_4 = -(\mathfrak{i}, \mathfrak{e}). \end{array}\right\} \quad (65a)$$

Es ist K_σ ein kovarianter Vierervektor, dessen Komponenten gleich sind dem negativen Impuls bezw. der Energie, welche pro Zeit- und Volumeinheit auf das elektromagnetische Feld von den elektrischen Massen übertragen werden. Sind die elektrischen Massen frei, d. h. unter dem alleinigen Einfluss des elektromagnetischen Feldes, so wird der kovariante Vierervektor K_σ verschwinden.

Um die Energie-Komponenten T_σ^ν des elektromagnetischen Feldes zu erhalten, brauchen wir nur der Gleichung $K_\sigma = 0$ die Gestalt der Gleichung (57) zu geben. Aus (63) und (65) ergibt sich zunächst

$$K_\sigma = \mathfrak{F}_{\sigma\mu} \frac{\partial \mathfrak{F}^{\mu\nu}}{\partial x_\nu} = \frac{\partial}{\partial x_\nu}\left(\mathfrak{F}_{\sigma\mu} \mathfrak{F}^{\mu\nu}\right) - \mathfrak{F}^{\mu\nu} \frac{\partial \mathfrak{F}_{\sigma\mu}}{\partial x_\nu}.$$

Das zweite Glied der rechten Seite gestattet vermöge (60) die Umformung

$$\mathfrak{F}^{\mu\nu} \frac{\partial \mathfrak{F}_{\sigma\mu}}{\partial x_\nu} = -\frac{1}{2} \mathfrak{F}^{\mu\nu} \frac{\partial \mathfrak{F}_{\mu\nu}}{\partial x_\sigma} = -\frac{1}{2} g^{\mu\alpha} g^{\nu\beta} \mathfrak{F}_{\alpha\beta} \frac{\partial \mathfrak{F}_{\mu\nu}}{\partial x_\sigma},$$

welch letzterer Ausdruck aus Symmetriegründen auch in der Form

$$-\frac{1}{4}\left[g^{\mu\alpha} g^{\nu\beta} \mathfrak{F}_{\alpha\beta} \frac{\partial \mathfrak{F}_{\mu\nu}}{\partial x_\sigma} + g^{\mu\alpha} g^{\nu\beta} \frac{\partial \mathfrak{F}_{\alpha\beta}}{\partial x_\sigma} \mathfrak{F}_{\mu\nu}\right]$$

geschrieben werden kann. Dafür aber lässt sich setzen

$$-\frac{1}{4} \frac{\partial}{\partial x_\sigma}\left(g^{\mu\alpha} g^{\nu\beta} \mathfrak{F}_{\alpha\beta} \mathfrak{F}_{\mu\nu}\right) + \frac{1}{4} \mathfrak{F}_{\alpha\beta} \mathfrak{F}_{\mu\nu} \frac{\partial}{\partial x_\sigma}\left(g^{\mu\alpha} g^{\nu\beta}\right).$$

Das erste dieser Glieder lautet in kürzerer Schreibweise

$$-\frac{1}{4} \frac{\partial}{\partial x_\sigma}\left(\mathfrak{F}^{\mu\nu} \mathfrak{F}_{\mu\nu}\right),$$

冯·劳厄起到了什么关键作用？

现在，爱因斯坦准备构造电磁场的能动张量了。他从 4 个方程开始，这 4 个方程指定了作用在系统上的力以及提供力的能量。借助于在 B 部分所发展的数学工具，这些方程可以变形，以识别能动张量的分量：下一页上的（66）和（66a）两式。在一个封闭系统中，（66）式的右边等于零，我们能证明这个方程等同于在 C 部分推导的表达能量动量守恒的（57）式。

我们已经提到过手稿的 D 部分，是基于爱因斯坦对“物质现象的规律”（电动力学和电磁学）的论述。在那个论述中，他提到他对这个话题的论述，利用了闵可夫斯基-劳厄形式，亦即，狭义相对论的闵可夫斯基张量形式和狭义相对论中连续物质流的冯·劳厄形式。

冯·劳厄（Max von Laue）对相对论的发展做出了重要贡献，尤其是指明了爱因斯坦质能关系 $E=mc^2$ 对加深理解相对论性连续体动力学的重要意义。从流体力学的弹性理论中我们已经熟悉，根据质能关系，压强也体现了能量，因而能改变动体的惯性性质。事实上，所有形式的能量一定具有质量。与此相反，在经典物理中，压强不影响物体的运动，例如，当压强是由一对大小相等、方向相反、沿同一直线作用的力产生的时候。甚至当处理延展体的时候，在经典物理中，总是可能用单个量，即它的惯性质量，来描述力对其整体运动的影响——而撇开其形变。然而一般来说，在相对论中，不再有像质量这样的单一量，能用来刻画一个延展物理系统的惯性行为。大约在 1911 年，冯·劳厄的工作使人们很清楚地看到，为此目的，至少需要 10 个函数，一起组成时空中一个几何对象的分量，这个几何对象就称为“应力-能量张量”或“能量-动量张量”。早在 1912 年，爱因斯坦就认识到，在他的引力场的场方程中，这个张量必须起到源项的关键作用，取代相对应的经典物理中牛顿引力势的泊松方程中的质量密度。

然而在最初时刻，冯·劳厄自己一直对爱因斯坦的理论持怀疑态度。1913 年 8 月，他在给史利克的信中写道：“这个理论是极端的、实则是不可思议的复杂，因此我强烈地拒绝它。幸运的是，它的最直接结果之一，太阳附近光线的弯曲，可以在 1914 年的日食期间进行检验。之后，这个理论很可能会销声匿迹。”

(40)

das zweite ergibt nach Ausführung der Differentiation nach einiger Umformung

$$-\frac{1}{2} F^{\mu\tau} F_{\mu\nu} g^{\nu\rho} \frac{\partial g_{\rho\tau}}{\partial x_\sigma}$$

Nimmt man alle drei berechneten Glieder zusammen, so erhält man die Relation

$$K_\sigma = \frac{\partial T_\sigma^\nu}{\partial x_\nu} - \frac{1}{2} g^{\tau\mu} \frac{\partial g_{\mu\nu}}{\partial x_\sigma} T_\tau^\nu, \quad \ldots\ldots (66)$$

wobei

$$T_\sigma^\nu = -F_{\sigma\alpha} F^{\nu\alpha} + \frac{1}{4} \delta_\sigma^\nu F_{\alpha\beta} F^{\alpha\beta} \quad \ldots\ldots (66a)$$

Die Gleichung (66) ist für verschwindendes K_σ wegen (30) mit (57) bezw. (57a) gleichwertig. Es sind also die T_σ^ν die Energiekomponenten des elektromagnetischen Feldes. Mit Hilfe von (61) und (64) zeigt man leicht, dass diese Energiekomponenten des elektromagnetischen Feldes im Falle der speziellen Relativitätstheorie die wohlbekannten Maxwell-Poynting'schen Ausdrücke ergeben.

E. Newtons Theorie als erste Näherung.

§21.

Wie schon mehrfach erwähnt, ist die spezielle Relativitätstheorie als Spezialfall der allgemeinen dadurch charakterisiert, dass die $g_{\mu\nu}$ die konstanten Werte (4) haben. Dies bedeutet nach dem Vorherigen eine völlige Vernachlässigung der Gravitationswirkungen. Eine der Wirklichkeit näher liegende Approximation erhalten wir, indem wir den Fall betrachten, dass die $g_{\mu\nu}$ von den Werten (4) nur um (gegen 1) kleine Grössen abweichen, wobei wir kleine Grössen zweiten und höheren Grades vernachlässigen (erster Gesichtspunkt der Approximation).

Ferner soll angenommen werden, dass in dem betrachteten zeit-räumlichen Gebiete die $g_{\mu\nu}$ im räumlich-Unendlichen bei passender Wahl der Koordinaten den Werten (4) zustreben, d. h. wir betrachten Gravitationsfelder, welche als ausschliesslich durch im Endlichen befindliche Materie erzeugt betrachtet werden können.

Man könnte annehmen, dass diese Vernachlässigungen auf Newtons Theorie führen müssten. Indessen bedarf es hiefür noch der approximativen Behandlung der Grundgleichungen nach einem zweiten Gesichtspunkte. Wir fassen die Bewegung eines Massenpunktes gemäss den Gleichungen (46) ins Auge. Im Falle der speziellen Relativitätstheorie können die Komponenten $\frac{dx_1}{ds}$, $\frac{dx_2}{ds}$, $\frac{dx_3}{ds}$ beliebige Werte annehmen; das bedeutet, dass

$$\left(\frac{dx_1}{ds}\right)^2 + \left(\frac{dx_2}{ds}\right)^2 + \left(\frac{dx_3}{ds}\right)^2 < 1$$

理论的有效性如何由实验检验?

在这份手稿的 A，B，C 和 D 部分，对于广义相对论这个引力的相对论性新理论，爱因斯坦已经完成了他的理论框架和数学准备。这些部分都有各自的标题；而 E 部分没有标题。爱因斯坦在 E 部分一开始就给出了 21 节，删除了原来的标题，并用一个更简单、更短的标题来取代。E 部分讨论了广义相对论有效性的首批检验：解释观测到的水星近日点的进动，来自遥远恒星的光线在太阳引力场中的弯曲，以及引力场中所发射的光频率的减小（引力红移）。爱因斯坦早就从等效原理推断出后两种现象了。然而，如果他也能从等效原理给出引力红移的正确的定量值，他不得不等到完成整个理论，才能得到正确的光线弯曲角度。爱因斯坦在代表太阳的点质量球对称弱引力场中考察了这些现象，相当于真空中引力场方程（47）式的牛顿极限。

> 在爱因斯坦看来，一个可接受的引力理论，在极限或特殊情形下应退化到牛顿理论，这个要求不仅是自然的而且是绝对必要的。归根结底，经典牛顿引力理论是经验所验证的引力知识。在寻找广义协变理论的爱因斯坦－格罗斯曼合作过程中，这个要求不仅作为一个可接受的引力场方程的条件，而且作为了构造场方程的出发点。1912 年，他们抛弃了里奇张量，这是无源情形引力张量的自然候选者，因为他们（错误地）认为，在极其弱场的情形下，它回不到牛顿表达式。只是在 1915 年 11 月，当爱因斯坦致力于水星近日点问题时，他才意识到应该怎样解释牛顿极限。

引力势由度规张量 $g_{\mu\nu}$ 表示（53[8] 页）。在狭义相对论中，完全忽略引力，度规张量就退化到方程（4）所给的形式。我们可以预期一个由矩阵 $g_{\mu\nu}$ 表示的弱引力场，其 $g_{\mu\nu}$ 的形式与方程（4）相比，差一个比 1 小得多的量。因为牛顿理论中的引力势是由单一函数表示的，我们可以预期，在牛顿极限下，只有 g_{44} 会不同于 1，因为它代表那个极限下的引力势。然而，情况不可能如此。坐标条件 $g=-1$（在现在的情形下，g 是对角元之积）暗示了假如 g_{44} 不等于 1，那么其他对角项必须不等于 −1[①]。这个结果令爱因斯坦和格罗斯曼感到吃惊。在弱静态引力场情形下，新理论回不到牛顿表达式。爱因斯坦一遍又一遍地重复牛顿极限问题。直到 1915 年 11 月，对这个问题的误解，一直是寻找广义协变理论的主要绊脚石之一。

---

① 作者很随意地将2秩协变张量称为矩阵，可能是出于照顾不了解微分几何的读者，但是这样容易产生误导。读者会因此将广义协变性的概念丧失殆尽。在广义相对论的最终版本中，不存在幺模条件 $g=-1$，球对称引力场由施瓦兹希尔德解表示，该解确实满足 $g_{44}=-g_{11}^{-1}$，并在低速和弱场近似下，回到牛顿经典理论。—— 译者注

(40a)

(Schlussbemerkung zum Abschnitt D)

Wir haben nun die allgemeinsten Gesetze abgeleitet, welchen das Gravitationsfeld und die Materie genügen, indem wir uns konsequent eines Koordinatensystems bedienten, für welches $\sqrt{-g} = 1$ wird. Wir erzielten dadurch eine erhebliche Vereinfachung der Formeln und Rechnungen, ohne dass wir auf die Forderung der allgemeinen Kovarianz verzichtet hätten. Denn wir fanden unsere Gleichungen durch Spezialisierung des Koordinatensystems aus allgemein kovarianten Gleichungen.

Immerhin ist die Frage nicht ohne formales Interesse, ob bei entsprechend verallgemeinerter Definition der Energiekomponenten des Gravitationsfeldes und der Materie auch ohne Spezialisierung des Koordinatensystems Erhaltungssätze von der Gestalt der Gleichung (56) sowie Feldgleichungen der Gravitation von der Art der Gleichungen (52) bezw. (52a) gelten, derart, dass links eine Divergenz (im gewöhnlichen Sinne), rechts die Summe der Energiekomponenten der Materie und der Gravitation steht. Ich habe gefunden, dass beides in der That der Fall ist. Doch glaube ich, dass sich eine Mitteilung meiner ziemlich umfangreichen Betrachtungen über diesen Gegenstand nicht lohnen würde, da doch etwas sachlich Neues dabei nicht herauskommt.

作为事后思考，爱因斯坦想要澄清和强调的是什么？

爱因斯坦完成了手稿，并对页码编了号，然后又决定在 D 部分结尾处增加一些评论。星号是编辑的指令，告诉排字工人将这一页插入到上一页中标注星号的位置。

爱因斯坦想要再次强调的是，引力场方程的推导和守恒定律的形式是基于相应于 $g=-1$ 的特定的坐标选择，这简化了数学表达但并不影响结果的普适性。

在 B 部分的结尾处，他基本上重复了他这个最后的评论（第 90—92[27—28] 页），他在那里写道，这篇论文中的所有关系，都将由这个坐标选择所带来的简化形式给出，并加上这样的话："如果在特殊情形下是令人满意的，那么恢复到广义协变方程，也是一件容易的事了。"

> 我们知道在写这篇手稿的时候，他在考虑在任意坐标下重新推导场方程。这从本书呈现的一份 5 页手稿中就能清楚地看出来，这份 5 页手稿他最初打算包含在这篇文章的主体中，后来又打算作为附录。最终，他决定不放进这篇文章，而是大约半年以后，作为一篇独立的文章发表了——《哈密顿原理和广义相对论》。（本书附录给出了这篇文章的中译本。）

有可能这一页上的评论代替了那 5 页手稿，并且用最后一句话给出了解释："我认为就这个问题进行再扩大范围的思考是不值得的，因为它们毕竟没有给我们任何实质性的新东西。"

Einstein: Hamiltonsches Prinzip und allgemeine Relativitätstheorie 1111

Hamiltonsches Prinzip und allgemeine Relativitätstheorie.

Von A. Einstein.

MPIWG图书馆

(41)

beliebige Geschwindigkeiten $\left(v = \sqrt{\frac{dx_1}{dx_4}^2 + \frac{dx_2}{dx_4}^2 + \frac{dx_3}{dx_4}^2} \right)$ auftreten können, die kleiner sind als die Vakuum-Lichtgeschwindigkeit $(v<1)$. Will man sich auf den fast ausschliesslich der Erfahrung sich darbietenden Fall beschränken, dass v gegen die Lichtgeschwindigkeit klein ist, so bedeutet dies, dass ~~die~~ ~~$\frac{dx_4}{}$~~ Komponenten $\left(\frac{dx_1}{ds}, \frac{dx_2}{ds}, \frac{dx_3}{ds} \right)$ als kleine Grössen

$$\frac{dx_1}{ds} \ll 1$$

zu behandeln sind, während $\frac{dx_4}{ds}$ bis auf Grössen zweiter Ordnung gleich 1 ist (zweiter Gesichtspunkt der Approximation).

Nun beachten wir, dass nach dem ersten Gesichtspunkte der Approximation die Grössen $\Gamma_{\mu\nu}^{\tau}$ alle ~~mindestens~~ kleine Grössen mindestens erster Ordnung sind. Ein Blick auf (46) lehrt also, dass in dieser Gleichung nach dem zweiten Gesichtspunkt der Approximation nur Glieder zu berücksichtigen sind, für welche $\mu = \nu = 4$ ist. ~~der Fall $\mu = \nu = 4$ in Betracht zu ziehen~~ Bei Beschränkung auf Glieder ~~erster~~ niedrigster Ordnung ~~bezüglich beider Gesichtspunkte~~ erhält man anstelle von (46) zunächst die Gleichungen

$$\frac{d^2 x_\tau}{dt^2} = \Gamma_{44}^{\tau},$$

wobei $ds = dx_4 = dt$ gesetzt ist, oder unter Beschränkung auf Glieder, die nach dem ersten Gesichtspunkte der Approximation erster Ordnung sind:

~~$$\frac{d^2 x_\tau}{dt^2} = -\begin{bmatrix} 44 \\ 1 \end{bmatrix} + \begin{bmatrix} 44 \\ 2 \end{bmatrix} + \begin{bmatrix} 44 \\ 3 \end{bmatrix} - \begin{bmatrix} 44 \\ 4 \end{bmatrix}$$~~

$$\frac{d^2 x_\tau}{dt^2} = \begin{bmatrix} 44 \\ \tau \end{bmatrix} \quad (\tau = 1, 2, 3)$$

$$\frac{d^2 x_4}{dt^2} = -\begin{bmatrix} 44 \\ 4 \end{bmatrix}$$

Setzt man ausserdem voraus, dass das Gravitationsfeld ein quasistatisches sei, indem man sich auf den Fall beschränkt, dass die das Gravitationsfeld erzeugende Materie nur langsam (im Vergleich mit der Fortpflanzungsgeschwindigkeit des Lichtes) bewegt ist, so kann man ~~sich~~ ~~auf Terme beschränken~~ auf der rechten Seite Ableitungen nach der Zeit neben solchen nach den ~~Orts~~ örtlichen Koordinaten vernachlässigen, sodass man erhält

$$\frac{d^2 x_\tau}{dt^2} = -\frac{1}{2} \frac{\partial g_{44}}{\partial x_\tau} \quad (\tau = 1, 2, 3) \quad (67)$$

Dies ist die Bewegungsgleichung des materiellen Punktes nach Newtons Theorie, wobei $\frac{g_{44}}{2}$ die Rolle des Gravitationspotentiales spielt. Das Merkwürdige an diesem Resultat ist, dass nur die Komponente g_{44} des Fundamentaltensors allein in erster Näherung ~~auf~~ die Bewegung des materiellen Punktes bestimmt.

Wir wenden uns nun zu den Feldgleichungen (53). Dabei ist zu berücksichtigen, dass der Energietensor der „Materie" fast ausschliesslich durch die Dichte ρ der Materie im engeren Sinne bestimmt wird, d. h. durch das zweite Glied der rechten Seite von (58) (bezw. (58a) oder (58b)). Bildet man die uns interessierende Näherung, so verschwinden alle Komponenten bis auf die Komponente

$$T_{44} = \rho = T.$$

牛顿极限下，度规张量是什么样子的？

现在爱因斯坦使用一个近似步骤，将引力场中物质粒子的运动方程（46）式约化到牛顿极限。右边含有空间和时间坐标对沿粒子轨迹运动时间的导数。μ，ν=1，2，3 的方程相应于物质的速度，在牛顿极限下，运动速度远小于光速（在这里的记号下，就是远小于 1），因此可以忽略。导致的结论就是，只留下 μ=4，ν=4 的项，并得到（67）式。这就是牛顿理论中质点的运动方程。爱因斯坦指出："这个结果中引人注目的是，在一级近似下，基本张量的 g_{44} 分量独自决定了质点的运动。"度规张量的其他分量仍然依赖于时空中的位置，这表明了一级近似保留了时空曲率。然而，这些分量不影响质点的运动。然后，爱因斯坦将同样的近似用到场方程（53）并导出（68）式（在下一页），这正是由质量密度 ρ 产生的引力势的牛顿方程。

1915 年 12 月，爱因斯坦写信给他的朋友贝索，谈论这个新理论："最令人满意的是与近日点运动一致和广义协变性；然而，极奇怪的情况是，场的牛顿理论在一级近似下就已经不正确了[①]。正是运动方程的一级近似中不出现度规张量的分量 g_{11}，g_{22}，g_{33} 的情况，决定了牛顿理论的简单性。"

爱因斯坦为什么会感到惊喜？

1915 年 12 月 22 日，爱因斯坦收到了天体物理学家施瓦兹希尔德（Karl Schwarzschild）从俄国前线写来的一封信。施瓦兹希尔德告诉爱因斯坦，他已经完全解决了论文中提出的水星近日点问题。这是对于单个球形非旋转质量，广义相对论场方程的第一个精确解。爱因斯坦曾在笛卡儿坐标中处理这个问题并得到近似解。施瓦兹希尔德在推导中用了一个更方便的坐标系。他写道："这是多么奇妙的事，水星问题的解释如此令人信服地从这样一个抽象的思想中产生了。"他是这样结束他的信的："如你所见，战争待我不赖，虽然不远处炮火连天，却容许我信步踱入你的思想王国。"爱因斯坦敦促他发表这个结果，并承诺他自己将在普鲁士皇家科学院的下一次会议上报告这个结果。爱因斯坦这样回复施瓦兹希尔德的信："我未曾料到问题的精确解的形式如此简单。这个课题的数学处理对我极有吸引力。[②]"

1916 年 5 月，43 岁的施瓦兹希尔德离开了人世。爱因斯坦在普鲁士皇家科学院快报上写了一份讣告，赞扬了他的工作和成就。施瓦兹希尔德得到的解最终成为现代黑洞研究的基础，以及广义相对论天体物理应用研究的里程碑。

---

① 这是爱因斯坦寄给贝索的一张明信片，邮戳上盖的是"柏林，1915年12月21日下午1—2时"。爱因斯坦说的极奇怪（strangest）之事，并不真正的奇怪。在广义相对论对 r 的一级近似下，当然不会回到牛顿经典物理，只有考虑到弱场与低速的情形，爱因斯坦引力场方程才会回到泊松方程，而测地运动方程回到牛顿运动方程。—— 译者注

② 爱因斯坦在1915年12月29日的回信中，还写道："我对这个理论感到特别满意。从这个理论得到牛顿近似已经不是那么轻而易举了，更妙的是，这个理论还证明了近日点运动和谱线移动……现在最重要的就是光线弯曲的问题了。"—— 译者注

(42)

Auf der linken Seite von (53) ist das zweite Glied klein von zweiter Ordnung, das erste liefert in der uns interessierenden Näherung

$$+\frac{\partial}{\partial x_1}\begin{bmatrix}\mu\nu\\1\end{bmatrix}+\frac{\partial}{\partial x_2}\begin{bmatrix}\mu\nu\\2\end{bmatrix}+\frac{\partial}{\partial x_3}\begin{bmatrix}\mu\nu\\3\end{bmatrix}-\frac{\partial}{\partial x_4}\begin{bmatrix}\mu\nu\\4\end{bmatrix}$$

Das liefert für $\mu=\nu=4$ bei Weglassung von nach der Zeit differenzierten Gliedern

$$-\frac{1}{2}\left(\frac{\partial^2 g_{44}}{\partial x_1^2}+\frac{\partial^2 g_{44}}{\partial x_2^2}+\frac{\partial^2 g_{44}}{\partial x_3^2}\right)=-\frac{1}{2}\Delta g_{44}$$

Die letzte der Gleichungen (53) liefert also

$$\Delta g_{44}=\kappa\rho. \quad \ldots\ldots (68)$$

Die Gleichungen (67) und (68) zusammen sind äquivalent dem Newton'schen Gravitationsgesetz.

Für das Gravitations~~feld~~potential ergibt sich nach (67) und (68) der Ausdruck

$$-\frac{\kappa}{8\pi}\int\frac{\rho\, d\tau}{r}, \quad \ldots\ldots (68a)$$

während Newtons Theorie bei der von uns gewählten Zeiteinheit

$$-\frac{K}{c^2}\int\frac{\rho\, d\tau}{r}$$

ergibt, wobei K die gewöhnlich als Gravitationskonstante bezeichnete Konstante $6{,}7\cdot 10^{-8}$ bedeutet. Durch Vergleich ergibt sich

$$\kappa=\frac{8\pi K}{c^2}=1{,}87\cdot 10^{-27} \quad \ldots\ldots (69)$$

§22. Verhalten von Maßstäben und Uhren im statischen Gravitationsfelde. Krümmung der Lichtstrahlen. ~~Verschiebung der Spektrallinien.~~ Perihelbewegung der Planetenbahnen.

Um die Newton'sche Theorie als erste Näherung zu erhalten, brauchten wir von den 10 Komponenten des Gravitationspotentials $g_{\mu\nu}$ nur g_{44} zu berechnen, da nur diese Komponente in die erste Näherung (67) der Bewegungsgleichung des materiellen Punktes im Gravitationsfelde eingeht. Man sieht indessen schon daraus, dass noch andere Komponenten der $g_{\mu\nu}$ von den in (4) angegebenen Werten in erster Näherung abweichen müssen, dass letzteres durch die ~~Gleichung~~ Bedingung $g=-1$ verlangt wird.

Für einen im Anfangspunkt des Koordinatensystems befindlichen ~~Masse~~ felderzeugenden Massenpunkt erhält man in erster Näherung die radial-symmetrische Lösung

$$\left.\begin{aligned} g_{\rho\sigma}&=-\delta_{\rho\sigma}-\alpha\frac{x_\rho x_\sigma}{r^3} \quad (\rho \text{ und } \sigma \text{ zwischen 1 und 3})\\ g_{\rho 4}&=g_{4\rho}=0 \quad (\rho \text{ zwischen 1 und 3})\\ g_{44}&=1-\frac{\alpha}{r}. \end{aligned}\right\}(70)$$

$\delta_{\rho\sigma}$ ist dabei 1 bzw. 0, je nachdem $\rho=\sigma$ oder $\rho\neq\sigma$, r ist die Grösse $+\sqrt{x_1^2+x_2^2+x_3^2}$. Dabei ist wegen (68a)

天文学家如何能帮助确认理论的一些预言？

到这里为止，爱因斯坦已经表明了引力相对论性理论的基本方程，运动方程（46）式和场方程（53）式，在弱静态引力场极限下能退化到经典牛顿理论。然而，如我们能预期的，即使在这个极限下，g_{11}，g_{22} 和 g_{33} 也不会退化到 −1。$g_{\mu\nu}$ 对一个弱静态球对称引力场的近似值由（70）式给出。在最后一章中，爱因斯坦考察了这个结论对时空几何性质的影响，并利用其结果得到了蕴含的天文学预言。

当爱因斯坦意识到他对数学方法不熟悉时，他转而求助于数学家格罗斯曼。现在，他向天文学家寻求帮助和建议。能被直接观测证实或排除的广义相对论的特定预言非常重要，因为这能使其与引力的其他理论区分开来。爱因斯坦从 1911 年就一直致力于这样的预言。他预言了两个先前未知的效应，能够帮助检验广义相对论。第一个是光线在引力场中的偏折。1913 年，爱因斯坦写信给天文学家黑尔（George Hale），请他给出建议，看是否可能在太阳边缘附近测量光线偏折。黑尔的回答是，探测这个效应的仅有机会是在日食期间。1914 年，第一次世界大战爆发以后，一支德国远征军计划在乌克兰于日食期间观测这个效应，但是这支远征军被俄国当局短暂关押了一段时间。注意，预测的偏折角比后面将要导出的广义相对论预测的正确值少一半[①]。

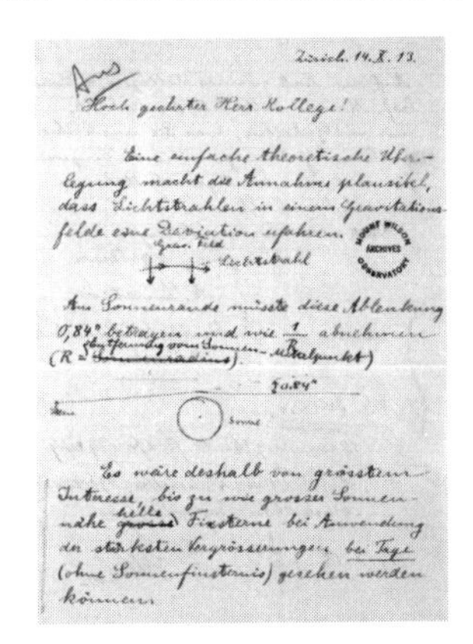

Zürich. 14. X. 13.

Hoch geehrter Herr Kollege!

Eine einfache theoretische Überlegung macht die Annahme plausibel, dass Lichtstrahlen in einem Gravitationsfelde eine Deviation erfahren.

Grav. Feld

Lichtstrahl

Am Sonnenrande müsste diese Ablenkung 0,84" betragen und wie 1/R abnehmen (R = Entfernung vom Sonnen-Mittelpunkt).

0,84"

Sonne

Es wäre deshalb von grösstem Interesse, bis zu wie grosser Sonnennähe helle Fixsterne bei Anwendung der stärksten Vergrösserungen bei Tage (ohne Sonnenfinsternis) gesehen werden können.

这是得到加利福尼亚圣马力诺亨廷顿图书馆的许可而复制的。

第二个预言是引力场中光线颜色的改变，即所谓的引力红移。爱因斯坦试图说服德国天文学家发起对这些效应的观测，但是收效甚微。他早就得到了弗雷温德里希（Erwin Freundlich）——那时是波茨坦天文台的一名助手，和天体物理学家施瓦兹希尔德的支持。他特别感谢弗雷温德里希的作用。1914 年，他致信爱伦弗斯特："天文学家弗雷温德里希已经找到一种办法建立由木星引力场引起的光折射。另外，他还以惊人的精度建立了太阳光线的强度中心向红端的移动……"然而，结果表明，证实红移效应的声明太过草率。爱因斯坦在给施瓦兹希尔德的信中（1916 年 1 月）称赞弗雷温德里希："他是能理解广义相对论意义、并且能热心投身于有关天文学问题的第一位天文学家。"

① 这里所指的"预测的偏折角"是指纲领理论预言的偏折角，它是广义相对论预言值的一半。广义相对论计算的偏折角 $\Delta\theta=1.75$ 弧秒，而牛顿理论计算的偏折角是广义相对论预言值的一半，牛顿理论的预言值与纲领理论一致。1919年5月发生日食时，两个观测队分别测得的结果是 $\Delta\theta=1.98\pm0.12$ 弧秒和 $\Delta\theta=1.61\pm0.30$ 弧秒。这与广义相对论的结果相符。这是一个戏剧性的时刻，从此爱因斯坦成了世界级的名人。—— 译者注

(43)

$$\alpha = \frac{\kappa M}{8\pi}, \quad \ldots\ldots (70a)$$

wenn mit M die felderzeugende Masse bezeichnet wird. Dass durch diese Lösung die Feldgleichungen (ausserhalb der Masse) in erster Näherung erfüllt werden, ist leicht zu verifizieren.

Wir untersuchen nun die Beeinflussung, welche die metrischen Eigenschaften des Raumes durch das Feld der Masse M erfahren. Stets gilt zwischen den „lokal" (§4) gemessenen Längen und Zeiten ds einerseits und den Koordinatendifferenzen dx_ν andererseits die Beziehung

$$ds^2 = g_{\mu\nu}\, dx_\mu\, dx_\nu.$$

Für einen „parallel" der X-Achse gelegten Einheitsmassstab wäre beispielsweise zu setzen

$$ds^2 = -1; \quad dx_2 = dx_3 = dx_4 = 0,$$

also

$$-1 = g_{11}\, dx_1^2.$$

Liegt der Einheitsmassstab ausserdem auf der X-Achse, so ergibt die erste der Gleichungen (70)

$$g_{11} = -\left(1 + \frac{\alpha}{r}\right)$$

Aus beiden Relationen folgt in erster Näherung genau

$$dx = 1 - \frac{\alpha}{2r} \quad \ldots\ldots (71)$$

Der Einheitsmassstab erscheint also mit Bezug auf das Koordinatensystem in dem gefundenen Betrage durch das Vorhandensein des Gravitationsfeldes verkürzt, wenn er radial angelegt wird.

Analog erhält man seine Koordinatenlänge in tangentialer Richtung, indem man beispielsweise setzt

$$ds^2 = -1; \quad dx_1 = dx_3 = dx_4 = 0; \quad x_1 = r, \quad x_2 = x_3 = 0.$$

Es ergibt sich

$$-1 = g_{22}\, dx_2^2 = -dx_2^2 \quad \ldots\ldots (71a)$$

Bei tangentialer Stellung hat also das Gravitationsfeld des Massenpunktes keinen Einfluss auf die Stablänge.

Es gilt also die Euklidische Geometrie im Gravitationsfelde nicht einmal in erster Näherung, falls man einen und denselben Stab unabhängig von seinem Ort und seiner Orientierung als Realisierung derselben Strecke auffassen will. Allerdings zeigt ein Blick auf (70a) und (69), dass die zu erwartenden Abweichungen viel zu gering sind, um sich bei der Vermessung der Erdoberfläche bemerkbar machen zu können.

Es werde ferner die auf die Zeitkoordinate untersuchte Ganggeschwindigkeit einer Einheitsuhr untersucht, welche in einem statischen Gravitationsfelde ruhend angeordnet ist. Hier gilt für eine Uhrperiode

$$ds = 1; \quad dx_1 = dx_2 = dx_3 = 0.$$

引力场中尺的长度和钟的速率是怎样的?

我们已经知道尺的长度和钟的速率，依赖于时空中它们所在位置处的引力场。现在爱因斯坦来证明，由球对称质量产生的引力场中的这种依赖关系。

利用（70）式中 $g_{\mu\nu}$ 的值（在上一页），爱因斯坦考察了由一个位于原点的质量产生的引力场，对观测到的尺的长度的影响。结论是，沿径向放置的尺略微缩短（71）式，而在垂直方向上的尺的长度不受引力场的影响。由此推出，如果用这样一把尺来测量以原点为圆心的一个圆的直径和周长，就会发现周长与直径的比不再是 π。所以即使在引力场的一级近似下，欧几里得几何也不成立。

爱因斯坦继续考察这样一个引力场对钟的速率的影响（在下一页）。

有可行的广义相对论的替代理论吗?

眼下，已接近手稿的末尾，在我们即将讨论爱因斯坦理论的实验检验时，值得提一提发表于 1912 年的诺德斯特吕姆（Gunnar Nordström）的引力理论。诺德斯特吕姆的理论是基于单个标量引力势并嵌入狭义相对论。爱因斯坦有多条理由反对引力的标量理论，在 1913 年 6 月诺德斯特吕姆访问苏黎世时，爱因斯坦与其讨论过。在那次访问之后，诺德斯特吕姆发表了他的理论的新版本，爱因斯坦在 1913 年 9 月在维也纳所作的演讲《关于引力理论的现状》中广泛讨论了这个版本。尽管爱因斯坦不满意诺德斯特吕姆理论，因为该理论不能解释在有周围质量分布的引力场中物体的惯性（马赫原理），他还是给出了这样的结论："总的来看，我们可以说，诺德斯特吕姆的标量理论，它是依附于光速不变公设的，这个理论满足所有条件，是一个能给出经验知识现状的引力理论。"的确，爱因斯坦把这个理论看成是对他和格罗斯曼的纲领理论的唯一可行的替代理论[①]。

在诺德斯特吕姆理论中，不存在引力场引起的光线偏折；然而，在那时不可能拒绝一个或其他基于经验理由的理论。人们寄希望于已计划好的在 1914 年日食期间的天文观测能做出评判。那次没有获得成功观测（第 123[42] 页）[②]，但是对诺德斯特吕姆理论缺点的裁定在 1919 年的下次日食之前就变得清晰了。基于这个理论的水星近日点移动的计算预言了 7″ 的后退，而爱因斯坦理论预言了观测到的 43″ 的进动（第 129[45] 页）。

---

① 在广义相对论发表百年之后，不少物理学家回到了笛卡儿哲学沉思的范式上，振聋发聩地发问：爱因斯坦的广义相对论在理论与观测两方面都是不二的理论吗？事实上，爱因斯坦采用了等效原理和广义协变性两个假设，得出了广义相对论，但它们不能唯一确定广义相对论。从这个角度来看，爱因斯坦的顿悟式飞跃，在逻辑上存在着罅隙。从现代观点来看，通过斯图克尔伯格（E. C. G. Stückelberg）技巧，总能使任何理论在广义坐标微分同胚群下是不变的。由此得到结论，广义相对论的根本原理不是广义协变性，也不是等效原理！广义相对论是螺旋度为2的无质量粒子的非平庸相互作用理论。其他的性质是这个论述的推论，而不能将因果颠倒。沿着这样的思路，当代物理学家正在探索包括有质量引力理论在内的各种引力新理论。—— 译者注

② 英文版的页码有误，已改正。—— 译者注

(44)

Also ist

$$1 = g_{44}\, dx_4^2\,;$$

$$dx_4 = \frac{1}{\sqrt{g_{44}}} = \frac{1}{\sqrt{1+(g_{44}-1)}} = 1 - \frac{g_{44}-1}{2}$$

oder

$$dx_4 = 1 + \frac{\kappa}{8\pi}\int \frac{\rho\, d\tau}{r} \quad \ldots\ (22)$$

Die Uhr läuft also langsamer, wenn sie ~~nicht~~ in der Nähe ponderabler Massen aufgestellt ist. Es folgt daraus, dass die Spektrallinien von der Oberfläche grosser Sterne zu uns gelangenden Lichtes nach dem roten Spektralende verschoben erscheinen müssen.*

Wir untersuchen ferner den Gang der Lichtstrahlen im statischen Gravitationsfeld. Gemäss der speziellen Relativitätstheorie ist die Lichtgeschwindigkeit durch die Gleichung

$$-dx_1^2 - dx_2^2 - dx_3^2 + dx_4^2 = 0$$

gegeben, also gemäss der allgemeinen Relativitätstheorie durch die Gleichung

$$ds^2 = g_{\mu\nu}\, dx_\mu\, dx_\nu = 0 \quad \ldots\ldots (23)$$

Ist die Richtung, d. h. das Verhältnis $dx_1 : dx_2 : dx_3$ gegeben, so liefert die Gleichung (23) die Grössen $\frac{dx_1}{dx_4}, \frac{dx_2}{dx_4}, \frac{dx_3}{dx_4}$ und somit die Geschwindigkeit $\sqrt{\left(\frac{dx_1}{dx_4}\right)^2 + \left(\frac{dx_2}{dx_4}\right)^2 + \left(\frac{dx_3}{dx_4}\right)^2} = \gamma$, im Sinne der Euklidischen Geometrie definiert. Man erkennt leicht, dass die Lichtstrahlen gekrümmt verlaufen müssen mit Bezug auf das Koordinatensystem, falls die $g_{\mu\nu}$ nicht konstant sind. Ist n eine Richtung senkrecht zur Lichtfortpflanzung, so ergibt das Huygens'sche Prinzip, dass der Lichtstrahl (in der Ebene (γ, n) betrachtet) die Krümmung $-\frac{\partial \gamma}{\partial n}$ besitzt.

Wir untersuchen die Krümmung, welche ein Lichtstrahl erleidet, welche ein Lichtstrahl erleidet, der im Abstand Δ an einer Masse M vorbeigeht. Wählt man das Koordinatensystem gemäss der nebenstehenden Skizze, so ist die gesamte Biegung B des Lichtstrahles (positiv gerechnet, wenn sie nach dem Ursprung hin konkav ist) in genügender Näherung gegeben durch

$$B = \int_{-\infty}^{+\infty} \frac{\partial \gamma}{\partial x_1}\, dx_2\,,$$

während (23) und (20) ergeben

$$\gamma = \sqrt{-\frac{g_{44}}{g_{22}}} = 1 + \frac{\alpha}{2r}\left(1 + \frac{x_2^2}{r^2}\right)$$

Figur

*Für das Bestehen eines derartigen Effektes sprechen nach E. Freundlich spektrale Beobachtungen an Fixsternen bestimmter Typen. Eine endgültige Prüfung dieser Konsequenz steht indes noch aus.

什么观测使爱因斯坦一举成名天下闻？

这一页上的第一个结果是有质量物体附近的钟会变慢。（72）式允许我们对这个效应进行估算。发射光的原子可看成是一座钟。这种“原子钟”在引力场中的变慢，意味着这些振荡的频率，进而是发射的光减少了。低频光的“颜色”向光谱的红端移动。在脚注中，爱因斯坦感谢弗雷温德里希，因为他在某些恒星的光谱中观测到了这样的效应，并评论说这还不是关键的检验。

接着爱因斯坦考察了在距离 Δ 处经过质量 M 附近的光线所经历的偏折，并得到结论认为，掠过太阳的光线经历的偏折是 1.7″（弧秒）（这个结果出现在下一页）。

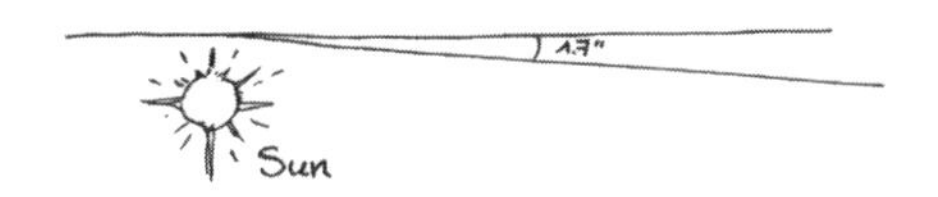

这样预言的偏折角度是爱因斯坦从等效原理得到的偏折角（出现在他给黑尔的信中，123 页）的 2 倍。这个值也能由古老的（几乎已被遗忘的）光的牛顿理论解释。爱因斯坦的预言被 1919 年日食期间的天文观测所证实，观测是由天文学家爱丁顿（Arthur Eddington）带领的英国观测队进行的，爱因斯坦一夜之间成为世界名人。不仅仅是现象本身，而且测量到的角度导致了 1919 年 11 月 7 日《泰晤士报》上的爆炸性新闻标题。

REVOLUTION IN SCIENCE.

NEW THEORY OF THE UNIVERSE.

NEWTONIAN IDEAS OVERTHROWN.

Yesterday afternoon in the rooms of the Royal Society, at a joint session of the Royal and Astronomical Societies, the results obtained by British observers of the total solar eclipse of May 29 were discussed.

《泰晤士报》上刊印的重大新闻：科学的革命，宇宙的新理论，颠覆了牛顿理论。

红移结果直到 20 世纪 50 年代晚期才被证实。现如今，在 GPS 技术的计时系统中必须考虑引力对钟的速率的影响[①]。

这一页切出去一个方形，这反映了那时候通常的编辑过程：编辑从手稿中移除了图并将它们送到图形部；剩下的部分送往打字部。少掉的图重新放在这里。爱因斯坦用这个图解释了在计算中出现的对坐标 x_1 和 x_2 的选择。

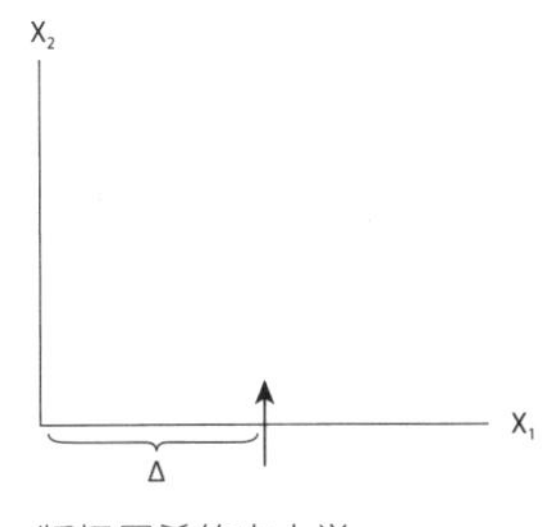

① GPS是由大约30颗卫星组成的系统，至少要接收来自其中4颗卫星的信号才能正确地算出时间和位置。根据狭义相对论，卫星上的时钟会比地球上的时钟每天慢7微秒。此外，根据广义相对论的引力红移，引力越强时间过得越慢。通过计算，卫星上的时钟每天走快46微秒。两者的总效应是卫星的时钟每天快了Δt= 39微秒。眨一次眼睛大约是10万微秒，初看起来39微秒十分短暂，但是光速c很快，所以每天误差$\Delta S=c\Delta t$。这个计算表明，地图的误差是每天11.7千米。更重要的是，这个误差随时间的增加而增加。所以，广义相对论与人们出行、航行和驾驶飞机密切相关。—— 译者注

(45)

Die Ausrechnung ergibt

$$B = \frac{2\alpha}{\Delta} = \frac{\kappa M}{4\pi\Delta} \quad \ldots \quad (74)$$

Ein an der Sonne vorbeigehender Lichtstrahl erfährt demnach eine Biegung von 1,7″, ein am Planeten Jupiter vorbeigehender eine solche von etwa 0,02″.

Berechnet man das Gravitationsfeld um eine Grössenordnung genauer und ebenso mit entsprechender Genauigkeit die Bahnbewegung eines materiellen Punktes von relativ unendlich kleiner Masse, so erhält man gegenüber den Kepler-Newton'schen Gesetzen der Planetenbewegung eine Abweichung von folgender Art. Die Bahnellipse eines Planeten erfährt in Richtung der Bahnbewegung eine langsame Drehung, vom Betrage

$$\varepsilon = 24\pi^3 \frac{a^2}{T^2 c^2 (1-e^2)} \quad \ldots \quad (75)$$

pro Umlauf. In dieser Formel bedeutet a die grosse Halbachse, c die Lichtgeschwindigkeit in üblichem Maße, e die Exzentrizität, T die Umlaufszeit in Sekunden*.

Die Rechnung ergibt für den Planeten Merkur eine Drehung der Bahn um 43″ pro Jahrhundert, genau entsprechend der Konstatierung der Astronomen (Leverrier); diese fanden nämlich einen durch Störungen der übrigen Planeten nicht erklärbaren Rest der Perihelbewegung dieses Planeten von der angegebenen Grösse.

(E 20/3. 16)

* Bezüglich der Rechnung verweise ich auf die Originalabhandlungen
A. Einstein Sitz. Ber. d. Preuss. Akad. d. W. XLVII. 1915. S. 831
K. Schwarzschild, Sitz. Ber. d. Preuss. Akad. d. W. VII. 1916. S. 189.

水星近日点进动的解释：从失望到胜利

牛顿的引力理论证实了开普勒观测到的行星在椭圆轨道上绕太阳运动。假如在太阳系中只有一个行星，那么，轨道的近日点位置（最接近太阳的点）在空间中就是固定的。然而，由于其他行星的影响，近日点会有一个缓慢的进动。天文学家发现，从地球上观测，水星绕太阳的轨道，在 100 年中旋转了 5600″，或者 1.55°（度）[①]。这个旋转角度中的绝大部分可以由其他行星所施加的力解释，但是尚有 43″ 不能解释。这个问题在 1859 年，在法国天文学家勒维耶（Urbain Le Verrier）的工作以后，就已经提出来了，但一直没有解决，直到爱因斯坦创立了广义相对论。

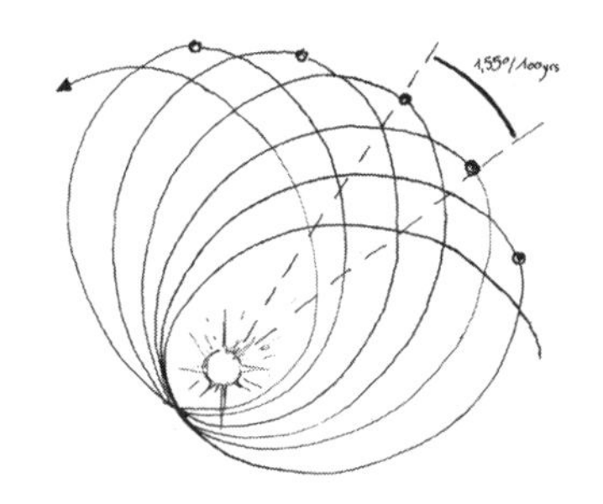

1907 年 12 月，当爱因斯坦在通往引力的相对论性理论的路上刚刚迈步时，甚至在他还没有任何理论的时候，他就意识到，这或许能给这个长期存在的问题一个答案。他写信给他的朋友哈比切特：“这会儿我正致力于水星近日点的一个长期不能解释的变化的相对论性分析。”爱因斯坦–格罗斯曼纲领理论发表后不久，爱因斯坦就和他的朋友贝索进行了一个计算，检验这个新理论能否解释水星近日点的不规则进动。他们得到的结论是这个差异中只有 18″ 能由这个新理论解释。这个令人失望的结果并没有令爱因斯坦怀疑纲领理论的有效性。事实上，他从未发表过这个结果，完全忽略了它，直到 1915 年 11 月，用它作为论据来证明抛弃纲领理论是正当的决定。

最后一页代表了他仍然致力于他的新理论的最后阶段时所得到的结果，他在 1915 年 11 月 18 日已经将这个新理论提交给了普鲁士皇家科学院。这个结果在理论的最后版本中没有变化。在脚注中，对于计算细节，爱因斯坦请读者参阅这个工作和施瓦兹希尔德的工作。手稿的最后一句话是这样的：“计算给出了水星轨道每百年旋转 43″，这与勒维耶的天文观测严格一致；因为天文学家已经发现了，在这颗行星的近日点进动中，在考虑了其他行星的扰动后，有这样大小的一个不能解释的剩余部分。”

在这页的下半部分，编辑的铅笔标注表明了这份手稿收到的日期：1916 年 3 月 20 日。

---

① 空间角的单位为 1° = 60′ = 3600″。勒维耶用牛顿定律计算其他行星对水星近日点进动的影响时，发现理论计算和天文观测值之间有百分之一的偏差。为此，许多科学家曾假设这个偏差是由太阳周围的尘埃，或者是由于太阳不是精确的球形而引起的，不过观测否定了这些假设。广义相对论断言这个偏差是由牛顿定律的不精确所引起的，并计算出这个偏差值是每世纪 43 弧秒，与勒维耶发现的值相等。—— 译者注

Anhang. Darstellung der Theorie ausgehend von einem Variationsprinzip. A. Einstein. (1)

§1. Die Feldgleichungen der Gravitation und der Materie.

Wir setzen voraus, dass sich die Feldgleichungen der Gravitation und die aller andern Vorgänge aus einem allgemeinen Variationssatze von Hamilton'scher Form

$$\delta\left\{\int \mathfrak{H}\, d\tau\right\} = 0 \quad \ldots\ldots (26)$$

wobei $d\tau = dx_1 dx_2 dx_3 dx_4$ gesetzt ist, ableiten [lassen]. $\mathfrak{H}$ sei dabei eine Funktion der $g^{\mu\nu}$ und $g_\sigma^{\mu\nu} \left(= \frac{\partial g^{\mu\nu}}{\partial x_\sigma}\right)$ und ferner gewisser Funktionen $q_{(\rho)}$ und ihrer Ableitungen nach den x_ν, welche die materiellen Zustände und Vorgänge im weitesten Sinne beschreiben. Unter diesen verstehen wir alle Zustände und Vorgänge exklusive derjenigen, welche allein das Gravitationsfeld betreffen, also ausser den Bewegungen und Zustandsänderungen der Materie im engeren Sinne auch die elektromagnetischen Vorgänge im Vakuum. Bei der Variation sollen die $g^{\mu\nu}$ und $q_{(\rho)}$ unabhängig voneinander variiert werden, wobei die $\delta g^{\mu\nu}$, $\delta q_{(\rho)}$ (und gewisse Ableitungen dieser Variationen) an den Integrationsgrenzen verschwinden sollen.

Durch das Einklammern des Index ρ bei $q_{(\rho)}$ soll angedeutet werden, dass die Stellung dieses Index über den Transformationscharakter und die Anzahl der zur Beschreibung der „Materie" zu verwendenden Funktionen nichts aussagen soll. Diese Unbestimmtheit der Darstellung erscheint mir vorläufig nötig, da wir über die theoretische Darstellung der Materie noch recht wenig wissen.[x]

Um der Erfahrung über die freie Superponierbarkeit der Gravitationsfelder und bezw. über die selbständige Existenz der die Materie bildenden Felder zu entsprechen, nehmen wir ferner an, dass $\mathfrak{H}$ sich als Summe in der Form

$$\mathfrak{H} = \mathfrak{G} + \mathfrak{M} \quad \ldots\ldots (27)$$

darstellen lasse, derart, dass $\mathfrak{G}$ nur von den $g^{\mu\nu}$ und $g_\sigma^{\mu\nu}$, $\mathfrak{M}$ nur von den $g^{\mu\nu}$, $q_{(\rho)}$ und den Ableitungen ($q_{(\rho)\alpha} = \frac{\partial q_{(\rho)}}{\partial x_\alpha}$ etc.) der $q_{(\rho)}$ abhänge. Man erhält dann aus (27) durch Variieren nach den $g^{\mu\nu}$ die Gleichungen

$$\frac{\partial}{\partial x_\alpha}\left(\frac{\partial \mathfrak{G}}{\partial g_\alpha^{\mu\nu}}\right) - \frac{\partial \mathfrak{G}}{\partial g^{\mu\nu}} = \frac{\partial \mathfrak{M}}{\partial g^{\mu\nu}} \quad \ldots\ldots (28)$$

durch Variieren nach den $q_{(\rho)}$ die Gleichungen

[x] Die von Hilbert im Anschluss an Mie eingeführte Voraussetzung, dass sich die Funktion $\mathfrak{M}$ durch die Komponenten eines Vierervektors q_σ und dessen erste Ableitungen darstellen lasse, halte ich für wenig aussichtsvoll.

为什么爱因斯坦决定不将这个附录包含在手稿《广义相对论基础》中?

这是爱因斯坦最初打算包含在手稿中的5页中的第1页。从“§14”(在标题行之间)和这一页被他划掉的方程的编号判断，他曾计划将这些页插到13节之后，并立即从“变分原理”[在(97[46]页)上解释过]推导引力场方程。后来，爱因斯坦决定采用循序渐进的做法。先是借助于变分原理，他推导了没有物质时的场方程，紧接着，引入了物质，引入的方式与引力场的能量动量出现在方程中的方式相同。后来，爱因斯坦打算将这个计算作为手稿的附录，很清楚地在题目中作了说明，并相应地对页码编了号。最终，他没有将这部分放进手稿中。1916年10月，他提交给普鲁士皇家科学院一篇文章，题为《哈密顿原理和广义相对论》(在我们的评论中，我们称这篇文章为“十月论文”)，那篇文章与这里的从未发表的手稿附录相比较，相似与相异之处都很明显。

> 在手稿的C部分，引力场方程的推导依赖于坐标条件 $-g=1$。在[40a]页，爱因斯坦声明，即使不选择特殊坐标系，也能得到C部分结尾处所得到的引力场方程和能量动量守恒定律。这个附录就将证明这一点。然而，爱因斯坦最终的看法认为这是不值得的，因为从这里学不到新东西。所以，他决定不将这部分包含在他的《广义相对论基础》中。

爱因斯坦使用了一个哈密顿(拉格朗日)形式——既不同于希尔伯特的形式，也不同于他自己先前的形式

爱因斯坦将变分法用到一个哈密顿函数上——今天我们称之为拉格朗日量——它依赖于度规张量(引力势)的分量，依赖于它们的导数，还依赖于描述物质的参量及其导数(引力场之外的所有东西)。与希尔伯特相反，爱因斯坦不指定这些参量的类型。希尔伯特考虑了同样的问题，但假定这些参量是电磁势的4个分量。希尔伯特的方法，是基于米的理论(99[31]页)，约定了所有物质都是起源于电磁，物质的能动张量应该仅仅依赖于电磁量。在这页的脚注中，爱因斯坦声称希尔伯特假定哈密顿量仅仅依赖于电磁量及其导数，这并不是很有前景的。

爱因斯坦将哈密顿量分成两部分，$\mathfrak{G}$和$\mathfrak{M}$，第一部分只依赖于引力场参量，第二部分依赖于所有的引力和物质变量。然后，他推导这两部分哈密顿量所满足的场方程，(78)和(79)两式(在下一页的顶部)。(79)式在这里是作为一个数学表达式出现的。爱因斯坦应该已经令其等于零了，以使其成为哈密顿量的物质部分$\mathfrak{M}$的场方程[①]。

---

① 在正式出版的《哈密顿原理和广义相对论》一文中，手稿的(78)和(79)两式为(7)和(8)两式。令(79)式为零，确实就是(8)式。—— 译者注

(2)

$$\frac{\partial}{\partial x_\alpha}\left(\frac{\partial \mathfrak{M}}{\partial q_{(\varrho)\alpha}}\right) - \frac{\partial \mathfrak{M}}{\partial q_{(\varrho)}} \quad \ldots\ldots (~~50~~)(29)$$

Die ~~letzten~~ Gleichungen (~~49~~)(28) nennen wir die Feldgleichungen der Gravitation, die Gleichungen (~~50~~)(29) die Feldgleichungen der Materie. Die Gleichungen (50) setzen voraus, dass $\mathfrak{M}$ nur von den ersten Ableitungen der $q_{(\varrho)}$ nach den Koordinaten abhänge; kommen auch höhere Ableitungen der $q_{(\varrho)}$ in $\mathfrak{M}$ vor, so treten weitere Glieder in (~~50~~)(29) auf. Unsere nachfolgenden Überlegungen gelten jedoch unabhängig hiervon.

§2. Formale Konsequenzen aus der Forderung der allgemeinen Kovarianz.

Wir stellen nun die dem allgemeinen Relativitätspostulat entsprechende Forderung auf: Die Bedingung (26) und damit auch das aus (28) und (29) bestehende Gleichungssystem soll beliebigen Substitutionen der Raum-Zeit-~~Variabeln~~ Koordinaten gegenüber kovariant sein. Diese Forderung lässt sich wegen der Invarianz von $\sqrt{-g}\,d\tau$ ~~leicht~~ dadurch erfüllen, dass man $\frac{\mathfrak{G}}{\sqrt{-g}}$ gleich einer Invarianten setzt.* ~~So haben es H~~ dann ist nämlich ~~das Integral~~ das auf der linken Seite von (26) stehende Integral, und damit auch dessen Variation eine Invariante. Damit jedoch die Gleichung (26) invariante Bedeutung erhalte, ist nicht unbedingt nötig, dass $\frac{\mathfrak{G}}{\sqrt{-g}}$ eine Invariante sei; wir gehen vielmehr wie folgt vor.

Es sei zunächst $\frac{\mathfrak{M}}{\sqrt{-g}}$ eine Invariante. Für die Wahl von $\mathfrak{G}$ dient folgende Erwägung. Aus dem in Gleichung (43) gegebenen Riemann'schen Tensor lässt sich die Invariante

$$K = g^{\mu\nu}B^{\tau}_{\mu\nu\tau} = g^{\mu\nu}\left[-\frac{\partial}{\partial x_\tau}\left\{ {\mu\nu \atop \tau} \right\} + \frac{\partial}{\partial x_\nu}\left\{ {\mu\tau \atop \tau} \right\} + \left\{ {\mu\sigma \atop \tau} \right\}\left\{ {\nu\tau \atop \sigma} \right\} - \left\{ {\mu\nu \atop \sigma} \right\}\left\{ {\sigma\tau \atop \tau} \right\}\right] \quad (30)$$

bilden. Die Mathematiker haben bewiesen, dass dies die einzige Invariante ist, welche aus den $g^{\mu\nu}$ und den ersten und zweiten Ableitungen der $g^{\mu\nu}$ nach den Koordinaten gebildet werden kann, und welche in den zweiten Ableitungen der $g^{\mu\nu}$ linear ist. Es läge ~~also~~ nahe, ~~die zu wählende~~ als Hamilton'sche Funktion $\mathfrak{G}$ für das Gravitationsfeld (bis auf einen konstanten Faktor) ~~gleich~~ die Funktion $K\sqrt{-g}$ zu wählen, da ~~dann~~ bei dieser Wahl die Invarianz des in (26) auftretenden ~~Integrals von (26)~~ erzielt wäre. Diese Wahl hätte aber den formalen Nachteil, dass $\mathfrak{G}$ auch von den zweiten Ableitungen der $g^{\mu\nu}$ nach den Koordinaten abhinge, was wir vermeiden wollen. Das Integral

$$\int K\sqrt{-g}\,d\tau$$

* Hilbert und Lorentz haben zuerst diesen Weg eingeschlagen.

为什么爱因斯坦最终决定发表这个附录的修正形式？洛伦兹和希尔伯特起了什么作用？

> 完成广义相对论以后，爱因斯坦渐渐知道了哈密顿形式的重要作用，并与同行就此进行通信交流。1916 年 1 月，他致信洛伦兹："我能很好地理解你用哈密顿原理的方式，从场方程推导引力所做的尝试。为了方便地推导守恒定律的表达式，我自己也被迫回过头来推导哈密顿函数。"尽管已经完成了这个推导，他并没有把它包含在两个月后最终提交的综述文章中。在同一封信中，他又写道："不过，我必须承认，实际上我在哈密顿原理中所看到的只不过是一种方法，可用来将张量方程体系约化到一个标量方程，守恒定律对此方程总能满足并且容易推导。"

这一页爱因斯坦解释了，如何保证由（76）式中的积分所定义的"作用量"是一个不变量（标量），从而对这个作用量的"变分"会产生广义协变的方程。在脚注中，他指出这个方法是希尔伯特和洛伦兹提议的。在"十月论文"中，爱因斯坦在开篇句中提到希尔伯特和洛伦兹，并且在脚注中提到他们的工作。

> 很可能是洛伦兹和希尔伯特的工作促使爱因斯坦发表他自己的主题版本。他可能早在半年前就完成了。无论如何，以最大普遍性证明协变性和守恒定律之间的关系，这对他来说是很重要的。引用"十月论文"的第一段是有启发性的："最近洛伦兹和希尔伯特已经用一种特别便于理解的方式，通过只从变分原理推导场方程，而成功展示了广义相对论。这篇论文也将这样做。在这里，我的目标是展示广义相对论原理所允许的明晰且全面的基本联系。与希尔伯特的展示相比，对于物质的组成，我将做尽可能少的假设。另一方面，与我自己最近对这个主题的处理相比，坐标系的选择将是完全自由的。"

爱因斯坦将变分方法用到哈密顿量的引力部分，$\mathfrak{G}$。依赖于度规张量的分量和它们的一阶和二阶导数的唯一的适当的不变量，是通过内乘积和缩并，从度规张量和黎曼张量得到的（80）式。现在我们称其为里奇标量。在"十月论文"中，爱因斯坦首次在类似段落中称黎曼张量为黎曼曲率张量。尽管"时空曲率"已成为描述大质量物体对时空效应的通用概念，更早的时候，爱因斯坦并没有使用这个术语。

> 在给外尔的信中，爱因斯坦明确地批判了希尔伯特的方法："希尔伯特关于物质的假设在我看来很幼稚，就像一个什么都不懂的孩子。无论如何，将来自相对论公设的可靠的考虑，与关于电子或物质结构的如此大胆的毫无根据的假设混在一起，是不能容忍的。我很乐意承认，对于电子的结构组成，寻找合适的假设，或者寻找哈密顿函数，是当今理论的最重要任务之一。但是，'公理化方法'在这里几乎没什么用。"最后一句指的是希尔伯特要构造物理学的公理化形式的野心，使它更接近几何学那样的科学[①]。

---

① 希尔伯特曾说过这样一句话："在哥廷根，就连路边的小孩都比爱因斯坦更懂几何学。"爱因斯坦是通过格罗斯曼才懂得了黎曼几何的初步知识，而年长爱因斯坦17岁的希尔伯特精通几何学。不论在当年，还是今后，关于谁先发现引力场方程的争论会一直存在下去。不过，这两位超凡的科学巨匠，将永远受到人类的尊敬。——译者注

(3)

lässt sich nach (30) als Summe von vier Integralen schreiben, von denen die beiden ersten sich durch partielle Integration umformen lassen. Man erhält unter Verwendung der Gleichungen (29a) und (31)

$$-\frac{1}{\kappa}\int K\sqrt{-g}\,d\tau = \int \mathfrak{G}\,d\tau + F, \quad \ldots\ldots (31)$$

wobei gesetzt ist

$$\mathfrak{G} = \frac{1}{\kappa}\sqrt{-g}\,g^{\mu\nu}\left[\left\{{\mu\alpha \atop \beta}\right\}\left\{{\nu\beta \atop \alpha}\right\} - \left\{{\mu\nu \atop \alpha}\right\}\left\{{\alpha\beta \atop \beta}\right\}\right]. \quad \ldots\ldots (32)$$

κ bedeutet eine Konstante, F ein über die Begrenzung des betrachteten vierdimensionalen Gebietes erstrecktes Integral, dessen Integrand eine Funktion der $g^{\mu\nu}$ und $g^{\mu\nu}_\sigma$ ist. Durch diese Wahl von $\mathfrak{M}$ wird zwar nicht die Invarianz des Integrals

$$\int \mathfrak{G}\,d\tau$$

erzielt, wohl aber die Invarianz der Variation dieses Integrals, wenn die $\delta g^{\mu\nu}$ so gewählt werden, dass sie samt ihren ersten Ableitungen an der Begrenzung des Integrationsgebietes verschwinden. Es verschwindet nämlich in diesem Falle δF, sodass man durch Variieren von (32) erhält

$$\delta\left\{\int \mathfrak{G}\,d\tau\right\} = -\frac{1}{\kappa}\,\delta\left\{\int K\sqrt{-g}\,d\tau\right\}$$

Da die rechte Seite dieser Gleichung wegen der Invarianz von K eine Invariante ist, gilt dasselbe auch von der linken Seite.

Während die Kovarianzforderung für die Wahl der Hamilton'schen Funktion $\mathfrak{M}$ der Materie noch unübersehbar viele Möglichkeiten offen lässt, liefert sie uns also die Hamilton'sche Funktion für das Gravitationsfeld, und damit die linke Seite der Gleichungen (28) beinahe ohne jede zusätzliche Voraussetzung.

§ 3. Eigenschaften der Hamilton'schen Funktion $\mathfrak{G}$.

Aus der Thatsache, dass

$$\delta\left\{\int \mathfrak{G}\,d\tau\right\}$$

bei verschwinden der Variationen an den Integrationsgrenzen invariant ist, folgt in bekannter Weise die Invarianz des Integrales

$$\int \delta g^{\mu\nu}\left[\frac{\partial}{\partial x_\alpha}\left(\frac{\partial \mathfrak{G}}{\partial g^{\mu\nu}_\alpha}\right) - \frac{\partial \mathfrak{G}}{\partial g^{\mu\nu}}\right] d\tau.$$

Hieraus folgt wegen des Tensorcharakters und der freien Wählbarkeit der $\delta g^{\mu\nu}$, dass die linke Seite von (28) ein mit $\sqrt{-g}$ multiplizierter

满足守恒原理不需任何限制吗？

在这一页，爱因斯坦构想了哈密顿量引力部分的变分，其形式使它的不变量（标量）特性很明显。他指出，哈密顿量第二部分，$\mathfrak{M}$的选择，有很显著的自由度，不隐含对哈密顿量的引力部分有任何假设或限制，因此，对引力场方程（78）式的左边没有任何假设或限制。

他在 1916 年 11 月给洛伦兹的信中强调了这一点，那时他还随信寄去了“十月论文”：“我尤其要表明的是，关于物质的广义相对论概念，不会对哈密顿函数的选择做出比狭义相对论的公设更高的限制，因为任何$\mathfrak{M}$的选择都满足守恒定律。”接着他又重复了对希尔伯特的批评：“于是，希尔伯特所做的选择看起来是没有道理的。”

1916：艰苦奋斗和崭新开始的一年

1915 年 12 月，爱因斯坦致信贝索：“最大胆的梦想实现了。广义协变性。水星近日点进动非常精确。……你的心满意足却十分疲惫的（ziemlich katputen），阿尔伯特。”

他有足够的理由感到满足并放松一会儿，与朋友和同事交流并享受成功的喜悦。但是他并没有这样做。1916 年是艰苦奋斗和崭新开始的一年。

在完成并提交广义相对论基础手稿以后，爱因斯坦发表的第一篇文章是在一个特定坐标系下场方程的近似解，这个特定坐标系来自天文学家德西特（Willem de Sitter）的提议。在这篇论文中，爱因斯坦讨论了引力波，得出的结论是，加速的大质量天体产生描述时空局域性质的度规上的改变（今天我们称之为曲率的改变），这个改变像波一样，以光速传播。然而，他犯了一个计算错误，导致了奇怪的结果，“引力波传播中没有能量运输”。1918 年，他纠正了这个错误，承认他以前对这个问题的处理“被一个令人遗憾的计算错误破坏了”。他还导出了关于发射引力辐射系统的能量损失的著名公式。然而，这个问题一直存有争议。1937 年，爱因斯坦甚至试图否定引力波的存在。

在对这个问题进行了更多的工作以后，今天，物理学家已经相信加速的大质量天体能够产生引力波。例如，已经证明涡旋双星是强有力的引力波源。由于地球到引力波源的天文距离，引力波在地球上的效应预言为极其微小。尽管进行了广泛的持续的努力，想用越来越灵敏的探测器，通过直接测量探测引力波，这个目标仍然没有实现，仍然是广义相对论研究前沿的一个挑战[①]。

---

① 在本书出版不久后的2015年9月，科学家首次直接观测到了引力波。2016年2月发表了这项探测结果。翌年，诺贝尔物理学奖授予了该项发现。—— 译者注

(4)

kovarianter Tensor ist. Da diese linke Seite nur von den $g^{\mu\nu}$, $\frac{\partial g^{\mu\nu}}{\partial x_\sigma}$, $\frac{\partial^2 g^{\mu\nu}}{\partial x_\sigma \partial x_\tau}$, und von den letzteren Grössen linear abhängt, folgt notwendig, dass diese Grösse gleich

$$\sqrt{-g}\left(\alpha B_{\mu\nu} + \beta g_{\mu\nu} g^{\sigma\tau} B_{\sigma\tau}\right)$$

sein muss, wobei α und β Konstante bedeuten, und $B_{\mu\nu}$ der in (44) angegebene Ausdruck ist, denn es gibt sonst keine derartige Kovariante. Die Konstanten ergeben sich durch Ausrechnen; es ist

$$\left.\begin{aligned} \frac{\partial}{\partial x_\alpha}\left(\frac{\partial \mathfrak{G}}{\partial g^{\mu\nu}_\alpha}\right) - \frac{\partial \mathfrak{G}}{\partial g^{\mu\nu}} &= \frac{1}{\kappa}\sqrt{-g}\left(B_{\mu\nu} - \frac{1}{2} g_{\mu\nu} K\right) \\ K &= g^{\sigma\tau} B_{\sigma\tau} \end{aligned}\right\} \qquad (83).$$

Wir leiten ferner zwei identische Gleichungen ab, welcher die Hamilton'sche Funktion $\mathfrak{G}$ ~~vermöge ihres Zusammenhanges~~ genügt. Zu diesem Zweck führen wir eine infinitesimale Transformation der Koordinaten durch, indem wir setzen

$$x_\nu' = x_\nu + \Delta x_\nu; \quad \ldots\ldots (84)$$

die Δx_ν sind beliebig wählbare, unendlich kleine Funktionen der Koordinaten. x_ν' sind die Koordinaten des Weltpunktes im neuen System, dessen Koordinaten im ursprünglichen x_ν sind. Für jede Grösse oder jede Gruppe von Grössen ψ, die bezüglich beliebiger Koordinatensysteme definiert ist, existiert dann ein Transformationsgesetz vom Typus

$$\psi' = \psi + \Delta\psi,$$

wobei sich $\Delta\psi$ durch die Δx_ν und deren Ableitungen linear ausdrücken lassen muss. Aus der Kontravarianz der $g^{\mu\nu}$ folgt mit Rücksicht ~~Kovarianz der $g_{\mu\nu}$ leitet man mittelst der~~ auf die Gleichung (9) und (84) für die $g^{\mu\nu}$ und $g^{\mu\nu}_\sigma$ die Transformationsgleichungen

$$\Delta g^{\mu\nu} = g^{\mu\alpha}\frac{\partial \Delta x_\nu}{\partial x_\alpha} + g^{\nu\alpha}\frac{\partial \Delta x_\mu}{\partial x_\alpha} \quad \ldots (85)$$

$$\Delta g^{\mu\nu}_\sigma = \frac{\partial \Delta g^{\mu\nu}}{\partial x_\sigma} - g^{\mu\nu}_\alpha \frac{\partial \Delta x_\alpha}{\partial x_\sigma}. \quad \ldots\ldots (86)$$

Da $\mathfrak{G}$ nur von den $g^{\mu\nu}$ und $g^{\mu\nu}_\sigma$ abhängt, ist es möglich, mit Hilfe dieser Gleichungen $\Delta\mathfrak{G}$ zu berechnen. Man erhält so die Gleichung

$$\sqrt{-g}\,\Delta\left(\frac{\mathfrak{G}}{\sqrt{-g}}\right) = \mathfrak{S}_\sigma^\nu \frac{\partial \Delta x_\sigma}{\partial x_\nu} + 2\frac{\partial \mathfrak{G}}{\partial g^{\mu\nu}_\alpha} g^{\mu\nu}\frac{\partial^2 \Delta x_\sigma}{\partial x_\nu \partial x_\alpha}, \quad \ldots\ldots (87)$$

（上一页）采用了引力哈密顿量𝔊的特定形式后，爱因斯坦现在用缩并的黎曼张量（83）式来表达（78）式的左边。张量 $B_{\mu\nu}$ 是主手稿中（44）式里的 $G_{\mu\nu}$。不过在那里，用了 $-g=1$ 的条件来简化这个张量。

爱因斯坦起到了科学传教士的作用

1915 年 11 月，在提交了广义相对论的最终版本以后，爱因斯坦正在为科学界撰写一份理论的全面总结，将包含由当前手稿所代表的所有要素，同时，他也已经在考虑写一本相对论的普及读物，既包含狭义相对论也包含广义相对论。1916 年 1 月，他致信他的朋友贝索："引力的巨大成功使我非常高兴。我正在考虑在不久的将来写一本关于狭义和广义相对论的书，尽管没有强烈愿望的支持，我难以开始。但是如果我不写，这个理论就不会被理解，虽然它基本上是很简单的。"

爱因斯坦在 12 月份完成了手稿，《相对论：狭义和广义理论》这本书获得了巨大成功。1917 年到 1922 年期间，这本书以德语出版了 14 次，在光线弯曲被证实以后，又以其他语言出版了。这些版本在正文和引言中有细微的改动。

在第一版的引言中，爱因斯坦写道："作者力图用最简单、最明白易懂的方式展现这些思想，大体上是按照这些思想产生的次序和联系来写作。"他以这样的愿望结束了引言："希望这本书能给大家带来几小时快乐的启发式思考。"

爱因斯坦相信自然规律能用一些简单的基本原理来构建。这种对于简单性的追求，是他的科学活动的标志。他也认为，用简单的术语对普通大众解释这些原理，并传递理解这些原理所能带来的快乐和满足，是他义不容辞的责任。这本书是爱因斯坦履行他的科学传教士角色的例子之一。

(51)

wobei zur Abkürzung gesetzt ist

$$S_\sigma^\nu = 2\frac{\partial \mathfrak{G}}{\partial g^{\mu\sigma}} g^{\mu\nu} + 2\frac{\partial \mathfrak{G}}{\partial g_\alpha^{\mu\sigma}} g_\alpha^{\mu\nu} + \mathfrak{G}\delta_\sigma^\nu - \frac{\partial \mathfrak{G}}{\partial g_\nu^{\mu\alpha}} g_\sigma^{\mu\alpha} \cdots (88)$$

Es ist andererseits leicht zu beweisen, dass $\frac{\mathfrak{G}}{\sqrt{-g}}$ zwar nicht beliebigen Substitutionen, wohl aber linearen Substitutionen gegenüber eine Invariante ist. Hieraus folgt, dass die rechte Seite von (87) stets verschwinden muss, wenn sämtliche $\frac{\partial^2 \Delta x_\sigma}{\partial x_\nu \partial x_\alpha}$ verschwinden. Daraus folgt sogleich, dass die Identität

$$S_\sigma^\nu \equiv 0 \cdots (89)$$

bestehen muss.

Wählen wir ferner die Δx_ν so, dass sie unter Wahrung der Stetigkeit in infinitesimaler Nähe der Begrenzung eines betrachteten Gebietes verschwinden, so können wir an Gleichung (87) folgende Betrachtung anknüpfen. Bei der ins Auge gefassten infinitesimalen Substitution ist

$$\Delta F = 0.$$

Ferner ist wegen der Invarianz von K und $\sqrt{-g}\,d\tau$

$$\Delta\left\{\int K\sqrt{-g}\,d\tau\right\} = 0$$

Es verschwindet also auch

$$\Delta\left\{\int \mathfrak{G}\,d\tau\right\}.$$

Hieraus folgt wegen der Invarianz von $\sqrt{-g}\,d\tau$ und infolge der Gleichungen (87) und (89) zunächst

$$\int \frac{\partial \mathfrak{G}}{\partial g_\alpha^{\mu\sigma}} g^{\mu\nu} \frac{\partial^2 \Delta x_\sigma}{\partial x_\nu \partial x_\alpha}\, d\tau = 0$$

Formt man diese Gleichung durch zweimalige partielle Integration um, so erhält man mit Rücksicht auf die freie Wählbarkeit der Δx_σ die Identität

$$\frac{\partial^2}{\partial x_\nu \partial x_\alpha}\left(\frac{\partial \mathfrak{G}}{\partial g_\alpha^{\mu\sigma}} g^{\mu\nu}\right) \equiv 0 \cdots (90)$$

Die Gleichungen (89) und (90) sind ein Ausdruck für die Invarianz-Eigenschaften der Hamilton'schen Funktion $\mathfrak{G}$.

在个人磨难与国家灾难之中的科学创造力

在标明为附录的最后一页，爱因斯坦用（90）式结束了“作用量”不变性的证明，从而通过变分方法，证明了从作用量不变性，得到了场方程的广义协变性。手稿结束得有点突然，没有从这个结果中得出最重要的物理结论。在“十月论文”中，爱因斯坦进行了这一步。他从场方程（78）式中导出了引力场的复合能动量守恒定律，强调这只是从引力的场方程中得到的，没有用到物质过程的场方程。

> 1916年仍然是爱因斯坦对广义相对论及其结果审议、出版以及与同行交流的一年。然而，在那年夏天，爱因斯坦还发表了两篇文章，对电磁辐射和物质之间相互作用的量子理论做出了创新性的、影响深远的贡献。他建立了如下的基本原理：(a)原子对辐射的吸收，正比于辐射的密度；(b)原子在自发随机过程中，或者在周围辐射场诱导的过程中发射辐射，发射辐射的概率仍然正比于辐射场的密度；(c)在发射和吸收过程中，原子与辐射场之间既交换能量也交换动量；(d)来自原子的辐射发射不是作为径向波向四面八方散开，而是沿着确定的方向传播。后一条结论证实了辐射的粒子（光子）本性。9月份，爱因斯坦致信贝索：“这样，光量子说可以确立了。”

我们对手稿页的注释包含与相关科学发展和同行交流有关的背景材料。我们没有涉及社会和政治环境，也没有谈到那些年里正在恶化的家庭关系。这些变化对爱因斯坦的影响在许多传记里都讨论过了。在我们强调1916年是崭新开始和杰出科学创造力的一年时，也应该提到，所有这些成就都是在大战撼动欧洲、影响了每一个德国人的生活时取得的。爱因斯坦尤其感到孤独，因为与大多数德国同事不同，他对战争持公开的批评态度。还有，1916年爱因斯坦独自一人生活，他的家庭破裂，他的妻子米列娃带着孩子们回到了苏黎世。

注释页的注记

这些页中的许多引文取自英文版《爱因斯坦全集》(CPAE), Princeton, NJ: Princeton University Press 中的信件和文件。

爱因斯坦档案中尚未印刷在 CPAE 中的文档以 AEA 加档案编号显示。

关于爱因斯坦广义相对论的综合四卷著作是 *The Genesis of General Relativity*, ed. Jürgen Renn (Dordrecht: Springer, 2007)。这里引用了这个汇集里的许多论文。

p. 1

爱因斯坦的《关于狭义和广义相对论(普及本)》的英译本重印在 CPAE vol. 6, Doc. 42, pp. 247-420。引用可在 p. 312 (文件的 p. 69) 上找到。

p. 2

爱因斯坦对马赫的讣告最初发表在 *Physikalische Zeitschrift* 17 (1916): 101-104。重印在 CPAE vol. 6, Doc. 29, pp. 141-145。

关于爱因斯坦所提及的经典力学的认识论缺陷,参见 Jon Dorling, "Did Einstein Need General Relativity to Solve the Problem of Absolute Space? Or Had the Problem Already Been Solved by Special Relativity?" *British Journal for the Philosophy of Science* 29 (1978): 311-323。

p. 3

爱因斯坦在马赫的讣告中 (p. 143 in reference for P. 2), 以及在爱因斯坦《自述》, ed. P. A. Schilpp (La Salle, IL: Open Court [1949] 1979) 中提到了马赫和休谟对他的思想的影响。引用出现在 p. 51。

p. 4

1922 年 12 月 14 日,爱因斯坦在京都帝国大学的一次学生欢迎会上做了演讲。在这次演讲中,爱因斯坦回忆了他的狭义相对论的起源和向广义理论的转变。这次演讲的笔记,"我是如何创造相对论的”，Jun Ishiwara（爱因斯坦演讲的日本译者），印刷在 CPAE vol. 13，Doc. 399。The quotation is on p. 638。

也见爱因斯坦的文章“Fundamental ideas and methods of the theory of relativity，presented in their development”，写于 1919 年 12 月 /1920 年 1 月（CPAE，vol. 7，Doc. 31，p. 21）。

p.6

引用可见于“Geometry and Experience”的 235 页，in CPAE vol. 7，Doc. 52，pp. 208–222. 这是在普鲁士皇家科学院举办的一个讲座的延伸，27 January 1921。

p. 7

洞论据解释在这本书的第二章（p. 25）. 也可参见 Michel Janssen，“‘No Success Like Failure…’:Einstein’s Quest for Relativity，1907–1920”，in *The Cambridge Companion to Einstein*，ed. Michel Janssen and Christoph Lehner（Cambridge:Cambridge University Press，2014），167–227。

p. 9

爱因斯坦在布拉格的最后一篇论文：“On the Theory of the Static Gravitational Field” *Annalen der Physik* 38（1912）：443–458;reprinted in CPAE vol. 4，Doc. 4，pp. 107–120。

p. 10

对格罗斯曼求助，这个常见的引文，是口头相传的。它出现在路易斯·考罗斯的回忆录中，当时他是苏黎世联邦理工学院的数学教授，“Erinnerungen-Souvenirs”，*Schweizerische Hochschulzeitung* 28（1955）：169–173。

致索末菲的信，29 October 1912，in CPAE vol. 5，Doc. 421，p. 505。

参见 Karin Reich，*Die Entwicklung des Tensorkalküls:vom absoluten Differentialkalkül zur Relativitätstheorie*（Basel:Birkhäuser，1994）。

p. 11

致劳厄的信，1911 年 12 月 22 日，在 CPAE vol. 5，Doc. 333，244–245。

爱因斯坦的博士论文重印在 John Stachel，*Einstein’s Miraculous Year*（Princeton，NJ:Princeton University Press，2005），29–43。

致贝索的信，1912 年 3 月 26 日，在 CPAE vol. 5，Doc. 377，276–279。

p. 14

数学策略和物理策略之间的相互交融已在导论中详细描述；也可参见 Michel Janssen and Jürgen Renn，“Untying the Knot:How Einstein Found His Way Back to Field Equations Discarded in the Zurich Notebook”，in *The Genesis of General Relativity*，vol. 2，839–925。

p. 15

参见 Karin Reich，*Die Entwicklung des Tensorkalküls: vom absoluten Differentialkalkül zur Relativitätstheorie*（Basel: Birkhäuser，1994）and Michael J. Crowe，*A History of Vector Analysis: The Evolution of the Idea of a Vectorial System*（New York: Dover，1985）。

p. 17

关于“坐标条件”和“坐标约束”之间区别的进一步讨论，参见 Michel Janssen and Jürgen Renn，“Untying the Knot”，pp. 839–925（see the note for p. 14）。

p.18

在这页末尾提到的爱因斯坦和他的儿子爱德华之间的对话，是爱因斯坦本人告诉记者的，在他访问日本期间也提到过。在许多报纸文章和书中，这个对话都曾被引用。

p. 19

4 篇“十一月论文”在 105 [34] 页。参见 P. 34 的注释。

p. 20

《相对论广义理论的形式基础》首次发表在 *Königlich Preußische Akademie der Wissenschaften*（Berlin）. *Sitzunsberichte*（1914）：1030–1085。

英译本印刷在 CPAE vol. 6，Doc. 9，pp. 30–83。引用可在 p. 46 上找到。

关于平行移动和仿射联络的历史的进一步阅读，参见 John Stachel，“The Story of Newstein or: Is Gravity Just Another Pretty Force? ” in *The Genesis of General Relativity*，vol. 4，pp. 1041–1078。

p. 22

1921 年 5 月，爱因斯坦在普林斯顿进行了四次关于相对论的讲座，这些内容已经被重述了许多次，并以《相对论的意义》为题，被翻译成许多语言。这些内容重印在 CPAE vol. 7，Doc. 71。这一页上的讨论可参考 pp. 330–331。

爱因斯坦为这本书写的介绍，Mario Pantaleo，*Cinquant' Anni di Relatività*（Florence: Editrice universitaria，1955）. 英文版由 John Stachel 翻译。

p. 23

爱因斯坦和格罗斯曼的纲领理论论文重印在 CPAE，vol. 1，Doc. 13。

在致洛伦兹的两封连续的信中，都提到了纲领理论缺少广义协变性：

1913 年 8 月 14 日，CPAE vol. 5，Doc. 467，pp. 349–351；

1913 年 8 月 16 日，CPAE vol. 5，Doc. 470，pp. 352–353。

在 1914 年 3 月 10 日左右致贝索的信中，爱因斯坦表达了对纲领理论完全满意，CPAE vol. 5，Doc. 514，pp. 381－382。

p. 28

对于 1915 年的 4 篇通信，参见 p. 34 的注释。

来自巴巴拉·李的信，在 *Dear Professor Einstein：Albert Einstein's Letters to and from Children*，ed. Alice Calaprice（Amherst，NY：Prometheus Books，2002），139－140。

p. 30

爱因斯坦致爱伦弗斯特，1916 年 1 月 24 日（或更晚些），CPAE vol. 8，Doc. 185，pp. 249－254。

这里的爱因斯坦和洛伦兹的通信是指，爱因斯坦致洛伦兹，1916 年 1 月 17 日，CPAE，vol. 8，Doc. 183，pp. 179－181，信的开头是“我收到了你的三封信，非常高兴你赞同……”

关于拉格朗日形式的进一步参考资料，参见 Cornelius Lanczos，*The Variational Principles of Mechanics*（London：Dover，1986）。

p. 31

参见 Jürgen Renn and John Stachel，“Hilbert's Foundation of Physics：From a Theory of Everything to a Constituent of General Relativity”，in *The Genesis of General Relativity*，vol. 4，pp. 857－973。

p. 32

《自述》，p. 28－29（see the note for p. 3）。

p. 33

爱因斯坦，“Physics and Reality（1936）”，in *Out of My Later Years*（New York：Philosophical Library，1950）。

p. 34

4 篇“十一月论文”重印在 CPAE，vol. 6：

1915 年 11 月 4 日，《关于广义相对论》，Doc. 21，pp. 98－106；

1915 年 11 月 11 日，《关于广义相对论（补遗）》，Doc. 22，pp. 108－110；

1915 年 11 月 18 日，《以广义相对论解释水星近日点进动》，Doc. 24，pp. 112－116；

1915 年 11 月 25 日，《引力场方程》，Doc. 25，pp. 117－120。

爱因斯坦致汉斯·爱因斯坦，1915 年 11 月 4 日，CPAE vol. 8，Doc. 134，p. 140。

p. 35

爱因斯坦为诺特写的讣告，《已故的艾米·诺特》作为给《纽约时报》编辑的公开信发表于

1935 年 5 月 3 日。

爱因斯坦致赞格尔，1915 年 11 月 26 日，CPAE vol. 8，Doc. 152，pp. 150-151。

11 月 20 日，希尔伯特提交了一篇关于电磁和引力统一理论的论文给哥廷根皇家学会，发表于 1916 年 3 月 31 日，题为“Die Grundlagen der Physik（Erste Mitteilung）” *Königliche Gesellschaft der Wissenschaften zu Gottingen. Mathematisch- Physikalische Klasse. Nachrichten*（1915）：395-407。

p. 36

参见《相对论广义理论的形式基础》（详见 p. 20 的注释）。

进一步参考资料：Olivier Darrigol，*World of Flow: A History of Hydrodynamics from the Bernoullis to Prandtl*（New York：Oxford University Press，2005）。

p.37

爱因斯坦，《电动力学麦克斯韦场方程的新的形式解释》，普鲁士皇家科学院大会报告，1916 年 2 月 3 日；重印在 CPAE，vol. 6，Doc. 27，pp.132-136。

爱因斯坦致洛伦兹，1915 年 9 月 23 日，CPAE vol. 8，Doc. 122，pp. 131-132。

p. 38

1920 年 10 月 27 日，应洛伦兹之邀，爱因斯坦在莱顿大学发表了就职演讲，在那里他被任命为特聘教授。

演讲的文本《以太和相对论》重印在 CPAE vol. 7，Doc. 38，pp. 161-182. 引用内容在 181 页上。

参考《自述》引文，p. 33（详见 p. 3 的注释）。

p. 39

冯·劳厄，*Die Relativitätstheorie. Band 1: Die spezielle Relativitätstheorie*（Braunschweig：Friedr. Vieweg & Sohn，1911）。

关于历史性的讨论，参见 Michel Janssen 和 Matthew Mecklenburg，“From Classical to Relativistic Mechanics：Electromagnetic Models of the Electron”，in *Interactions: Mathematics*，*Physics and Philosophy*，*1860—1930*，ed. V. F. Hendricks et al.（Berlin：Springer，2007），65-134。

冯·劳厄致史立克，1913 年 8 月 19 日（Inv.- Nr. 108/Lau- 15），Noord-Hollands Archief Haarlem（NL）。

p. 40A

《哈密顿原理和广义相对论》，重印在 CPAE vol. 6，Doc. 41，pp. 240-245。

p. 41

爱因斯坦致贝索，1915 年 12 月 21 日，CPAE vol. 8，Doc. 168，p. 163。

施瓦兹希尔德致爱因斯坦，1915 年 12 月 22 日，CPAE vol. 8，Doc. 169，pp. 163－164。

爱因斯坦致施瓦兹希尔德，1916 年 1 月 9 日，CPAE vol. 8，Doc. 181，pp. 175－177。

1916 年 6 月 29 日，在普鲁士皇家科学院举行的一次公开会议上，爱因斯坦发表了纪念施瓦兹希尔德的演讲，文本印刷在 CPAE（德文）vol. 6，Doc. 33，pp. 358－361. 在 CPAE 英译本中没有重印。

p. 42

爱因斯坦致黑尔，1913 年 10 月 14 日，CPAE vol. 5，Doc. 477，pp. 356－357。

爱因斯坦致爱伦弗斯特，1914 年 4 月 2 日，CPAE vol. 8，Doc. 2，pp. 9－10。

爱因斯坦致施瓦兹希尔德，1916 年 1 月 9 日，CPAE vol. 8，Doc. 181，pp. 175－177。

进一步的参考资料：Klaus Hentschel，*The Einstein Tower：An Intertexture of Dynamic Construction，R elativity Theory，and Astronomy*（Palo Alto，CA：Stanford University Press，1997）。

p. 43

1913 年 9 月 23 日，爱因斯坦在维也纳举行的德国自然科学家和医生学会第 85 次会议上发表了演讲。演讲出版在 *Physikalische Zeitschrift* 14（1913）：1249－62. 重印在 CPAE vol. 4，Doc. 17，pp.198－222. 诺德斯特吕姆理论的引证在 p. 207。

p. 44

其他人则认为爱因斯坦在 1921 年首次访问美国后才成为名人的，参见 Marshall Missner，"Why Einstein Became Famous in America，" *Social Studies of Science* 15：2（May 1985）：267－291。

进一步参考资料，可参见 Jean Eisenstaedt，*The Curious History of Relativity：How Einstein's Theory Was Lost and Found Again*（Princeton，NJ：Princeton University Press，2006）。

p. 45

关于水星近日点进动，参见 John Earman 和 Michel Janssen，"Einstein's Explanation of the Motion of Mercury's Perihelion，" in *The Attraction of Gravitation*，ed.J. Earman，M. Janssen and J. D. Norton，vol. 5 of *Einstein Studies*（Boston：Birkhäuser，1993）129－172，130，and 164n6。

p. 46

爱因斯坦致哈比切特，1907 年 12 月 24 日，CPAE vol. 2，Doc. 69，p. 47。

p. A1

《哈密顿原理和广义相对论》，重印在 CPAE vol.6，Doc. 41，pp. 240－245。

p. A2

爱因斯坦致洛伦兹，1916 年 1 月 19 日，CPAE vol. 8，Doc. 184，pp. 181－182。

爱因斯坦致外尔，1916 年 11 月 23 日，CPAE vol. 8，Doc. 278，pp. 265–266。

p. A3

爱因斯坦致洛伦兹，1916 年 11 月 13 日，CPAE vol. 8，Doc. 276，pp. 263–264。

爱因斯坦致贝索，1915 年 12 月 21 日，CPAE vol. 8，Doc. 168，p. 163。

爱因斯坦，“Über Gravitationswellen”，*Königlich Preußische Akademie der Wissenschaften* (Berlin). *Sitzungsberichte* (1918)：154–167；重印在 CPAE vol. 7，Doc. 1，pp.9–27。

爱因斯坦 and Nathan Rosen，“On Gravitational Waves”，*Journal of the Franklin Institute* 223 (1937)：43–54。

进一步参考资料：Daniel Kennefick，*Traveling at the Speed of Thought: Einstein and the Quest for Gravitational Waves* (Princeton，NJ: Princeton University Press，2007)。

p. A4

爱因斯坦致贝索，1916 年 1 月 3 日，CPAE vol. 8，Doc. 178，p. 171。

《狭义和广义相对论》(普及本)，vol. 6，Doc. 42，pp.247–417。

p. A5

关于辐射的量子理论的论文：

“Emission and Absorption of Radiation in Quantum Theory”，*Deutsche Physikalische Gesellschaft*，*Verhandlungen* 18 (1916)：318–323; reprinted in CPAE vol. 6，Doc 34。

“On the Quantum Theory of Radiation”，*Physikalische Gesellschaft Zurich*，*Mittelungen* 18 (1917)：47–62; also in *Physikalische Zeitschrift* 18 (1917)：121–128; reprinted in CPAE vol. 6，Doc. 38。

爱因斯坦致贝索，1916 年 9 月 6 日，CPAE vol. 8，Doc. 254，p. 246。

附言：好戏还在后头

美满的局终？

爱因斯坦手稿的发表，结束了大约十年前开始的曲折而富含戏剧性的智力之旅。毫无疑问，这算是一个美满的结局，因为它实现了爱因斯坦投身于这项事业的最高目标。的确，他得到了一个广义协变的引力场理论，该理论既在数学上优美，又在物理上合理。这似乎也满足了他的哲学抱负，因为这个理论遵从一些探索性的理由，这些理由形成了他的出发点，并且自学生时代以来，爱因斯坦读了马赫的著作后，就受到启发进而思考这些论据。在新理论中，牛顿形而上学的绝对空间概念已无立锥之地，他所声称的所有物理效应，比如惯性力，显然可以追溯到物质的效应。

然而，1916 年，当爱因斯坦对他的杰作进行最后的润色时，人们也可以从更冷静的视角，维护他所取得的成就。他的杰作对他周围的世界来说并不重要，那场战争正在以从未有过的残酷和鲁莽摧毁欧洲文明。甚至连他在柏林的有名的学术同仁，也没怎么注意到这个新奇的理论及其意义。爱因斯坦发现很难吸引天文学家来注意他的理论的明显的观测效应，比如引力场中的光线弯曲。渐渐地，他自己痛苦地意识到，他经过如此多的努力所阐述的理论，实际上与他最初打算完成的理论不同。爱因斯坦最初的探索法和新理论含义之间的紧张状态，在其进一步的演变中变得更加明显。

运筹黑板之上，决胜千万里之外

重温爱因斯坦的探索法

爱因斯坦最初试图坚持，在马赫对经典力学的批判意义上诠释新理论。正如我们的评论所指出的，如此执着的原因是多方面的。首先，马赫对经典力学的分析，对新理论的形成起到了重要的启发式指导作用。马赫曾断言离心力可能是遥远恒星引起的效应，而不是牛顿绝对空间的效应。因此，爱因斯坦自然期望最终的理论符合马赫的启示。但他也用马赫的批评，来强调他大胆地将传统的相对论原理推广到加速运动的合理性。事实上，对于这种非常规的步骤，几乎没有其他正当理由。在1919 年爱丁顿爵士领导的英国日食探测队，对引力场中光线偏折进行了令人惊叹的确认之前，这种认识论的论证起到了重要作用。相较于可以在狭义相对论框架内构建的竞争理论，这种论证突出了新理论的优势。于是，爱因斯坦所声称的新理论符合马赫的哲学思想，弥补了最初观察证据匮乏的缺憾。

爱因斯坦背对着墙——应归咎于远处马赫的星星吗？

斗转星移：从引力场方程到它的解

广义相对论是一个复杂而数学上精致的理论。写下引力场方程，并未穷尽它的物理内容，爱因斯坦理论至今仍令我们惊叹不已。其进一步的数学阐述，特别是对精确解的寻找，揭示了意想不到的新篇章。找精确解的历程，在理论刚一完成就开始了。例如，爱因斯坦根据他最初的探索法，来研究新理论的数学特征，他相信引力场不是由作为场方程源的物质分布唯一确定的。他断定，解在宇宙边界上的行为也必须明确规定。但是，在物理上如何解释这个要求呢？它如何与马赫思想的断言相关联呢？马赫思想主张空间中物体的惯性性质完全由物质分布决定。

爱因斯坦未能找到关于马赫启发法的边界条件问题的解，后来在 1917 年，他提议用一种全新的方法来解决这个问题，当时他写信给他的朋友爱伦弗斯特，说这个方法可能会把他送进疯人院。[1]

在 1917 年爱因斯坦著名的《广义相对论中的宇宙学思考》中，[2] 他导出了一个满足他对宇宙构成的所有期望的解，包括通过作为引力场源的质量分布来解释宇宙的惯性性质。这个时空描述了一个具有均匀物质分布的空间封闭的静态宇宙。有了这个解，爱因斯坦完全避免了指定适当的边界条件的问题，因为封闭空间没有边界。他还认为，这个模型对应于当时已知的宇宙或多或少的现实图景。当时，我们甚至不清楚在我们银河系之外，观察到的星系构成银河系同一类天体，而宇宙实际上延伸到更远的地方。

现代宇宙学的出现

然而，这些结果对爱因斯坦起作用的代价是修改场方程，以使静态时空是修改后的场方程的解。这个修改是将一个用宇宙学常数 λ 表征的附加项，加到 1915 年场方程中。对于爱因斯坦静态宇宙的马赫哲学观念，宇宙学常数是一个救星。然而，他最终被迫认识到这个常数没有达到它的发明目的，他放弃了它。但是，这个附加项实际上非常合理，而与爱因斯坦在 1916 年所写的相反，所得到的场方程实际上不是符合他的要求的最一般的方程。今天，宇宙学常数在广义相对论的基础上，对解释宇宙加速膨胀起到了重要作用①。[3]

---

① 广义相对论允许存在排斥性的引力，它使宇宙加速膨胀。在牛顿力学中，一个物体的引力强度只与其质量有关，引力总是吸引的。在广义相对论中，引力源也与压强p有关。一些非常有弹性的物质（即负压强$p<-\rho/3$）可以产生排斥性的引力，而不是吸引性的引力。宇宙学常数的$p=-\rho$，其中ρ是质量密度。1998年，两个独立的研究组利用对遥远超新星的测量发现，宇宙正在加速膨胀。这一观测结果，可以用具有宇宙学常数的广义相对论解释。—— 译者注

> 关于爱因斯坦最流行的故事和神话之一是，他把他的“宇宙学常数”想法称为他一生中最大的错误。这个故事的来源可以追溯到乔治·伽莫夫（George Gamow）在《科学美国人》(1956）中的一篇文章，伽莫夫回忆说，许多年前，他曾听到爱因斯坦承认这个想法是“他一生中最大的错误”。伽莫夫又在他的自传《我的世界线》中重复了这一说法。天体物理学家、科普书作者马里奥·利维奥（Mario Livio）在他最近的一本书《聪明的错误》（*Brilliant Blunders*）中报告说，没有证据表明爱因斯坦真的以口头或书面形式发表了这样的声明，而这很可能是伽莫夫的杜撰。然而，这个故事已经被广泛引用；它出现在许多书籍和文章中，并且已经成为爱因斯坦科学传奇中被普遍接受的一部分。[4]

爱因斯坦起初倾向于不考虑新理论与天文学的关系，至少不考虑太阳系以外的天文学。在讨论所谓广义相对论的马赫特征时，爱因斯坦的主要反对者是荷兰天文学家德西特，他对广义相对论在德国以外广为传播做出了很大贡献。[5]与爱因斯坦相比，德西特集中研究场方程各种解的天文学后果。1917 年，爱因斯坦用几乎是歉意的口吻写信给德西特:“从天文学的观点来看，我所构建的只不过是一座巨大无比的空中楼阁。但对我而言，相对论的思想是否能继续发展直至完成，或者说是否会陷入矛盾的境地，才是重要而迫切的问题。现在我很满意，能在不遇到矛盾的情况下完成这一想法。这问题再也不折磨我了，而先前它确实使我坐卧不宁。”[6]

在爱因斯坦的《宇宙学思考》发表后不久，德西特证明了，即使修正的场方程也允许一种解，其中没有物质作为引力场的来源。[7]然而，在这个时空中运动的测试粒子确实具有不能解释为马赫“远星”效应的惯性性质。与爱因斯坦的解相反，在德西特解中，物质密度与宇宙半径之间没有关系。爱因斯坦和德西特的宇宙学解成为激烈辩论的主题，并构成了主要备选方案。它们甚至激发了天文学家埃德温·哈勃（Edwin Hubble）在 20 世纪 20 年代末对遥远星系的观察，最终竟然推翻了对静态宇宙的信仰，这显然违背了他自己的初衷。

爱因斯坦对广义相对论中惯性的马赫解释，从强加于理论本身的要求，逐渐转变为只适用于理论特殊解的标准。他很快认识到，在这个理论中，仅仅通过物质的存在来解释惯性效应，不是普遍正确的。为了使他的探索式预期精确，在 1918 年爱因斯坦明确地引入了他所谓的“马赫原理”。[8]它要求对于满足这个原理的解，引力场完全由出现在场方程右边的，以能量-动量张量形式作为场源的物体质量决定。爱因斯坦以这种方式把马赫的初始思想，从力学的语言转化成场论的语言。

随后，爱因斯坦开始越来越多地详细阐述广义相对论的场论解释，但代价是不再强调他最初的探索法的力学根源。他对马赫思想的态度也发生了相应的改变。1920 年后，按照马赫对经典力学的哲学批判来解释广义相对论的程序，在爱因斯坦的研究中不再发挥重要作用。这种兴趣的转移主要是由于他的研究项目，重新定向到从 1919 年开始的引力和电磁统一场论的方向。爱因斯坦在统一场论的研究过程中，从最初的马赫学说认为物质将起主要作用，而空间概念是派生出来的，他已经走过了很长的路。

尽管如此，马赫原理的问题仍然是开放的，因为它现在与爱因斯坦的宇宙学思想密切相关。这些基本上与他同时代的人思想一致。事实上，在 1917 年到 1930 年之间，盛行的争论主题是，哪个静态宇宙代表了更好的现实模型？1922 年亚历山大・弗里德曼[9]（Alexander Friedmann）和 1927 年乔治・亨利・勒梅特（Georges Henri Lemaître）[10]提出的宇宙膨胀问题，在很大程度上仍处于观测宇宙学的视野之外。然而，基于地球上的天文观测最终裁定了马赫原理。

爱因斯坦很惊讶：他的“静态”宇宙竟然在膨胀！

这个裁定是随着天文学证据的积累而得出的，这些证据支持宇宙在膨胀，决定性的贡献是哈勃在 1929 年发表的工作[11]，他在威尔逊山天文台工作。1931 年初，爱因斯坦在加州理工学院期间，得知了这些结果。爱因斯坦一回到柏林，立即发表了一篇关于宇宙学问题的论文，他指出，哈勃的结果使他的静态宇宙假设站不住脚了。[12] 相反，正如他指出的，这些结果很容易通过最初场方程的动力学解来解释。因此，除了马赫原理，这些结果也至少暂时封存了宇宙学常数的命数。1954 年，在给皮拉涅（Felix Pirani）的一封信中，爱因斯坦写道："在我看来，根本不应该再谈论马赫原理。在马赫原理的时代，人们认为'可衡量的物体'是物理上唯一真实的实体，不能由这些物体完全确定的理论，其所有要素都是应该避开的。（我很清楚，我自己长期受到这种固定想法的影响。）"[13] 在 1954 年版《爱因斯坦的相对论：狭义和广义理论》（普及本）的附录中，他回到了相对论和空间问题，以一种使非专业读者也能够理解的方式，阐述了他的最终观点。

从施瓦兹希尔德解的困惑到黑洞

我们在这里所阐述的马赫启发法，对于伴随爱因斯坦走向广义相对论的其他启发式要素同样有效。结果表明它们也需要重新解释和修订，这是一个过程，标志着广义相对论的观念发展，不断进行直到今天。另一个著名的例子，是诸如恒星那样的广义相对论中的中心引力场。早在 1915/1916 年的冬天，施瓦兹希尔德就导出了广义相对论的极少数精确解之一，描述了爱因斯坦以前用近似方法处理的情况。[14]

虽然施瓦兹希尔德关于精确解的工作，为广义相对论的三个经典检验中的两个——水星的近日点进动和光线的弯曲——提供了理论基础，但其物理解释的某些方面，在其构建以后的半个多世纪以来一直存在争议。特别是，所谓的施瓦兹希尔德半径的物理意义尚不清楚。最初，它似乎构成了当物体的质量集中在那个半径的

不得越雷池一步！黑洞就在后面。

球体内时出现的解的奇异性。1922 年，当爱因斯坦第一次面对这个问题时，他确信这个半径仅仅代表了一个数学上的人为结果，因为这个极限在物理上永远无法达到。[15] 在 1939 年，他甚至发表了一个计算，他想证明大自然不会允许这种奇怪的物理行为。[16] 通过许多物理学家、数学家和天文学家在随后几年中的共同努力，施瓦兹希尔德解的探索才与彻底理解恒星坍缩联系起来。这项工作最终使人们认识到，我们的宇宙不仅在膨胀，而且充满了诸如黑洞这样预示大灾变的天体。

广义相对论：从低潮到高潮

广义相对论提出之后，在时间上第一次世界大战是分界线，战争一结束，广义相对论就成为科学界国际合作的标志。爱丁顿探测队确认的引力光线弯曲是这种合作精神的高潮。后来，致力于这个理论的努力逐渐减少，部分原因是量子理论兴起引起的激奋。第二次世界大战使物理学家们的注意力，进一步从追求爱因斯坦理论的深奥蕴涵中脱离出来。这场战争还使科学界更加激进地分裂开来，摧毁了许多人的事业和生活，他们本来可以进一步合作发展爱因斯坦理论的。在某种意义上，广义相对论逐渐退居幕后，在很大程度上被认为与主流物理学无关，仅限于对牛顿原本已被证实的引力理论的一些小调整做出解释。科学史学家斯塔特（Jean Eisenstaedt）将这一时期贴切地描述为“广义相对论的低潮期”。[17] 当然，一些科学家在一些方向取得了重要的见解，但这些见解往往很快就被遗忘了。广义相对论的真正复兴只是在战争之后才开始，很快将被新的天文发现所加强。在复兴前夕，约翰·辛格（John Synge）在他的 1960 年教科书的前言中，描述了广义相对论有点神秘的地位：

> 在所有物理学家中，广义相对论学家的社会承诺最少。他是引力理论的伟大专家，并且引力的社会意义重大，但是在建造塔、桥梁、轮船或是飞机时，人们不咨询他，甚至宇航员也用不着他，直到他们开始怀疑自己的信号在哪个以太中传播。在象牙塔里钻牛角尖并不对所有人的胃口，毫无疑问，许多相对论学家期待着有一天，政府会就重要问题征求他们的意见。但是“重要”是什么意思呢？科学有双重目的：认识自然和征服自然，但在人类的智力生活中，认识自然无疑才是更重要的。既然没有他的世界照样运转，那么，就让相对论学家安然于象牙塔之中，去寻求理解爱因斯坦的理论吧。[18]

很快，辛格所描述的田园诗般的情景发生了变化。今天，广义相对论已经成为日常生活的一部分：如果不考虑狭义和广义相对论的效应，卫星导航的全球 GPS 技术就不会起作用。20 世纪 60 年代，潮流明确地发生了变化，如果没有爱因斯坦的

爱因斯坦探索宇宙所需的只是粉笔和黑板。

理论，就不可能理解那时所发现的类星体和微波背景辐射。突然之间，广义相对论回到了物理学的舞台中央。它看起来难以理解的数学构造，成为解释宇宙的急需工具，这个宇宙原来比爱因斯坦所建议的静态世界更加动态、有趣和多样化。

即使在今天，理论的数学阐述、天文结果的探索，以及它的物理解释继续带来新的问题，并产生意想不到的深刻见解。理论所预测的引力波已由天文观测追踪，但尚未通过直接测量证实[①]。它们将打开一扇通往宇宙的新窗户。实现这种测量的努力最终将广义相对论变成了一门现代的“大科学”，产生了大量新的结果。同时，广义相对论与现代物理学中它的伟大的姊妹理论——量子物理学的关系，也成为全世界理论物理学家关注的焦点。然而，就如爱因斯坦对相对论和量子革命都做出贡献的时候一样，这两个理论之间的关系，至今仍然是一个挑战。

---

① 在本书出版不久之后的2015年9月14日上午9时50分45秒，科学家终于观测到了引力波信号。该信号的频率是35一350赫兹，它与广义相对论预言的双恒星质量黑洞的旋转系统并合的波形一致，这是首次直接观测到引力波，也是第一次观测到双黑洞并合。信号源位于红移$z=0.09$处，距离约为13亿光年。——译者注

注释

[1] Einstein 致 Paul Ehrenfest，4 February 1917，CPAE vol. 8，Doc. 294，p. 282。

[2] A. Einstein,《广义相对论中的宇宙学思考》，*Königlich Preußische Akademie der Wissenschaften* (Berlin). *Sitzungsberichte* (1917)：142-152;reprinted in CPAE vol. 6，Doc.43，pp. 421-432。

[3] 参见 Malcolm Longair,《宇宙的世纪：天体物理学和宇宙学的历史》(Cambridge：Cambridge University Press，2006)。

[4] George Gamow,《引力》，*Scientific American*，March 1961;《我的世界线：非正式自传》，(New York:Viking Press，1970);Mario Livio,《聪明的错误：从达尔文到爱因斯坦；改变我们对生命和宇宙理解的伟大科学家们的巨大错误》，(New York:Simon & Schuster，2013)。

[5] Janssen，Michel,《"不成功便失败……"：爱因斯坦对广义相对论的探索，1907—1920》，in *The Cambridge Companion to Einstein*，ed. M. Janssen and C. Lehner (Cambridge:Cambridge University Press，2014)，pp. 167-227。

[6] Einstein 致 Willem de Sitter，1917 年 3 月前，CPAE vol. 8，Doc. 311，p. 301-302。

[7] 参见注释 5。

[8] A. Einstein,《广义相对论基础》(1918)，CPAE vol. 7，Doc. 4，pp. 33-35。

[9] Alexander Friedmann,《空间曲率的研究》，*Zeitschrift für Physik* 10:1 (1922)：377-386。

[10] Georges Lemaître, "Un Univers homogène de masse constante et de rayon croissant rendant compte dela vitesse radiale des nébuleuses extra-galactiques ", *Annales de la Société Scientifique de Bruxelles* 47 (April 1927)：49。

[11] Hubble, Edwin, "A Relation between Distance and Radial Velocity among Extra-Galactic Nebulae", *Proceedings of the National Academy of Sciences* 15:3 (1929)：168-173。

[12] A. Einstein, "Zum kosmologischen Problem der allgemeinen Reitivitätstheorie", *Sitzungsberichte der Preußische Akademie der Wissenschaften* (1931)：235-237. See also Harry Nussbaumer, "Einstein's Conversion from His Static to an Expanding Universe", *European Physical Journal H* 39 (2014)：37-62。

[13] Einstein 致 Felix Pirani, 2 February 1954 (AEA 17—447.00)。

[14] Karl Schwarzschild, "Über das Gravitationsfeld eines Massenpunktes nach der Einsteinschen Theorie", *Sitzungsberichte der Königlich Preußische Akademie der Wissenschaften* 1916：189-196。

[15] Jean Eisenstaedt, "The Early Interpretation of the Schwarzschild Solution", in *Einstein and the History of General Relativity*:*Based on the proceedings of the 1986 Osgood Hill Conference, North Andover, Massachusetts, 8-11 May 1986*, vol. 1 of *Einstein Studies* (Basel:Birkhäuser, 1986), 213-233。

[16] A. Einstein, "On a Stationary System with Spherical Symmetry of Many Gravitating Masses", *Annals of Physics* 40 (1939)：922-936。

[17] Jean Eisenstaedt, "The Low Water Mark of General Relativity, 1925-1955", in *Einstein and the History of General Relativity*, vol. 1 of *Einstein Studies*, 277-292。

[18] John L. Synge, *Relativity*:*The General Theory* (Amsterdam:North- Holland, 1960)。

广义相对论的起源与形成年表

1902—1909 年，爱因斯坦在伯尔尼瑞士专利局工作。

1905 年 6 月 30 日，爱因斯坦提交《论动体的电动力学》，这是狭义相对论的首个表述。

1905 年 7 月，庞加莱提出了两个与狭义相对论框架相容的引力吸引定律和所有由牛顿定律解释的天文观测。

1905 年 9 月 27 日，爱因斯坦提交《物体的惯性取决于它所含的能量吗？》。这篇论文介绍了质量是物体所含能量的量度的观念。

1906 年 5 月 17 日，爱因斯坦提交《引力中心运动和能量惯性的守恒原理》。这篇论文表明物体的惯性依赖于它所含的能量。

1907 年 5 月 14 日，爱因斯坦提交《相对性原理所要求的能量惯性》。他首次说到“质量和能量的等效性”，但是尚未提到惯性和引力质量之间关系的蕴涵。

1907 年 11 月 5 日，闵可夫斯基讨论了庞加莱的引力定律，并引入了他的四维时空表述。

1907 年 12 月 4 日，爱因斯坦提交《相对论原理及其结论》，这是一篇综述论文，文中他首次探讨了新的引力狭义相对论运动学的含义，并介绍了等效原理以及它的直接观测结果。

1907 年 12 月 24 日，爱因斯坦写信给他的朋友哈比切特，说他试图基于相对论对引力定律的处理来解释水星近日点的进动，但是到目前为止他还没有成功。

1908 年 9 月 21 日，闵可夫斯基作了一次关于时空的讲座，讨论了他的四维狭义相对论框架和牛顿引力定律之间的兼容性。

1909 年 9 月，爱因斯坦开始考虑相对论原理向均匀旋转系的扩展。

1909 年 10 月 15 日，爱因斯坦担任苏黎世大学特聘教授。

1910 年，爱因斯坦把闵可夫斯基的四维表述作为扩展狭义相对论的重要跳板。

1911 年 4 月 1 日，爱因斯坦被任命为德国布拉格大学教授。

1911 年，冯・劳厄发现，狭义相对论中扩展的物理系统的惯性行为必须用能量动量张量来描述，而能量动量张量随后将作为引力场的源起主要作用。

1911 年 6 月 21 日，爱因斯坦提交《关于引力对光线传播的影响》，他预言了经过太阳附近光线的引力弯曲可以通过天文观测来证实。

1911 年 12 月 14 日，亚伯拉罕提交了一系列论文中的第一篇，其中他利用闵可夫斯基的四维时空表述发展了引力理论。

1912 年 2 月 15 日，爱因斯坦批评亚伯拉罕的理论实际上与闵可夫斯基的框架不相容，因为他引入了一个具有可变度规的无限小线元，但没有进一步评论，亚伯拉罕对此进行了回应。

1912 年 2 月 26 日，爱因斯坦提交《光速和静态引力场》。本文在利用等效原理推广牛顿引力定律的基础上，提出了相对论性静态引力场理论。此时，他也一定意识到了一个完备的引力理论需要超越标量理论，也要超越欧几里得几何。

1912 年 3 月 23 日，爱因斯坦提交《关于静态引力场理论》。他纠正了他早期的理论，因为他发现早期理论与动量守恒原理不一致。他意识到引力场可以作为其自身的源，所以修正了他先前的场方程。

1912 年 4 月 15—22 日，爱因斯坦拜访了柏林的天文学家弗雷温德里希，并与他讨论了在日食期间观测引力弯曲的可能性。他们还讨论了引力红移以及引力透镜的概念，爱因斯坦 24 年后才发表。

1912 年 5 月 23 日，爱因斯坦对早先关于静态引力场的论文发表了一篇《增加到证明中的注释》，借助于变分原理重新推导了引力场中的运动方程。在注释的末尾，他指出，这个重构暗示了对于一般情形该如何寻找这个方程，从而指出了线元在广义相对论中的作用。

1912 年 7 月，爱因斯坦发表了《存在一个与电磁感应相类似的引力效应吗？》。本文阐明了马赫的思想以及与电磁学的类比是寻找相对论性引力场理论的重要指导方针。

1912 年 7 月 25 日，爱因斯坦启程前往苏黎世担任苏黎世联邦理工大学教授的职位。

1912 年 8 月，爱因斯坦建立了引力场中一般运动方程的表达式。

1912 年夏天到 1913 年春天，为了找到引力场方程，爱因斯坦与格罗斯曼一起探索黎曼几何的内涵。这一努力被记录在著名的苏黎世笔记中。

1912 年 10 月 20 日，诺德斯特吕姆发表了在狭义相对论框架下的新的引力理论。

1913 年 5 月 28 日之前，爱因斯坦和格罗斯曼完成了《相对论广义理论和引力理论纲领》(纲领理论)。这个理论不是广义协变的，但爱因斯坦最终说服自己，认为这是不可避免的。

1913 年 5 月，在贝索的帮助下，爱因斯坦根据纲领理论导出了水星的近日点进动，得到了正确结果的一半左右。

1913 年 8 月以后，根据贝索的建议，爱因斯坦发展了洞论据，它似乎排除了广义协变理论。

1913 年 9 月 23 日，爱因斯坦在维也纳发表了演讲《关于引力问题的现状》。这里，他把诺德斯特吕姆的狭义相对论性引力理论看成是唯一可行的竞争者。

1913 年 12 月，爱因斯坦在给马赫的信中指出，马赫对牛顿绝对空间观的批判是他的理论的最有力支持。将洞论据作为又一个论据来证明纲领理论的合理性。

1914 年 2 月 19 日，爱因斯坦与福克尔(A. D. Fokker)联合发表了《从绝对微分学的观点看诺德斯特吕姆的引力理论》。

1914 年 3 月 29 日，爱因斯坦抵达柏林，在普鲁士皇家科学院任职。

1914 年 5 月 29 日，在柏林，爱因斯坦与格罗斯曼联合发表了《基于广义相对性理论的引力场方程的协变性》，在这篇论文中，他引入了纲领理论的变分原理。

1914 年 10 月 29 日，在柏林，爱因斯坦提交了《相对论广义理论的形式基础》作为基于纲领理论的广义相对论的结论性解释，他很快就对这个声明感到了后悔。

1915 年 6 月 28 日—7 月 5 日，在哥廷根，爱因斯坦作了几个关于广义相对论的演讲。

1915 年 11 月 4 日，爱因斯坦放弃了纲领理论，并向普鲁士皇家科学院提交了系列论文中的第一篇，题为《关于广义相对论》。在那里，他回到基于黎曼张量的引力理论，然而，还没有达到广义协变性。

1915 年 11 月 11 日，爱因斯坦提交了《关于广义相对论（补遗）》。本文重新解释了他的早期结果，引入了所有物质都是电磁起源的假设。

1915 年 11 月 18 日，爱因斯坦提交了《以广义相对论解释水星近日点运动》，基于新理论的计算给出了期待的结果。

1915 年 11 月 25 日，爱因斯坦以一篇题为《引力场方程》的论文提交了广义相对论的最终版本。

1915 年 12 月 22 日，施瓦兹希尔德与爱因斯坦交流广义相对论的第一个精确解，这个解描述了真空中的球对称引力场。

1915 年 12 月 26 日，爱因斯坦在写给爱伦弗斯特的一封信中，概述了他在 4 篇“十一月论文”中提出的新理论的首次连贯的综合推理。

1916 年 2 月 24 日，爱因斯坦将施瓦兹希尔德的第二篇论文提交给科学院，描述了能量密度均匀的流体球的内部引力场。这个后来被称为施瓦兹希尔德半径的量在这里首次出现，这个半径将在几十年后的黑洞理论中发挥重要作用。

1916 年 3 月 20 日，爱因斯坦提交了《广义相对论基础》。一个未发表的“附录”，题为《基于变分原理的理论表述》。

1916 年 6 月 22 日，爱因斯坦提出了他的《引力场方程的近似积分》，这是他提出引力波可能性的第一篇论文。

1916 年 10 月 26 日，爱因斯坦对《广义相对论基础》的未发表的附录稍加改动，发表了它的新版本，题为《哈密顿原理和广义相对论》。

1916 年 12 月，爱因斯坦完成了他的论述《狭义与广义相对论》（普及本）。

1917 年 2 月 8 日，爱因斯坦提交了论文《广义相对论中的宇宙学思考》，文中他引入了宇宙学常数，以确保一个静态宇宙，并与惯性是由宇宙质量引起的马赫观点相一致。

1918 年 1 月 31 日，爱因斯坦提交了论文《关于引力波》。

1918 年 3 月 6 日，爱因斯坦提交了《关于广义相对论的基础》，在本文中他明确将马赫原理作为广义相对论可容许的解的准则。爱因斯坦也同意克兰茨曼（Erich Justus Kretschmann）的观点，他在 1917 年提出，任何有意义的物理理论都可以用广义协变的形式来表达。

1919 年 9 月 22 日，爱因斯坦所预言的太阳引力场引起光线弯曲得到了日食期间观测的确认。

1921 年 4 月 2 日到 5 月 30 日，爱因斯坦在普林斯顿大学讲学。他的演讲后来形成了以《相对论的意义》为标题的文字。

1922 年 11 月 9 日，爱因斯坦被告知他将获得 1921 年诺贝尔物理学奖。

1922 年 9 月，弗里德曼发表了场方程的动态解，这个解受到爱因斯坦的批评，后来爱因斯坦收回了他的批评。

1927 年 4 月，勒梅特发表了一篇论文，是关于广义相对论的解，描述的是膨胀宇宙。

1929 年 1 月，哈勃发表了一篇关于天文观测的论文，暗示了宇宙的膨胀。

1929 年，爱因斯坦和嘉当之间开始通信交流，除其他主题外，在尝试对其推广的背景下，处理广义相对论的数学重建。

1931 年 4 月 16 日，爱因斯坦发表了一篇关于宇宙学问题的论文，文中他指出，哈勃的结果令他的静态宇宙假设站不住脚了。

1932 年 3 月，在与德西特联合发表的论文中，他撤回了宇宙学常数。

与爱因斯坦思想有关联的物理学家、数学家和哲学家

马克斯·亚伯拉罕（1875—1922）

照片来源：下萨克森州哥廷根大学图书馆

理论物理学家亚伯拉罕主要致力于麦克斯韦的电学理论。1902年，他发展了一种电动力学理论，将电磁场的麦克斯韦微分方程应用于电子动力学。与爱因斯坦在1905年发表的狭义相对论相反，亚伯拉罕的理论基于电磁现象在以太中发生的假设。在接下来的几年里，这两种观点卷入了一场根本性的科学争论。亚伯拉罕掌握了数学技巧，能够完全理解爱因斯坦的理论，但是基于他对以太和电子性质的物理假设，他拒绝接受爱因斯坦的理论。亚伯拉罕是第一个用闵可夫斯基形式提出引力场理论的人，这引起了他与爱因斯坦的另一场争论。

保罗·伯纳斯（1888—1977）

照片来源：ETH-苏黎世图书馆内的档案馆

瑞士数学家伯纳斯从1912年到1919年担任苏黎世大学分析课的讲师。后来，他执教于哥廷根大学，直到1933年，他回到苏黎世。伯纳斯的主要贡献在数学与命题逻辑、公理集合论和基础数学等方面。1914年，他建议爱因斯坦和格罗斯曼在相对论的表述中使用变分法。在哥廷根期间，伯纳斯与希尔伯特合作追求数学的公理化方案，并对希尔伯特关于数学基础的主要著作做出了贡献。

米歇尔·贝索（1873—1955）

照片来源：贝索家族，瑞士洛桑

1896年，爱因斯坦在苏黎世遇到了机械工程师贝索，那时贝索刚成为联邦理工大学的学生。他们成了终生的朋友，一度还成为伯尔尼瑞士专利局的同事。贝索是一个有兴趣的听众，在他和爱因斯坦频繁和长时间的谈话中，他能够提出问题，激发爱因斯坦去讨论、澄清和发展他的想法。贝索在这个过程中的作用是如此重要，以至于在介绍狭义相对论的论文中，他是爱因斯坦唯一感谢的人。

马克斯·玻恩（1882—1970）

照片来源：马克斯·普朗克学会的档案，柏林-达勒姆

玻恩是现代量子物理学的创始人之一。他在不同的大学学习了数学和物理。在哥廷根时，在他的众多老师中，闵可夫斯基介绍他学习了电动力学和狭义相对论。玻恩的第一批论文，写于 1909 年至 1914 年，致力于电子论、相对论、晶体物理和关于比热的爱因斯坦量子理论。在接下来的几年里，他的工作集中于原子物理学和量子物理学的数学发展。1915 年，玻恩被任命为柏林大学理论物理学教授，在那里他成为爱因斯坦的密友。后来，他还在法兰克福执教，从 1921 年起在哥廷根任教，在那里他成立了一个研究小组，在 1925 年构想了量子力学的基础。1933 年，玻恩被迫移居大不列颠。

埃尔温·布鲁诺·克里斯朵夫（1829—1900）

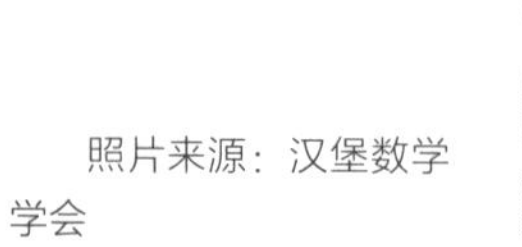

照片来源：汉堡数学学会

德国数学家克里斯朵夫对黎曼的曲面论（黎曼几何）的发展做出了多项贡献。特别是，在 1882 年，他引入了指标记号，用来描述几何量沿曲面的变换。1901 年，库尔巴斯特罗和勒维-西维他将克利斯朵夫记号纳入绝对微分学中。1912 年，格罗斯曼让爱因斯坦知晓了这个数学体系，那时，爱因斯坦正致力于研究他的引力理论的场方程。但是直到 1915 年，当爱因斯坦把克利斯朵夫记号解释为引力场的数学表达式时，才得以建立广义相对论的场方程。

亚瑟·斯坦利·爱丁顿（1882—1944）

照片来源：国会图书馆，印刷品和照片部 [LC-DiggBAI-38064 n]

英国天体物理学家爱丁顿于 1914 年成为剑桥天文台主任。他的研究集中于恒星的物理过程，如辐射和能量产生，以及后来的广义相对论的数学和宇宙学方面。1915 年，通过德西特的论文，爱丁顿了解了爱因斯坦的广义相对论，并很快开始推进它的经验检验。1919 年，他带领探测队去了非洲的普林西比岛，观察日食期间太阳引力场中光线的行为。爱丁顿的观测证实了爱因斯坦理论所预言的光线偏折，这在当时被认为是广义相对论的结论性证明。1979 年，用现代测量设备证实了爱丁顿的结果。

保罗·爱伦弗斯特（1880—1933）

1912年，爱伦弗斯特接替洛伦兹，受聘为莱顿的理论物理学主任。几年前，他和他的妻子阿法那斯瓦（Tatiana Afanasieva）为统计力学做出了重要贡献。1909年，爱伦弗斯特提出了一个悖论，表明刚体与狭义相对论是不相容的。这使爱因斯坦认识到旋转参照系的几何不是欧几里得的。爱伦弗斯特主要研究早期量子论和后来的量子力学。1912年初次相遇以后，爱因斯坦和爱伦弗斯特在许多场合讨论了各种物理问题。爱伦弗斯特还安排了爱因斯坦和玻尔关于量子物理学的一些重要对话。

罗兰德·厄阜（1848—1919）

照片来源：德国博物馆

匈牙利物理学家厄阜，因对毛细管现象研究的贡献首次获得国际认可，但引力及其测量很快成为他毕生工作的重点。为了测量地球对不同物质，或在不同位置施加的引力，厄阜利用了扭摆，这是卡文迪许以前用来测定两个质量之间吸引力的仪器。厄阜发展了完整的扭摆理论，提高了其灵敏度，并设计了新的测量方法。特别地，他对不同物体的重力加速度比率进行了一系列非常精确的测量，证明了引力质量和惯性质量的等价性。基于这个等价性的等效原理成为广义相对论的基石之一。

莱昂哈德·欧拉（1707—1783）

瑞士数学家欧拉，从1727年到1741年是圣彼得堡俄国科学院的成员，从1766年起再次成为其成员。在1741年到1766年期间，他在柏林普鲁士皇家科学院工作。欧拉在几乎所有数学领域都做出了巨大的贡献，如分析、无穷小计算、图论、几何学和三角学、微积分、代数和数论。他还引入了现代数学术语和符号。欧拉在数学方面的工作与技术、天文学和物理学问题的应用密切相关，例如光学、静力学和水力学。特别地，他创建了流体动力学的数学描述，包括爱因斯坦在阐述他的相对论时，所使用的支配流体运动的方程。

欧文·芬莱·弗雷温德里希（1885—1964）

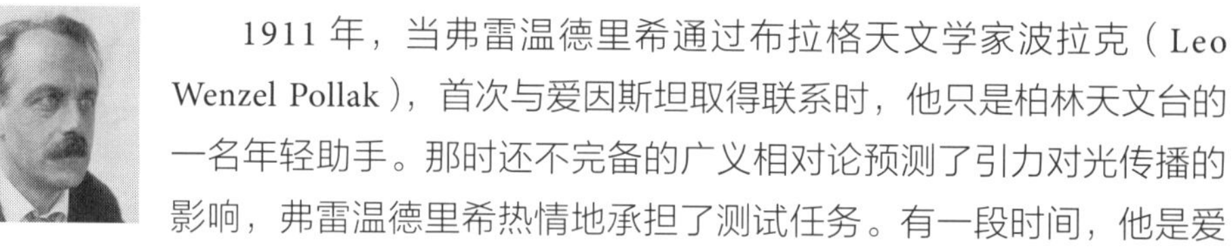

照片来源：J. Staude 档案馆

1911 年，当弗雷温德里希通过布拉格天文学家波拉克（Leo Wenzel Pollak），首次与爱因斯坦取得联系时，他只是柏林天文台的一名年轻助手。那时还不完备的广义相对论预测了引力对光传播的影响，弗雷温德里希热情地承担了测试任务。有一段时间，他是爱因斯坦最密切的合作者之一，但是与其他德国天文学家隔绝，因为他们对爱因斯坦的理论持怀疑态度。1920 年，他是爱因斯坦研究所的主要发起人，这是一座天文台，专门致力于加强爱因斯坦引力理论在天体物理领域的经验基础。在他的科学生涯中，弗雷温德里希组织了几次远征，以观察日食期间的光线偏折，他的研究主要集中在太阳和恒星光谱的波长偏移上。

亚历山大·弗里德曼（1888—1925）

俄国物理学家弗里德曼于 1918 年至 1920 年，在彼尔姆大学任教[①]，随后在彼得格勒（现为圣彼得堡）科学院工作。他的研究集中在理论气象学和流体力学方面，也研究广义相对论的数学和宇宙学方面。在 1922 年和 1924 年发表的两篇论文中，弗里德曼概述了广义相对论框架中的一个非静态宇宙模型，摒弃了爱因斯坦方程中的宇宙学常数。后来，爱因斯坦承认弗里德曼的解是正确的，尽管爱因斯坦一开始并不接受这个解，因为他还没有准备好放弃静态宇宙模型。

乔治·伽莫夫（1904—1968）

照片来源：AIP Emilio Segre 视觉档案馆，Physics Today 收藏

俄国理论物理学家伽莫夫，1934 年移民到美国，受聘为乔治华盛顿大学物理学教授。最初阶段他致力于量子理论和核物理问题的研究，之后的研究集中于宇宙学和核物理在天文现象中的应用。他大力倡导膨胀宇宙理论，为宇宙起源大爆炸理论的发展做出了贡献。伽莫夫写了大量的畅销科普读物。

---

① 彼尔姆系俄罗斯中西部城市，1940 — 1957 年间曾称莫洛托夫，位于乌拉尔山地的西侧，全境覆盖着茂密的森林，现为交通枢纽、工业中心与商业中心。—— 译者注

卡尔·弗里德里希·高斯（1777—1855）

高斯一生中大部分时间都担任哥廷根天文台的主任，但也在数学、几何、力学和折射光学等广泛的科学领域工作，并都做出了重大贡献。特别地，高斯还研究了测地学，并在 1828 年出版了一本关于曲面几何学的书，该书成为微分几何新学科的基础。1912 年，爱因斯坦开始意识到广义相对论的数学形式，和曲面的高斯理论之间的相似性。不久之后，他的朋友格罗斯曼向他介绍了微分几何的现代发展，这门学科的新数学工具能使爱因斯坦完成他的理论。

马塞尔·格罗斯曼（1878—1936）

照片来源：第一届马塞尔 - 格罗斯曼广义相对论会议论文集，Trieste, 1975.— NH, 1977.— ISBN 0720407079

在苏黎世联邦理工大学读书时，爱因斯坦和格罗斯曼就成为亲密朋友。格罗斯曼学习数学，并在 1907 年成为本校画法几何学教授。在接下来的一些年里，他不仅在学术生涯中帮助爱因斯坦，更在他的科学工作中提供直接的帮助。1912 年，格罗斯曼向爱因斯坦介绍了黎曼、里奇和勒维 - 西维他在绝对微分学方面的最新发展。他们共同发展了新的数学工具，建立了相对论的第一个推广，即所谓的纲领理论。

乔治·埃勒利·黑尔（1868—1938）

当天文学家主要关注恒星的位置、运动和距离而不是它们的物理性质时，在他的学生时代，美国天文学家黑尔已经将光谱学方法应用于太阳现象的观察。黑尔利用他的观测，对天体物理学研究的进展做出了巨大贡献，特别是在太阳光谱和太阳黑子磁场方面，并促进了天体物理观测站的建立。1904 年，他建立了威尔逊山天文台[1]，并担任台长直至退休。很可能是由于黑尔在太阳天体物理学方面的权威，导致爱因斯坦在 1913 年就探测太阳引力场中光线偏折的可能性征求了他的意见。

---

① 威尔逊山天文台位于加利福尼亚州，归华盛顿卡内基学会和帕萨迪那的加州理工学院共同管理。威尔逊山是美国圣加列夫山脉的一处山峰，海拔1740米。—— 译者注

海因里希·鲁道夫·赫兹（1857—1894）

德国物理学家赫兹，最先明确证明了麦克斯韦所预言的电磁波。赫兹建立了一个实验装置来发射和接收无线电脉冲，使用的步骤可排除所有其他可能的无线现象。他还发展了一个不包括力的概念的经典力学公式。

戴维·希尔伯特（1862—1943）

1895 年，希尔伯特受聘为哥廷根大学的数学教授。他是他那个时代最有影响的数学家之一，在他的学科的许多分支上都做出了重大贡献，包括不变量理论、代数数论、分析和积分方程理论。大约在 1898—1899 年间，希尔伯特研究几何学的公理基础。追求了所有数学科学公理化安排以后，1912 年，希尔伯特开始研究物理学的公理基础，并获悉了爱因斯坦在广义相对论方面的努力。1915 年，他把爱因斯坦的结果结合在一个电动力学和相对论的统一理论中。

埃德温·哈勃（1889—1953）

照片来源：黑尔天文台，AIP Emilio Segre 视觉档案馆

美国天文学家哈勃 1919 年开始在加利福尼亚威尔逊山天文台工作。通过对银河系星云和变星的研究，他在建立现代银河系外天文学方面发挥了重要作用。在 1929 年发表的一篇论文中，哈勃提供了观测证据，表明一个星系的退行速度随着与观测者距离的增加而增加。几年前勒梅特和弗里德曼在爱因斯坦广义相对论框架内的计算基础上已经阐述了膨胀宇宙，但哈勃最初并没有做出宇宙在膨胀的结论。哈勃的结果说服了爱因斯坦，放弃他为维持静态宇宙模型而在场方程中引入的宇宙学常数。

大卫·休谟（1711—1776）

18 世纪中叶，特别是在爱丁堡和格拉斯哥，发生了代表文化和科学繁荣的苏格兰启蒙运动，休谟是启蒙运动的重要人物。休谟不仅是一位历史学家，他还是一位哲学家。他的思想涉及政治理论、经济学、伦理学、逻辑学和认识论。休谟认为，所有的观念都是基于感知，也就是通过感官的体验，而知识则是实验推理的结果，也就是对经验数据的反映。因此，不可能对不能体验的东西做出断言。关于科学思维，休谟认为，事实、科学规律或因果关系之间的必然联系，是人们通过重复经验而形成的思维结构，并没有形而上学的存在。

弗里德里希·科特勒（1886—1965）

照片来源：AIP Emilio Segre 视觉档案馆，美国《今日物理》杂志收藏

科特勒是维也纳大学哲学学院的数学物理教授。他对狭义相对论的进一步发展做出了重要贡献。基于闵可夫斯基、索末菲和劳厄在四维电动力学方面的工作，科特勒在 1912 年首次使用里奇-库尔巴斯特罗和勒维-西维他的绝对微分在广义坐标中表达了麦克斯韦方程。然而，他并没有把这项工作与引力问题联系起来。后来，爱因斯坦在发展广义相对论时利用了科特勒的工作。在 1939 年移民到美国后，科特勒在柯达公司当了多年的化学家。他于 1956 年回到奥地利，重新当上了大学教授。

埃里克·贾斯特斯·克里奇曼（1887—1973）

照片来源：哈雷大学档案馆，Rep. 40/I, K 62

德国物理学家克里奇曼，跟随普朗克和鲁本斯在柏林大学学习，1914 年获得博士学位。他曾为一名中学教师，后来在哥尼斯堡和哈雷担任理论物理学教授[①]。1917 年，他发表了一篇关于爱因斯坦广义相对论的论文，他认为广义协变原理没有物理内容，而只是构成一个数学要求，这一主张导致他和爱因斯坦就广义相对性原理的含义进行了交流。

乔治斯·勒梅特（1894—1966）

比利时天主教神父勒梅特，除了神学研究，还从事天体物理学、宇宙学和数学的研究。1927 年，他被任命为卢万大学的物理学教授[②]。早在 1925 年，勒梅特就致力于将爱因斯坦的广义相对论应用到宇宙学中，并在 1927 年发表了一篇重要论文，不使用爱因斯坦的宇宙学常数，而得到了引力场方程的解。他坚持认为宇宙在膨胀，正如弗里德曼几年前所展示的那样。勒梅特在哈勃之前给出了哈勃退行速度定律的证明。爱因斯坦和勒梅特曾多次讨论过广义相对论，但是直到 1931 年，当爱因斯坦得知哈勃的结果以后，他才接受了理论的宇宙学推论。

---

① 第二次世界大战后，据波茨坦协定，哥尼斯堡划归苏联，称加里宁格勒。哈雷是德国中东部城市，位于萨勒河东岸，早在旧石器时代就有人居住，新石器时代的文物有公元前4000年的彩陶，公元968年建市。—— 译者注

② 卢万是比利时布拉班特省的城市，卢万公教大学（Catholic University of Louvain）以天主教研究中心而享有盛名，用法语和荷兰语授课。—— 译者注

图利奥 · 勒维 – 西维他（1873—1941）

意大利数学家勒维 - 西维他，任教于帕维亚大学、帕多瓦大学[①]，最后是罗马大学。他出版了大量关于纯数学和应用数学的著作，尤其涉及分析力学、天体力学、流体动力学、弹性、电磁学和原子物理学。大约在 1899—1900 年，勒维–西维他和他的老师里奇–库尔巴斯特罗写了一篇关于绝对微分学及其应用的重要论文，讨论在欧几里得和非欧几里得空间中用绝对微分表达几何和物理定律。后来，爱因斯坦和格罗斯曼利用并发展了这些新的数学工具来阐述广义相对论。在 1915—1917 年间，爱因斯坦和勒维–西维他就广义相对论的数学问题进行过通信交流。

亨德里克 · 安东 · 洛伦兹（1853—1928）

荷兰物理学家洛伦兹于 1877 年受聘为莱顿大学教授。他最有影响力的贡献涉及光和电磁理论以及电子理论。从麦克斯韦的电磁理论出发，洛伦兹发展了他的电子理论，特别是基于静止以太假设的动体电动力学。然而，洛伦兹的电动力学构成了爱因斯坦狭义相对论的基础，而狭义相对论是抛弃了介质以太的。洛伦兹承认爱因斯坦理论的一致性，并为此做出了贡献，但他仍然支持以太的存在。在后来的几年中，洛伦兹也为广义相对论的发展做出了贡献。

恩斯特 · 马赫（1838—1916）

奥地利物理学家和哲学家马赫，1867 年受聘为布拉格大学物理学教授，1895 年受聘为维也纳大学历史和科学哲学教授。他的物理研究致力于光学问题（多普勒效应）和声学（声波）。为此，马赫还研究了感官知觉的生理学和心理学，并在 1886 年出版了一本关于这方面的书。这些研究使马赫质疑当时盛行的机械论和原子论观点，并形成了一个有力地影响 20 世纪逻辑实证主义的经验知识论。特别是，在 1883 年出版的一本关于力学史的书中，马赫阐述了对牛顿绝对空间观的批判，这在导致爱因斯坦建立广义相对论的反思中，起到了重要作用。

---

① 帕多瓦是意大利东北部城市，位于威尼斯西面，巴奇格莱恩河畔。帕多瓦大学建于1222年，它的天文台建于1761年。帕维亚是意大利北部城市，位于米兰南部，蒂基诺河与波河汇流处。帕维亚大学建于1361年，有意大利的牛津大学之称，尤以法律、理工、医学研究著称。—— 译者注

詹姆斯·克莱克·麦克斯韦（1831—1879）

英国物理学家麦克斯韦，除了对几何光学、气体动力学理论、热力学以及其他理论和实验物理领域的贡献外，他最著名的贡献是对电磁学的研究。在1860—1862年间，他首次用一组方程将电磁和光学现象描述为电磁场的表现，并且提出了光本身由电磁波组成的假设。麦克斯韦电磁场方程组成为爱因斯坦狭义相对论的出发点。

古斯塔夫·米（1869—1957）

照片来源：Leopoldina档案馆，02/06/64/70, MM 3412

德国物理学家米，于1902年受聘为格赖夫斯瓦尔德大学教授，后来在哈雷和弗赖堡的大学任教[①]。除了在胶体中的光学现象、有机化合物的X射线分析和电磁学方面的贡献，米最有影响的工作是1912年出版的物质理论。它代表了在爱因斯坦狭义相对论框架下，麦克斯韦电动力学的非线性扩展，希望能够将粒子解释为从场获得的性质。米还试图将引力包含在他的电动力学中，这是希尔伯特后来采取的一种尝试。

赫尔曼·闵可夫斯基（1864—1909）

闵可夫斯基从1896年到1902年在苏黎世联邦理工大学任数学教授，之后在哥廷根大学任数学教授。爱因斯坦在苏黎世学习期间，曾听过他的好几门课。闵可夫斯基创立并发展了数论几何，一种解决数论问题的几何方法。此外，他将这种方法应用到数学物理和相对论领域。1907年，他证明了爱因斯坦的狭义相对论可以从几何上理解为四维时空理论。闵可夫斯基对狭义相对论的几何阐述，成为爱因斯坦阐述相对论推广理论的基础。

---

① 格赖夫斯瓦尔德是德国东北部城市，靠近吕克河口。格赖夫斯瓦尔德大学建于1456年。弗赖堡是德国巴登－符腾堡州西南城市，南邻瑞士，西接法国。弗赖堡阿尔贝特－卢德维希大学（Albert Ludwig University of Freiburg）创建于1457年，现设有神学、法律、医学、经济、哲学、自然科学、生物学和林学等学科。——译者注

瓦尔特·能斯脱（1864—1941）

能斯脱于 1905 年受聘为柏林大学物理化学教授，并领导物理化学和应用物理研究所。凭借他在电化学、固态化学、光化学和气体热力学方面的工作，能斯脱为物理化学的建立做出了贡献。1905 年，他阐述了所谓的热力学第三定律。证实定律的实验也证实了爱因斯坦关于固体比热的量子论预言。能斯脱是科学研究的伟大组织者和科学机构的倡导者。作为普鲁士皇家科学院的成员，他在爱因斯坦当选为科学院成员以及随后移居柏林的过程中，发挥了决定性作用。

艾米·诺特（1882—1935）

德国数学家诺特被认为是现代代数的奠基人之一，但是在 1922 年她获得哥廷根大学教授职位以前，她不得不战胜偏见，力争妇女学习及追求学术生涯的权利。在她获得教授职位以前，诺特已经对代数不变量理论做出了重大贡献，例如在 1918 年发表了重要的诺特定理，这条定理也为爱因斯坦广义相对论中的守恒定律提供了一般的数学论证。在接下来的几年里，诺特对拓扑学和数学的其他领域做出了贡献。最重要的是，她创立和发展了抽象代数的新领域。

贡纳·诺德斯特吕姆（1881—1923）

芬兰理论物理学家诺德斯特吕姆，在 1910 年成为赫尔辛基大学的讲师，后来又成为那里的理工大学的教授。在学生时期，他就已经写了关于闵可夫斯基的电动力学和相对论的论文。1912 年，他构想了一种狭义相对论性引力理论，并在随后的几年里发表了几个关于这个问题的工作。诺德斯特吕姆本人曾多次与爱因斯坦讨论相对论问题，例如，1913 年在苏黎世进行的讨论。后来，诺德斯特吕姆从事放射性研究，同时还对电学理论和热力学进行了研究。

格雷戈里奥·里奇－库尔巴斯特罗（1853—1925）

意大利数学家里奇－库尔巴斯特罗，1880 年开始在帕多瓦大学任教，并在那里工作长达 40 年。他发表了关于高等代数、无穷小分析和实数理论的著作，但最著名的是发明了绝对微分，一种无论使用什么变量系统，公式和结果都保持相同形式的微积分。1900 年，里奇－库尔巴斯特罗和他的学生勒维－西维他，写了一篇关于绝对微分及其在几何，尤其是在黎曼流形应用上的完整论述。1912 年，格罗斯曼认识到绝对微分的数学语言可以用来阐述爱因斯坦的广义相对论。

伯恩哈德·黎曼（1826—1866）

在高斯的指导下，德国数学家黎曼在哥廷根开始学习数学，后来接替了高斯的教授职位。他对分析、数论和微分几何做出了持续的贡献。高斯的微分几何是处理三维空间中的曲面，1854 年，黎曼将其扩展为 n 维空间的曲面理论，即熟知的黎曼几何，从而为爱因斯坦的广义相对论奠定了基础。为了刻画这种曲面，他引入了曲率张量，这成为广义相对论的重要数学工具。

莫里茨·史立克（1882—1936）

德国哲学家史立克，是维也纳学派的创始人。在完成物理学学习之后，史立克转向哲学，关注伦理学、认识论和科学哲学问题。1922 年，作为马赫的继任者，他被任命为维也纳大学的教授。1915 年，史立克已经发表了一篇关于爱因斯坦相对论的哲学含义的论文，讨论了爱因斯坦对远距离同时性概念的澄清。在随后的一本关于当代物理学中空间和时间概念的书中，史立克解释了爱因斯坦对非欧几里得几何的采用。1918 年，他发表了一篇关于认识论的重要著作。他认为，物理上的真实是以时空的巧合为特征的，这一概念在解决爱因斯坦声名狼藉的洞论据方面起了推动作用。

卡尔 · 施瓦兹希尔德（1873—1916）

照片来源：波茨坦莱布尼茨天体物理学研究所（AIP）

德国天体物理学家施瓦兹希尔德，是哥廷根大学的天文学教授，1901 年至 1909 年担任当地天文台的主任。后来，他成为波茨坦天体物理天文台的主任。早年，施瓦兹希尔德的工作集中在天体力学和恒星测光方面。他是第一个在天文观测中系统使用摄影的人。后来，他还关注几何光学、电动力学和光谱学在天体物理现象中的应用问题。1914 年，施瓦兹希尔德尝试观察爱因斯坦广义相对论所预言的太阳光谱中的引力红移。在 1915 年和 1916 年，他是首位找到爱因斯坦场方程精确解的人。

威廉 · 德西特（1872—1934）

照片来源：© 德国博物馆照片

1908 年，荷兰天文学家德西特受聘为莱顿大学教授，1919 年成为天文台主任。他的主要贡献涉及天体力学、恒星光度学、恒星视差的测量以及相对论在宇宙学中的应用。1913 年，德西特在双星观测中，为光速的恒定性提供了天文学证据，从而证实了爱因斯坦的狭义相对论。1916—1917 年间，他发表了关于爱因斯坦引力理论的天文学推论的论文，这引起了爱丁顿的注意，并促成了他在 1919 年的日食探险。1932 年，德西特和爱因斯坦合作了一篇关于宇宙膨胀的论文。

阿诺尔德 · 索末菲（1868—1951）

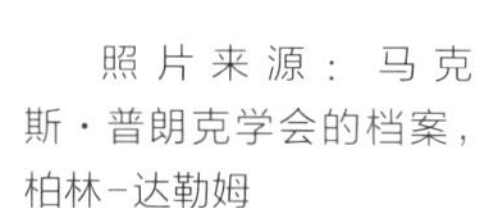

照片来源：马克斯 · 普朗克学会的档案，柏林-达勒姆

德国理论物理学家索末菲，于 1906 年受聘为慕尼黑大学教授。他学习过数学，后来转到数学物理。索末菲成为原子和量子物理学最重要的先驱者之一，1919 年他出版了第一本关于原子和量子物理学的基础书。他是一位优秀的学术教师，并形成了一个颇具影响力的理论物理学派。由于索末菲精通数学工具，他能够把爱因斯坦的狭义相对论应用到不同的物理问题中，从而在 1907—1910 年间为该理论的建立做出了贡献。在这一时期，索末菲和爱因斯坦也经常见面，并讨论早期量子理论的问题。他们在晚年继续通过广泛的通信进行科学交流。

约翰·辛格（1897—1995）

爱尔兰理论物理学家辛格，1925 年被任命为都柏林三一学院的教授，他也在美国和加拿大的几所大学任教。他在不同领域都做出了重要贡献，包括经典力学、几何光学、流体力学、数学物理和微分几何。第二次世界大战后，辛格在相对论研究的复兴和发展中发挥了重要作用，他出版了几本关于相对论的书。

照片来源：© Godfrey Argent 工作室

马克斯·冯·劳厄（1879—1960）

德国理论物理学家冯·劳厄，在 1906 年被任命为柏林大学讲师。在 1914—1919 年间，他是法兰克福大学教授，从 1919 年开始，是柏林大学教授。劳厄特别关注光学中的数学问题，1907 年在爱因斯坦狭义相对论的框架内，对光传播问题作了数学解释。劳厄的工作促进了人们接受狭义相对论。他还通过发展相对论性连续介质力学，对相对论的发展做出了贡献。1912 年，他发现了晶体的 X 射线衍射。劳厄和爱因斯坦在 1906 年初次见面后，成了终生的朋友。

照片来源：Bundes 档案，Bild 183- U0205- 502 / CC- BY- SA

赫尔曼·外尔（1885—1955）

1913 年，德国数学家外尔被任命为苏黎世理工大学的教授，在那里他遇到了爱因斯坦，并开始研究广义相对论的数学特征。1930 年，外尔接替了希尔伯特在哥廷根的位置，但他在 1933 年移民美国，加入了爱因斯坦所在的普林斯顿高等研究所。外尔对理论物理和数学的发展做出了重要贡献。他早年主要关心的是分析和谱理论，但后来他对拓扑学和微分几何学产生了兴趣。1918 年，外尔出版了一本关于广义相对论的最有影响力的著作，对广义相对论的一些基本数学概念提供了新的解释。在接下来的几年里，他研究了群论及其在量子力学中的应用。此外，外尔在他的科学生涯中，始终关注数学和科学哲学的基础。

进一步阅读材料

本书所涵盖的主题已经在从物理到哲学、再到科学史的丰富的学术文献中得到广泛的论述。经过众多学者的共同努力，产生了许多优秀的综合性文本，涵盖了本书主题的各个方面。我们已经在评注中利用了这种巨大的智力资源。在此，我们根据两个标准选择了一个简短的著作列表：为我们介绍广义相对论历史服务的作品，以及那些可能有益于非专业读者的作品，这些读者有兴趣在本书论述之外丰富他们的知识。

爱因斯坦论文的权威版本是 *The Collected Papers of Albert Einstein*, Vols. 1– 14（Princeton, NJ: Princeton University Press, 1987– ）. 这个版本包含了对爱因斯坦的传记和工作的各个方面所进行的许多宝贵的介绍。这里给出的翻译是基于英语翻译卷中的内容。已发表的论文集可从这个网址获得：einsteinpapers.press.princeton.edu. 此外，耶路撒冷希伯来大学的爱因斯坦档案馆中有相当一部分在线资料 www.alberteinstein.info。

爱因斯坦本人试图以一种普遍可理解的方式提出他的思想和理论。下列出版物仍然是属于对他的工作最易懂的介绍。

Einstein, Albert. 1920. *Relativity: The Special and the General Theory; A Popular Exposition by Albert Einstein*. Translated by R. W. Lawson. London: Methuen.

———. 1922. *The Meaning of Relativity: Four Lectures Delivered at Princeton University, May 1921 by Albert Einstein*. Translated by Edwin Plimpton Adams（1st ed.）.London: Methuen.

———. 1992. *Autobiographical Notes. A Centennial Edition*. Edited by Paul A. Schilpp. La Salle, IL: Open Court.

———. 1950. *Out of My Later Years*. New York: Philosophical Library.

———. 1954. *Ideas and Opinions*. Based on *Mein Weltbild*, edited by Carl Seelig, and other sources. New translations and revisions by Sonja Bargmann. New York: Crown.

Einstein, Albert, and Leopold Infeld. 1938. *The Evolution of Physics: The Growth of Ideas from Early Concepts to Relativity and Quanta*. New York: Simon & Schuster.

关于广义相对论史，代表性的综合著作：

Renn, Jürgen (ed.) . 2007. *The Genesis of General Relativity*, 4 vols. Dordrecht: Springer.

Vol. 1: Jürgen Renn, Michel Janssen, John Norton, Tilman Sauer, and John Stachel. *Einstein's Zurich Notebook: Introduction and Source.*

Vol. 2: Jürgen Renn, Michel Janssen, John Norton, Tilman Sauer and John Stachel. *Einstein' s Zurich Notebook: Commentary and Essays.*

Vol. 3: Jürgen Renn and Matthias Schemmel (eds.) . *Gravitation in the Twilight of Classical Physics. Between Mechanics, Field Theory, and Astronomy.*

Vol. 4: Jürgen Renn and Matthias Schemmel (eds.) . *Gravitation in the Twilight of Classical Physics. The Promise of Mathematics.*

对爱因斯坦科学工作的易理解的、全面的和最新的叙述：

Lehner, Christoph, and Michel Janssen (eds.) . 2014. *The Cambridge Companion to Einstein*. Cambridge: Cambridge University Press.

以下系列丛书对广义相对论史有重要贡献：

Howard, Don, and John Stachel (series eds.) . 1989–. *Einstein Studies*. Boston: Birkhäuser/ Springer.

关于爱因斯坦生活与科学的原创性研究的典型汇编：

Stachel, John. 2002. *Einstein from 'B' to 'Z.'* Vol. 9 of *Einstein Studies*. Boston: Birkhäuser.

关于爱因斯坦的传记有许多。在这里，我们选择了能突出本书所讲故事的四个：

Fölsing, Albrecht. 1997. *Albert Einstein: A Biography*. New York: Viking.

Isaacson, Walter. 2007. *Einstein: His Life and Universe*. New York: Simon & Schuster.

Neffe, Jürgen. 2007. *Einstein. A Biography*. New York: Farrar, Straus and Giroux.

Pais, Abraham. 1982.*'Subtle is the Lord…': The Science and the Life of Albert Einstein.* Oxford: Oxford University Press.

我们所述故事的重要方面，长度足以成为多本书的研究主题，普通读者尤为喜爱。下列是其中一些这样的书：

Eisenstaedt, Jean. 2006. *Curious History of Relativity: How Einstein' s Theory of Gravity was Lost and Found Again*. Princeton, NJ: Princeton University Press.

Galison, Peter. 2003. *Einstein's Clocks, Poincare's Maps: Empires of Time*. New York: Norton.

Hentschel, Klaus. 1997. *The Einstein Tower: An Intertexture of Dynamic Construction, Relativity Theory, and Astronomy*. Palo Alto, CA: Stanford University Press.

Kennefick, Daniel. 2007. *Traveling at the Speed of Thought: Einstein and the Quest for Gravitational Waves*. Princeton, NJ: Princeton University Press.

Kragh, Helge. 1996. *Cosmology and Controversy: The Historical Development of Two Theories of the Universe*. Princeton, NJ: Princeton University Press.

Staley, Richard . 2008. *Einstein's Generation: The Origins of the Relativity Revolution*. Chicago: University of Chicago Press

Schutz, Bernard. 2004. *Gravity from the Ground Up*. Cambridge: Cambridge University Press.

Thorne, Kip S. 1994. *Black Holes and Time Warps: Einstein's Outrageous Legacy*. New York: Norton.

van Dongen, Jeroen. 2010. *Einstein's Unification*. Cambridge: Cambridge University Press.

Wazeck, Milena. 2014. *Einstein's Opponents: The Public Controversy about the Theory of Relativity in the 1920s*. Cambridge: Cambridge University Press.

柏林展览“阿尔伯特·爱因斯坦：宇宙总设计师”的目录提供了有关他生活和工作的全面和详尽的说明：

Renn, Jürgen. 2005. *Albert Einstein Chief Engineer of the Universe: Einstein's Life and Work in Context*. Berlin: Wiley- VCH.

———. *Albert Einstein Chief Engineer of the Universe: 100 Authors for Einstein*. Berlin: Wiley-VCH.

———. *Albert Einstein Chief Engineer of the Universe: Documents of a Life's Pathway*. Berlin: Wiley-VCH.

此外，以下是一些研究汇编，显示了爱因斯坦的工作对现代科学和文化产生了何等广泛的影响：

Galison, Peter, Gerald James Holton, and Silvan S. Schweber（eds.）. 2008. *Einstein for the 21st Century: His Legacy in Science, Art, and Modern Culture*. Princeton, NJ: Princeton University Press.

Schilpp, Paul Arthur（ed.）. 1970. *Einstein, Albert: Philosopher-Scientist*. La Salle, IL: Open Court.

广义相对论基础

阿尔伯特·爱因斯坦

本文阐述的理论，是一种现今经常称之为“相对论”的理论，所作的最大可能的推广。为了与前者区别，我将前者称为“狭义相对论”，并假定大家对它已经很熟悉。推广相对论的工作，很大程度上依赖于数学家闵可夫斯基的工作，他首先认识到时间坐标与空间坐标两者在形式上的等价性，并在这个基础上构建了理论。建立推广的相对论（广义相对论）所必要的数学工具是现成可用的，称作“绝对微分学”，这是依照高斯、黎曼和克利斯朵夫在研究非欧几里得流形的基础上，由里奇和勒维-西维他总结起来的。这些数学工具已在理论物理学中有所应用。我将在本文的 B 部分中，开展所有必要的数学工具的叙述，因为我猜想并非每一位物理学家都通晓这些数学工具。我尽量使论述简单易懂，免得读者为了理解本文再去专门学习数学文献。最后，对我的朋友、数学家格罗斯曼表示由衷的谢忱，由于他的帮助，在掌握相关数学知识过程中，我节省了许多精力，并且在我研究引力场方程时他也帮助了我。

A. 关于相对论公设的基本考虑

§ 1. 审视狭义相对论

狭义相对论基于如下的公设，这个公设也适用于伽里略和牛顿的力学。

选取一个坐标系 K，使得物理定律以最简单的形式成立，那么相对于 K 系作匀速平移的坐标系 K'，物理定律也将成立。我们将这一基本公设称为“狭义相对性原理”，其中“狭义”一词是指这一基本公设仅限于 K' 对 K 作相对匀速运动的情形，而不能扩充到相对作非匀速运动的两个坐标系的情形。

所以，狭义相对论并不因为狭义相对性原理而偏离经典力学。依照大家所熟知的方式，真空中光速的恒定性与狭义相对性原理结合起来，导致了同时的相对性、洛伦兹变换以及关于物体运动和时钟行为的各种法则。

狭义相对论所提供的时间和空间的修正理论，想法确实深邃，不过有一个重要之处仍未触及。关于几何学的规则，即使在狭义相对论中，也被直接解释成诸如静止固体中那样的可能相对位置。在更一般的情形下，运动学的规则均诠释为用直尺和时钟关系来描述的定律。对于稳态刚体上选定的两个质点，永远具有一个确定长度的固有距离，既与刚体的位置和取向无关，也与时间无关。至于在一个特定参考系中的静止时钟，它的指针所指的两个不同位置永远对应着一个固定的时间间隔，而与位置、时间无关。我们将在下文中看到，广义的相对性理论，不能遵循这种时间和空间的简单物理解释。

§ 2. 相对论的公设需要扩展

在经典力学中，同样在狭义相对论中，有一个内在的认识论的缺陷，这是由马赫（Mach）首先提出来的。我们将用下面的例子来说明。有两个同样大小，同样性质的流体在空间中自由地悬停着。二者相距很远，与所有其他物体也相距极远，以至于只需考虑同一物体的不同部分之间的引力的作用。设两物体间的距离不变，每个物体自身各部分之间没有相对运动。但是每一物体，从与另一物体相对静止的坐标系来看，以二体连线为轴作均匀角速度的转动。这是一个可验证的二体的相对运动。现在，让每个物体都使用一个与其本身相对静止的测量仪器来测量。结果测得 S_1 的表面是球面，而 S_2 的表面是一个旋转椭球面。于是我们就可以提出如下问题：在两个物体中，产生的这种不同，是什么原因造成的呢？除非所给出的理由是一个可观察的经验事实，这个回答才能被认为是在认识论上令人满意的[①]。只有当经验

① 当然，如果一个答案在认识论上是满意的，可是与其他的实验事实相矛盾，这个答案在物理上还是靠不住的。

世界中的一些可观察的事实，最终成为原因和结果出现时，因果律的陈述才会有意义。

对于这个问题，牛顿力学的答案，不是令人满意的。牛顿力学宣称：力学定律适用于物体 S_1 相对静止的空间 R_1，而不适用于与物体 S_2 相对静止的空间 R_2。然而这样引进的伽利略空间 R_1 仅仅是一个人为的原因，而不是一个可观察的东西。由此可以看出，在所考虑的情形中，牛顿力学实际上并没有满足因果律的要求，而只是表面上满足了因果律，由于牛顿力学认为，这个人为的原因 R_1 造成了两个物体 S_1，S_2 的可观测的差别。

唯一满意的回答应该是：我们无法想象存在任何原因，在 S_1 和 S_2 自身的范围内，可以揭示导致 S_1 和 S_2 的行为不同。所以这个原因必定在这一系统的外面。我们不能不接受那些包括决定 S_1 和 S_2 形状的力学的普遍定律，将使得 S_1 和 S_2 的力学行为在相当程度上受到远方物质的部分支配，我们没有把这些远方物质归到 S_1 和 S_2 的系统之内。于是，这些远方的物质及其相对于 S_1 和 S_2 的运动（这些必然是可以被观察的）就被看成是二物体 S_1 和 S_2 的行为不同的原因。这些远方的物体代替了虚假原因 R_1 的作用。在可以想象到的所有空间 R_1，R_2 等，不管它们之间有什么样的相对运动，在不修补上述认识论的障碍之下，其中没有哪一个是可以先验地被看成是特权的空间。物理定律必须具有这样的性质，即它们必须能适用于做任何运动的参考系。沿着这一条思路，我们得到了相对性公设的一种扩充。

除了这个根据认识论的有力的论证之外，还有一个支持扩充相对性公设的熟知物理事实。假设 K 是一个伽利略参考系，即有一个与别的物体相距足够远的物体相对于这个参考系（至少在所考虑的四维范围内）做匀速直线运动，设 K' 是另一个参考系，它相对于 K 做匀加速平动。那么，一个同其他物体相距充分远的物体相对于 K' 将做匀加速运动，其加速度的大小和方向，与这个物体的物质组成和物理状态无关。

是不是一个与 K' 相对静止的观测者就可以据此推断，他所在的参考系是一个“真正的”加速的参考系呢？答案是否定的。因为用下述的方法也可以给那个自由运动的物体和参考系 K' 之间的关系一个同样好的解释：参考系 K' 是没有加速度的，而所讨论的时空区域在受一个引力场的支配，引力场使那个物体产生相对于 K' 的加速度。

之所以有这种看法，是因为经验告诉我们，力场的存在，即引力场有一种值得注意的性质，它可以赋予所有的物体相同的加速度[①]。各种物体相对于 K' 的力学行为与我们习惯地把 K' 当作“静止的”或“特定的”参照系时的经验是一样的。因此，从物理的立场上来看，上面的假设本身就建议把参考系 K 和 K' 都有被看成是“静止的”相同权利。这就是说，当描述物理现象时，作为参考系，它们二者是平等的。

根据这种考虑可以看到，在探求广义相对论中将导致引力理论，因为只要改变坐标系，我们就能够“制造”一个引力场。同样明显的是，真空中光速不变的原理也必须加以改变，因为我们很容易认识到，如果相对于 K，光线以恒定的速度沿一条直线传播的话，那么相对于 K' 一般来说，光线的路径应该是一条曲线。

§3. 时空连续统，表述自然普遍规律的方程的广义协变要求

在经典力学中，在狭义相对论中也是一样，空间和时间坐标有着直接的物理意义。说一个点事件的 X_1 的坐标为 x_1，那就意味着这个事件在四维坐标的 X_1 轴上的投影，用欧几里得几何学的刚性直尺沿 X_1 轴来测量时，它离坐标原点的距离是这把直尺（长度单位）长度的 x_1 倍。说这个事件的 X_4 坐标为 $x_4=t$，那就是说一个与坐标系相对静止，并与事件在同一空间位置的[②]，具有确定的时间间隔单位的标准时钟，在事件发生时所读出的时间是确定时间间隔的 $x_4=t$ 倍。

尽管物理学家常常没有意识到空间和时间的这种看法，但它早已深入他们的心中。这些概念在物理测量中起的作用，可将这一点看得更加清楚。这也必然深入读者的意识深处，因为他会把上一节（§2）中读到的描述，联系到更广泛的情况。我们现在要指出，如果狭义相对论，是广义相对论在不存在引力场时的特殊情况，我们就必须舍弃上述看法，而代之以更为普遍的看法，以便能够将广义相对论的公设建立起来。

在不存在引力场的空间中，我们引入一个伽利略坐标系 K（x，y，z，t），再引入一个与 K 相对做匀速转动的坐标系 K'（x'，y'，z'，t'），令二者的原点和 Z 轴一直保持重合。我们将要证明，对于 K' 系，上述关于长度和时间的物理意义就不能再维持下去。根据对称性，显然 K 系的 XY 平面上以原点为心的一个圆，也是

---

① 厄阜以极大的精确度用事实证明了引力场具有这样的性质。[贝塞尔（Friedrich Wilhelm Bessel）在19世纪早期就从单摆周期与它的质量和摆锤的结构无关，在 10^5 分之一的精度内证明了惯性质量与引力质量等效。1890年的匈牙利物理学家厄阜实验，将精度提高到 10^9 分之一；1999年贝斯勒（S. Baessler）等人又将精度提高到 10^{13} 分之一；更高的精度，期待太空实验获得。—— 译者注]

② 我们假设可以确认在空间中瞬时接近的两个事件，或者更精确一点说，在时空中接近或重合的两个事件的“同时性”，而不对这个基本概念下定义。

K' 系中 $X'Y'$ 平面上的一个圆。假设我们用一个与半径相比为无穷小的尺去测量了圆的圆周和半径并取二者的商。如果这一实验是用一把相对于伽利略系 K 静止的尺进行的，那么圆周与半径之比将为 2π。而用相对于 K' 系静止的尺去测量，得到的圆周半径比要比 2π 大一点。如果我们设想两次测量过程都是在“静止的” K 系上进行的，这就不难理解了。考虑到尺子随 K' 系运动测量圆周时要受到洛伦兹收缩，而测量半径时却并不如此。因此，欧几里得几何学对于 K' 系并不成立。而上面根据欧几里得几何学定义的坐标系的概念因而对 K' 系也就不成立了。同样，我们也不能引入用于 K 系相对静止的时钟表示的与 K' 系中物理要求相对应的时间。为了确信这是不可能的，让我们设想有两个结构完全相同的时钟，一个放在坐标原点，另一个放在圆周上，都从“静止系” K 来设想这二个时钟。根据我们熟知的狭义相对论，由 K 系来看，在圆周上的那个时钟走得要比在原点的慢一点，因为前者在运动而后者是静止的。一个处在坐标的共同原点处的观察者通过光线去观察在圆周上的钟，他发现这个钟要比在他身旁的钟慢一点。由于他不打算设想在相应路径上让光线明显地依赖于时间，他将他观察的结果解释为圆周上的钟“真的”比原点处的钟走得慢。这就使他不得不这样定义时间，即时钟的快慢与它所在的地方有关。

于是，我们得到这样的结论：在广义相对论中，空间和时间不能用如下的方式定义，即空间坐标之差可用单位测量棒（直尺）来测量；时间坐标之差可用标准时钟来测量。

这样一来，我们一直使用的，在时空连续统中用一定的方法建立坐标的方式就垮掉了，而且看来没有其他的方法对这个四维世界采用坐标系，使得我们采用这种坐标系来把自然界的定律用非常简单的方式表现出来。因此，没有别的办法，只有认为在原则上一切可以想到的各种坐标系在描述自然界都同等适用的一条路了。于是，产生了下述要求：

> 自然界的普遍定律由一些方程来描写，这些方程对所有坐标系都同等适用，这就是说，这些方程对于不管什么样的任意坐标变换都是协变的（广义协变的）。

显然，满足这个公设的物理理论，也一定会满足广义相对论公设。因为，在任何情况下，全部变换的总和，一定包含着三维坐标系的各种相对运动所引起的变换。广义协变性要求，尽管从时空中取走了最后一点物理客观性，但确实是一个自然的要求，这可从下面的讨论中看出。所有的时空验证都不外乎是确定时空的重合。例如，如果事件仅由质点的运动所构成，那么，最终能看到的只是两个或更多质点的相遇。测量的结果无非是验证我们测量仪器上的质点同别的质点的这种相遇，时钟的指针同刻盘上某点的重合，以及观察到的两个事件在相同地点相同时间发生。

引入参考系的作用只不过是为了便于描述这些重合的总和。我们分配给宇宙 4 个时空变量 x_1，x_2，x_3，x_4，使得每一个事件对应于一组四个数值。对于两个重合的事件，它们都对应于相同的一组数值 $x_1 \cdots x_4$。这就是说，重合的特点就是一组坐标的全同。如果替代坐标 $x_1 \cdots x_4$，我们引入一组它们的函数 x'_1，x'_2，x'_3，x'_4 作为新的坐标系，使得双方的一一对应没有含混之处，那么，新坐标系中的四个新坐标的全同，就表示两个事件在时空中的重合。由于所有的物理事件最后都可以归结为这种重合，所以不存在直接的理由，可以认为某种坐标系比其他的好一些。这就是说，我们达到了广义协变性的要求。

§ 4. 时空中四个坐标与测量的关系

在本文中，我并不想将广义相对论，表述成一种含有最少数目的公理的尽可能简单的逻辑体系，我的主要目的是以下述方法来发展这个理论，要使读者在心理上感到，我们走的这条路线是最自然的，而且感到作为基础的那些假设，具有最高度的安全性。考虑到这一目的，让我们用下面的原则作为出发点：

在无穷小的四维区域中，如果坐标选择得适当，狭义相对论成立。

为此目的，我们必须选择无穷小（局域）坐标系的加速度，使得不产生引力场，这对于无穷小区域是可能的。令 X_1，X_2，X_3 为空间坐标，X_4 为以适当单位[①]度量的时间坐标。如果一个刚性杆被选定作为长度单位，那么当给定此坐标系以固定方位时，则四个坐标将在狭义相对论中有直接的物理意义。这时，根据狭义相对论，表达式为

$$ds^2 = -dX_1^2 - dX_2^2 - dX_3^2 + dX_4^2 \qquad (1)$$

的值与局域坐标系的取向无关，并且可以通过空间及时间的测量定出。我们称四维连续统中无限接近的两个点的线元的大小 ds。如果对于微分元 $dX_1 \cdots dX_4$ 的 ds^2 为正，称为类时的，如果为负，则称为类空的，这是依照闵可夫斯基方式称呼的。

对于上述“线元”，或者说对于两个无限接近的两个事件，在任意选定的四维参考系中，还可以对应于确定的微分元 $dx_1 \cdots dx_4$。如果这个坐标系和“局域”坐标

① 时间的单位应按下述方式选择，即在这个“局域”坐标系中测量到的真空中的光速为 1.

系，都是在所研究的区域里给出的，那么 dX_ν 可以通过一个 dx_σ 的线性齐次表达式确定地表示成：

$$dX_\nu = \sum_\sigma a_{\nu\sigma} dx_\sigma \tag{2}$$

将此式代入（1）得

$$ds^2 = \sum_{\tau\sigma} g_{\sigma\tau} dx_\sigma dx_\tau \tag{3}$$

式中 $g_{\sigma\tau}$ 是 x_σ 的函数。这些不再依赖于“局域”坐标系的方位和运动状态，因为 ds^2 是可以对时空中无限靠近的两个事件，用钟和尺测量决定的量，而且已明确与特定的坐标系无关。此处的 $g_{\sigma\tau}$ 应选定使得 $g_{\sigma\tau}=g_{\tau\sigma}$，求和应遍及所有的 σ 和 τ 的值，因此求和式共有 4×4 项，其中 12 项是成对相等的。

狭义相对论的情况，是这里的一个特殊情况，由于在有限区域内 $g_{\sigma\tau}$ 的特殊关系，有可能在有限区域内选择一种参考系，使得 $g_{\sigma\tau}$ 在狭义相对论的意义下成为常数：

$$\left.\begin{matrix} -1 & 0 & 0 & 0 \\ 0 & -1 & 0 & 0 \\ 0 & 0 & -1 & 0 \\ 0 & 0 & 0 & +1 \end{matrix}\right\} \tag{4}$$

稍后我们将会发现，对于有限区域，一般而言，这样的坐标选择是不可能的。

从 §2 和 §3 的考虑可以得出，$g_{\tau\sigma}$ 这个量从物理的角度来看，是一个描写引力场和所选坐标系的关系的量。因为，如果我们现在设想狭义相对论，适用于适当选定坐标系的某一四维区域，则 $g_{\sigma\tau}$ 具有（4）给出的值。从而一个自由质点相对于这一坐标系的运动就是匀速直线运动。然后我们通过任意选定的坐标变换引入一个新的坐标 x_1，x_2，x_3，x_4，在这一新坐标系中 $g_{\sigma\tau}$ 将不再是常数，而是空间和时间的函数。同时，那个自由质点的运动，对于这个选定的坐标系将表现为非匀速、非直线的曲线运动，而这一运动的规律将与运动的质点的性质无关。因而我们将把这一运动，解释为质点在这一种引力场影响下的运动。所以，我们找到了引力场的产生与 $g_{\sigma\tau}$ 的时空可变性的关系。在一般情况下，当我们无法选出坐标系，将狭义相对论应用于有限区域时，我们也相信这样的观点，即 $g_{\sigma\tau}$ 是描写引力场的。

于是，根据广义相对论，与其他种类的力相比，特别是电磁力相比，引力占据一个特殊的地位，因为表现引力场的 $g_{\sigma\tau}$ 中的 10 个函数，同时还定义了四维度量空间的度规性质。

B.广义协变方程的数学辅助

我们在前文中看到了，广义相对论要求物理的方程，都需要对任意坐标 $x_1 \cdots x_4$ 的变换满足协变性，我们必须考虑怎样去找到这样的协变方程。我们现在将转入纯数学的讨论，我们将发现在解决这一问题的过程中，（3）式给出的不变量 ds 将起根本的作用。这个量我们称为“线元”，这是从高斯的曲面理论中借用来的术语。

这一协变量的普遍理论的基本思想如下：对于一个任意坐标系，设某种客体（“张量”）是用多个坐标函数来定义的，这些函数称为张量的分量。而且存在一些规则，当新旧两个坐标系之间的变换关系，以及张量对原坐标系的分量已知时，可以利用这些规则算出张量对新坐标系的分量。这些以后称之为张量的客体还有进一步的特点，即它对新旧坐标系的分量的变换方式是线性的和齐次的。于是，如果一个张量对于原坐标系的分量都为零，则它对于新坐标系也都为零。因此，一个自然规律如能表述为一个全部分量为零的一个张量，那么这个自然规律就是协变的。考察构成张量的规律，我们就获得了描述广义协变定律的方法。

§5. 逆变4矢量和协变4矢量

逆变4矢量　线元由4个“分量”dx_ν来确定，其变换规律可以表示为

$$dx'_\sigma = \sum_\nu \frac{\partial x'_\sigma}{\partial x_\nu} dx_\nu \qquad (5)$$

即 dx'_σ 可以表示为 dx_ν 的线性齐次函数。因此我们可以把这4个坐标的微分看成一种特定的“张量”的4个分量，我们称这种张量为逆变4矢量。任何相对于坐标系用4个分量 A^ν 来定义的，而且是根据相同规律

$$A'^\sigma = \sum_\nu \frac{\partial x'_\sigma}{\partial x_\nu} A^\nu, \qquad (5a)$$

变换的客体，我们也称之为逆变4矢量。从（5a）立即得知，若 A^σ 和 B^σ 都是逆变4矢量的分量，则它们的和与差，$A^\sigma \pm B^\sigma$ 也是逆变4矢量。相应的规律也适用于今后陆续引进的所有张量（张量的加法和减法规律）。

协变4矢量　如果4个量 A_ν 对于任意选定的逆变4矢量 B^ν 满足

$$\sum_\nu A_\nu B^\nu = \text{不变量} \qquad (6)$$

那么我们称之为协变4矢量。协变4矢量的变化规律，可以从它的定义得出。因为

我们如果在方程

$$\sum_{\sigma} A'_{\sigma} B'^{\sigma} = \sum_{\nu} A_{\nu} B^{\nu}$$

右边将 B^{ν} 用（5a）的反演式

$$\sum_{\sigma} \frac{\partial x_{\nu}}{\partial x'_{\sigma}} B'^{\sigma},$$

代替，即可得出

$$\sum_{\sigma} B'^{\sigma} \sum_{\nu} \frac{\partial x_{\nu}}{\partial x'_{\sigma}} A_{\nu} = \sum_{\sigma} B'^{\sigma} A'_{\sigma}.$$

由于此式对于任意的 B'^{σ} 值均成立，由此得出 A_{σ} 的变换规律是

$$A'_{\sigma} = \sum_{\nu} \frac{\partial x_{\nu}}{\partial x'_{\sigma}} A_{\nu} \tag{7}$$

关于简化表达式书写方法的注释 注意一下本节公式可以看出，所有求和的指标在求和号后面都出现两次［例如（5）式中的 ν］，而且只对出现两次的指标求和。因此，可以略去求和号而不致造成误解。为此，我们引进下面的约定；除非另有声明，凡公式中某一项一个指标出现两次的，就意味着对这个指标求和。

协变和逆变的 4 矢量的区别在于它们的变换规律［分别见（7）和（5）］。在前文讨论的意义上，两种形式都是张量。它们的重要性也就在这里。按照里奇和勒维-西维他的方法，我们把指标写在上面表示逆变性质，写在下面表示协变性质。

§6. 二秩和高秩张量

逆变张量 若用两个逆变矢量 A^{μ} 和 B^{ν} 的分量构成全部 16 个乘积 $A^{\mu\nu}$：

$$A^{\mu\nu} = A^{\mu} B^{\nu} \tag{8}$$

则根据（8）和（5a），$A^{\mu\nu}$满足下列变换规律：

$$A'^{\sigma\tau} = \frac{\partial x'_{\sigma}}{\partial x_{\mu}} \frac{\partial x'_{\tau}}{\partial x_{\nu}} A^{\mu\nu} \tag{9}$$

我们把由相对于任意坐标系的 16 个量构成的，并且服从变换规律（9）的客体，称为二秩逆变张量。并不是每个二秩逆变张量都必须由两个逆变 4-矢量按照（8）构成。可以很容易地证明，任意满足变换规律（9）的 16 个量都可以表示为适当选

定的 4 对逆变 4-矢量构成的 $A^{\mu}B^{\nu}$ 之和。因此，我们要证明二秩逆变张量（9）应服从几乎所有的规律，只要用最简单的方式，即证明它们对特殊的张量（8）成立就可以了。

任意秩的逆变张量 显然，遵循（8）和（9）的路线，也可以定义三秩或更高秩的逆变张量，它们有 4^3 或更多的分量。根据（8）和（9）也可以同样说，在这个意义上逆变 4 矢量是一秩逆变张量。

协变张量 另一方面，如果用两个协变 4 矢量 A_{μ} 和 B_{ν} 构成 16 个乘积 $A_{\mu\nu}$：

$$A_{\mu\nu} = A_{\mu}B_{\nu}, \tag{10}$$

它们的变换规律为

$$A'_{\sigma\tau} = \frac{\partial x_{\mu}}{\partial x'_{\sigma}}\frac{\partial x_{\nu}}{\partial x'_{\tau}}A_{\mu\nu} \tag{11}$$

这一变换规律定义了二秩协变张量，前面所说的关于逆变张量的各个方面，也同样适用于协变张量。

注 我们可以方便地将标量（即不变量）看成是零秩逆变张量或零秩协变张量。

混合张量 我们也可以定义下列形式的二秩张量：

$$A_{\mu}^{\nu} = A_{\mu}B^{\nu} \tag{12}$$

这种张量对于指标 μ 是协变的，对于指标 ν 是逆变的，它的变换规律是

$$A'^{\tau}_{\sigma} = \frac{\partial x'_{\tau}}{\partial x_{\nu}}\frac{\partial x_{\mu}}{\partial x'_{\sigma}}A_{\mu}^{\nu} \tag{13}$$

自然而然，可以定义带任意多个协变指标和任意多个逆变指标的混合张量。协变张量和逆变张量可以看成是混合张量的特殊情况。

对称张量 二秩的协变张量或逆变张量，如果对调两个指标的分量彼此相等，称为对称张量。于是，张量 $A^{\mu\nu}$ 或 $A_{\mu\nu}$ 若对于任何一对 μ，ν 满足

$$A^{\mu\nu} = A^{\nu\mu}, \tag{14}$$

或者

$$A_{\mu\nu} = A_{\nu\mu} \tag{14a}$$

就是对称张量。

必须证明这样定义的对称性质，与所选的坐标系无关。事实上，如果考虑到（14），由（9）可得

$$A'^{\sigma\tau} = \frac{\partial x'_\sigma}{\partial x_\mu}\frac{\partial x'_\tau}{\partial x_\nu}A^{\mu\nu} = \frac{\partial x'_\sigma}{\partial x_\mu}\frac{\partial x'_\tau}{\partial x_\nu}A^{\nu\mu} = \frac{\partial x'_\sigma}{\partial x_\nu}\frac{\partial x'_\tau}{\partial x_\mu}A^{\mu\nu} = A'^{\tau\sigma}.$$

在上述推导中，我们对调了求和的指标 μ 和 ν，这只是记号的改变。

反对称张量　一个二秩、三秩或四秩的逆变张量或协变张量，如果对调其分量中的任意两个指标所得的分量与原分量等值反号，则称为反对称张量。例如张量 $A^{\mu\nu}$ 或 $A_{\mu\nu}$ 若对任意 μ，ν 有

$$A^{\mu\nu} = -A^{\nu\mu}, \tag{15}$$

或者

$$A_{\mu\nu} = -A_{\nu\mu} \tag{15a}$$

则此二秩张量是反对称的。

在反对称二秩张量 $A^{\mu\nu}$ 的 16 个分量中，有 4 个 $A^{\mu\mu}$ 为零，其余的成对地等值而反号，因此实质上只有 6 个分量数值不同（6-矢量）。与此类似，反对称三秩张量 $A^{\mu\nu\sigma}$ 中，实质上只有 4 个数，而反对称的四秩张量 $A^{\mu\nu\sigma\tau}$ 只剩下一个数。而在四维连续统中，大于四秩的反对称张量是不存在的。

§7. 张量的乘法

张量的外乘　有一个 n 秩张量和一个 m 秩张量，将前者的每一个分量乘以后者的每一个分量，就得到了二者的外积，一个 $n+m$ 秩的张量的所有分量。例如，不同种类的两个张量 A 和 B 可以产生外积 T:

$$\begin{aligned} T_{\mu\nu\sigma} &= A_{\mu\nu}B_\sigma, \\ T^{\mu\nu\sigma\tau} &= A^{\mu\nu}B^{\sigma\tau}, \\ T^{\sigma\tau}_{\mu\nu} &= A_{\mu\nu}B_{\sigma\nu}. \end{aligned}$$

T 的张量性质可以由表达式（8）、（10）、（12）或变换规律（9）、（11）、（13）直接证明。（8）、（10）和（12）本身就是几个一秩张量的外积的例子。

混合张量的"缩并" 对于任意一个混合张量，我们可以取其一个逆变指标与一个协变指标相同，并对这个指标求和，这就是缩并，结果得出一个秩数少 2 的张量。例如一个四秩的混合张量，可以缩并成一个二秩张量：

$$A_\nu^\tau = A_{\mu\nu}^{\mu\tau}\left(=\sum_\mu A_{\mu\nu}^{\mu\tau}\right),$$

由此再有一次缩并，可以得到一个零秩张量：

$$A = A_\nu^\nu = A_{\mu\nu}^{\mu\nu},$$

缩并的结果确实具有张量性质，既可以由推广（12）式的规则，并结合（6）式来证明，也可以用（13）式的推广来证明。

张量的内乘和混合乘法 这是外乘与缩并的结合。

举例 有一个二秩协变张量 $A_{\mu\nu}$ 和一个一秩逆变张量 B^σ，先作它们的外积，得到一个混合张量

$$D_{\mu\nu}^\sigma = A_{\mu\nu}B^\sigma.$$

然后再对 ν 和 σ 两个指标作缩并，可以得出一个协变的 4 矢量：

$$D_\mu = D_{\mu\nu}^\nu = A_{\mu\nu}B^\nu.$$

这被称作两个张量 $A_{\mu\nu}$ 和 B^σ 的内积。类似地，我们可以由两个张量 $A_{\mu\nu}$ 和 $B^{\sigma\tau}$ 通过外积和两次缩并得到内积 $A_{\mu\nu}B^{\mu\nu}$。通过外乘和一次缩并，我们还可以从两个张量 $A_{\mu\nu}$ 和 $B^{\sigma\tau}$ 得出一个二秩混合张量 $D_\mu^\tau = A_{\mu\nu}B^{\nu\tau}$，这一运算可以适当地认为是一种混合运算，先对指标 μ 和 τ 作外积，再对指标 ν 和 σ 作内积。

我们现在来证明一个命题，它常常作为张量特征的证据。前面已经提到，若 $A_{\mu\nu}$ 和 $B^{\sigma\tau}$ 是张量，则 $A_{\mu\nu}B^{\mu\nu}$ 就是一个标量。而我们也能作出下面的论断：对于任意选定的张量 $B^{\mu\nu}$，如果 $A_{\mu\nu}B^{\mu\nu}$ 都是一个标量，则 $A_{\mu\nu}$ 具有张量的特性。因为，根据假设，对于任意的坐标代换有

$$A'_{\sigma\tau}B'^{\sigma\tau} = A_{\mu\nu}B^{\mu\nu}.$$

但是，利用（9）的反演式，可得

$$B^{\mu\nu} = \frac{\partial x_\mu}{\partial x'_\sigma}\frac{\partial x_\nu}{\partial x'_\tau}B'^{\sigma\tau}.$$

将此式代入前一个等式，有

$$\left(A'_{\sigma\tau}-\frac{\partial x_{\mu}}{\partial x'_{\sigma}}\frac{\partial x_{\nu}}{\partial x'_{\tau}}A_{\mu\nu}\right)B'^{\sigma\tau}=0.$$

只有括号中的式子为零，此式才能对任意的$B'^{\sigma\tau}$成立，于是得到变换关系（11）。上述命题对于任意秩、任意性质的张量都成立，在所有情况下，证明都是类似的。

这一规则还可以下述形式出现：如果 B^{μ} 和 C^{ν} 是任意矢量，而对于它们的任何取值，内积 $A_{\mu\nu}B^{\mu}C^{\nu}$ 都是标量，那么 $A_{\mu\nu}$ 就是一个协变张量。甚至在条件更特殊一点的情况下，上述命题也能很好地成立。倘若对于任意选定的 4 矢量 B^{μ}，内积 $A_{\mu\nu}B^{\mu}B^{\nu}$ 都是一个标量，其中 $A_{\mu\nu}$ 满足附加的对称条件 $A_{\mu\nu}=A_{\nu\mu}$。我们可以用上述方法证明（$A_{\mu\nu}+A_{\nu\mu}$）的张量性质，再用 $A_{\mu\nu}$ 的张量性质证明它的对称性。容易将此推广到任意秩协变和逆变张量的情况。

最后，由以上的证明可知，这一规则还可以推广到任意张量，如果对于任意选定的 4 矢量 B^{ν}，乘积 $A_{\mu\nu}B^{\nu}$ 构成一个一秩张量，则 $A_{\mu\nu}$ 是一个二秩张量。这是由于，如果 C^{μ} 是任意 4 矢量，根据 $A_{\mu\nu}B^{\nu}$ 的张量性质，不论 B^{ν} 和 C^{μ} 如何选择，内积 $A_{\mu\nu}C^{\mu}B^{\nu}$ 一定是一个标量，由此命题得证。

§ 8. 基本张量 $g_{\mu\nu}$ 的一些性质

协变基本张量 在线元平方的不变量

$$ds^{2}=g_{\mu\nu}dx_{\mu}dx_{\nu},$$

的表达式中，dx_{μ} 这一部分所起的作用，是一个可任意选取的逆变矢量的作用。又由于$g_{\mu\nu}=g_{\nu\mu}$，根据上一节的考虑可知，$g_{\mu\nu}$是一个二秩协变张量，我们称之为“基本张量”。下面我们将导出这个基本张量的一些性质，诚然，这些性质是任何二秩张量都有的，但是作为基本张量在我们的理论中起着特殊的作用，是引力效应特有的物理基础，所以我们将要推导的关系，只有在论及基本张量时，对我们才是重要的。

逆变基本张量 如果在由$g_{\mu\nu}$的各分量构成的行列式中，取每个$g_{\mu\nu}$的余子式并除以行列式 $g=|g_{\mu\nu}|$，则得到一些量$g^{\mu\nu}(=g^{\nu\mu})$，下面我们就来证明，这些量构成一个逆变张量。

根据行列式的一个已知性质：

$$g_{\mu\sigma}g^{\nu\sigma}=\delta_{\mu}^{\nu} \tag{16}$$

其中δ_μ^ν当$\mu=\nu$时等于1，$\mu\neq\nu$时等于零。我们可以把上述ds^2的公式改写成

$$g_{\mu\sigma}\delta_\nu^\sigma dx_\mu dx_\nu$$

利用（16）得

$$g_{\mu\sigma}g_{\nu\tau}g^{\sigma\tau}dx_\mu dx_\nu.$$

但是，根据上一节的乘法规律，这个量

$$d\xi_\sigma = g_{\mu\sigma}dx_\mu$$

是一个协变4-矢量，而且事实上是一个任意矢量，因为dx_μ就是任意的。将这个量引入我们的公式中，得

$$ds^2 = g^{\sigma\tau}d\xi_\sigma d\xi_\tau.$$

由于此式是一个标量。而矢量$d\xi_\sigma$是可任意选定的矢量，又根据定义，$g^{\sigma\tau}$对于指标σ和τ是对称的，所以根据上一节的结果，$g^{\sigma\tau}$是一个逆变张量。

由（16）进一步得出δ_μ^ν也是一个张量，我们称之为混合基本张量。

基本张量的行列式 根据行列式的乘法规则，有

$$|g_{\mu\alpha}g^{\alpha\nu}| = |g_{\mu\alpha}|\times|g^{\alpha\nu}|.$$

另一方面

$$|g_{\mu\alpha}g^{\alpha\nu}| = |\delta_\mu^\nu| = 1.$$

因此得

$$|g_{\mu\nu}|\times|g^{\mu\nu}| = 1 \tag{17}$$

体积标量 我们首先寻找行列式$g=|g_{\mu\nu}|$的变换规律，根据（11）有

$$g' = \left|\frac{\partial x_\mu}{\partial x'_\sigma}\frac{\partial x_\nu}{\partial x'_\tau}g_{\mu\nu}\right|.$$

应用两次行列式的乘法，得

$$g' = \left|\frac{\partial x_\mu}{\partial x'_\sigma}\right|\cdot\left|\frac{\partial x_\nu}{\partial x'_\tau}\right|\cdot|g_{\mu\nu}| = \left|\frac{\partial x_\mu}{\partial x'_\sigma}\right|^2 g,$$

或者

$$\sqrt{g}' = \left|\frac{\partial x_{\mu}}{\partial x'_{\sigma}}\right|\sqrt{g}.$$

另一方面，根据 Jacobi 定理，体积元

$$d\tau = \int dx_1 dx_2 dx_3 dx_4$$

的变换规律

$$d\tau' = \left|\frac{\partial x'_{\sigma}}{\partial x_{\mu}}\right| d\tau.$$

将两个变换式相乘，得

$$\sqrt{g}' d\tau' = \sqrt{g}\, d\tau \tag{18}$$

我们在以后引入 $\sqrt{-g}$ 来代替 $\sqrt{g}$，根据时空连续统的双曲性质，前者永远是实的。不变量 $\sqrt{-g}\,d\tau$ 在数值上等于在局域坐标系中，在狭义相对论的意义下，用刚性尺和时钟测量出来的四维体积元。

关于时空连续统性质的注释 我们关于狭义相对论永远可适用于无穷小区域这一假设，直接导致 ds^2 永远可以通过 4 个实的量 $dX_1 \cdots dX_4$ 变为（1）。如果我们用 $d\tau_0$ 表示“自然”体积元 $dX_1\,dX_2\,dX_3\,dX_4$，则有

$$d\tau_0 = \sqrt{-g}\, d\tau \tag{18a}$$

如果在四维连续统中某一点上的 $\sqrt{-g}$ 等于零，那就意味着，在这一点的无穷小“自然”体积元对应于坐标中的零体积。我们假设这种情况永不发生。于是 g 就不能改变符号。我们将假设，在狭义相对论的意义上，g 永远取有限的负值。这是对我们所讨论的连续统的物理性质的一个假设，同时也是选用坐标的一种约定。

但是，如果 $-g$ 永远取正的有限值，那就自然而然会对坐标作这样的后验选取，使得这个量永远等于 1。我们在后面将看到，在这样的选择坐标限制之下，有可能使自然界规律的表述，得到重要的简化。

于是，代替（18），我们可以用简单的 $d\tau' = d\tau$，利用 Jacobi 定理，由此得

$$\left|\frac{\partial x'_{\sigma}}{\partial x_{\mu}}\right| = 1 \tag{19}$$

于是，在这种坐标选定之下，只有那些在变换时行列式为 1 的坐标才是允许的。

然而，若认为这样的做法是表示了部分地放弃广义相对性的公设，那就错了。我们要问的不是“哪些是对于该行列式为 1 的所有变换协变的自然定律？”而是“哪些是广义协变的自然定律？”我们在后面将会看到，由于对坐标选择的这类限制，就显著地简化了自然定律。

用基本张量构成的一些新张量 用基本张量对一个张量进行内乘、外乘或混合乘，可以得到一些不同性质和不同秩的张量。例如

$$A^{\mu} = g^{\mu\sigma}A_{\sigma},$$
$$A = g_{\mu\nu}A^{\mu\nu}.$$

还应特别注意下列形式：

$$A^{\mu\nu} = g^{\mu\alpha}g^{\nu\beta}A_{\alpha\beta},$$
$$A^{\mu\nu} = g_{\mu\alpha}g_{\nu\beta}A^{\alpha\beta}$$

它们分别是协变张量和逆变张量的“补”。还有

$$B_{\mu\nu} = g_{\mu\nu}g^{\alpha\beta}A_{\alpha\beta}.$$

$B_{\mu\nu}$ 称为 $A_{\mu\nu}$ 的约化张量。类似地有

$$B^{\mu\nu} = g^{\mu\nu}g_{\alpha\beta}A^{\alpha\beta}.$$

应当指出，$g^{\mu\nu}$ 不是别的，正是 $g_{\mu\nu}$ 的补，因为

$$g^{\mu\alpha}g^{\nu\beta}g_{\alpha\beta} = g^{\mu\alpha}\delta_{\alpha}^{\nu} = g^{\mu\nu}.$$

§9. 测地线方程，粒子的运动

由于线元 ds 的定义与坐标系无关，连接四维连续统中两点 p 和 p' 并满足 $\int ds$ 为极值的线，即测地线，具有与坐标的选择无关的意义。测地线的方程是

$$\delta\int_{p}^{p'} ds = 0 \quad (20)$$

用通常的方法进行变分，由此能得出 4 个定义测地线的微分方程。为了完整起见，我们将这一过程补充在这里。令 x_{ν} 是一个 λ 的函数，并令它定义一个曲面族，族中各曲面都包含着测地线，以及所有与测地线直接邻近的由 p 到 p' 的曲线。于是，任何这种曲线都可以假设其坐标 x_{ν} 为 λ 的函数而给出。令符号 δ 表示由所要

的测地线上一点到对应于相同λ的邻近线上一点的转变。于是，我们可以用下式代替（20）:

$$\left.\begin{aligned}&\int_{\lambda_1}^{\lambda_2}\delta w d\lambda=0\\&w^2=g_{\mu\nu}\frac{dx_\mu}{d\lambda}\frac{dx_\nu}{d\lambda}\end{aligned}\right\}\tag{20a}$$

但是，因为

$$\delta w=\frac{1}{w}\left\{\frac{1}{2}\frac{\partial g_{\mu\nu}}{\partial x_\sigma}\frac{dx_\mu}{d\lambda}\frac{dx_\nu}{d\lambda}\delta x_\sigma+g_{\mu\nu}\frac{dx_\mu}{d\lambda}\delta\left(\frac{dx_\nu}{d\lambda}\right)\right\},$$

以及

$$\delta\left(\frac{dx_\nu}{d\lambda}\right)=\frac{d}{d\lambda}(\delta x_\nu),$$

在分部积分之后，由（20a）得

$$\int_{\lambda_1}^{\lambda_2}k_\sigma\delta x_\sigma d\lambda=0,$$

式中

$$k_\sigma=\frac{d}{d\lambda}\left\{\frac{g_{\mu\nu}}{w}\frac{dx_\mu}{d\lambda}\right\}-\frac{1}{2w}\frac{\partial g_{\mu\nu}}{\partial x_\sigma}\frac{dx_\mu}{d\lambda}\frac{dx_\nu}{d\lambda}\tag{20b}$$

由于δx_σ的值是任意的，由此得出

$$k_\sigma=0\tag{20c}$$

如果沿着测地线 ds 不为零，我们就可以选择测地线的“弧长”s来代替参数λ，这时 $w=1$，而（20c）可以改写成

$$g_{\mu\nu}\frac{d^2x_\mu}{ds^2}+\frac{\partial g_{\mu\nu}}{\partial x_\sigma}\frac{dx_\sigma}{ds}\frac{dx_\mu}{ds}-\frac{1}{2}\frac{\partial g_{\mu\nu}}{\partial x_\sigma}\frac{dx_\mu}{ds}\frac{dx_\nu}{ds}=0$$

或者，只改变一些记法，成为

$$g_{\alpha\sigma}\frac{d^2x_\alpha}{ds^2}+[\mu\nu,\sigma]\frac{dx_\mu}{ds}\frac{dx_\nu}{ds}=0\tag{20d}$$

在式中，按克利斯朵夫的建议，我们使用了下列记号

$$[\mu\nu,\sigma] = \frac{1}{2}\left(\frac{\partial g_{\mu\sigma}}{\partial x_\nu} + \frac{\partial g_{\nu\sigma}}{\partial x_\mu} - \frac{\partial g_{\mu\nu}}{\partial x_\sigma}\right) \tag{21}$$

最后，将（20d）乘以 $g^{\sigma\tau}$（对指标 τ 作外乘，对指标 σ 作内乘），我们得测地线的方程为

$$\frac{d^2 x_\tau}{ds^2} + \{\mu\nu,\tau\}\frac{dx_\mu}{ds}\frac{dx_\nu}{ds} = 0 \tag{22}$$

式中，根据克利斯朵夫的建议，我们使用了下列记号

$$\{\mu\nu,\tau\} = g^{\tau\alpha}[\mu\nu,\alpha] \tag{23}$$

§10. 用微分构造张量

借助于测地线方程，我们就可以容易地用微分的方法，从原有的理论推导出新理论中的自然定律。这意味着我们首次能够写出广义协变的微分方程。我们达到这一目的是由于反复运用了下述简单的定律：

如果在我们的连续统中给定了一条曲线，曲线上各点用从曲线上某一定点出发，实际测出的距离 s 来表征，又设 ϕ 是空间的不变函数，那么 $d\phi/ds$ 也是一个不变量，证明的关键是 ds 和 $d\phi$ 都是不变量。

由于有

$$\frac{d\phi}{ds} = \frac{\partial\phi}{\partial x_\mu}\frac{dx_\mu}{ds}$$

所以

$$\psi = \frac{\partial\phi}{dx_\mu}\frac{dx_\mu}{ds}$$

也是一个不变量，而且对这连续统中，由一点出发的所有曲线都是不变量，也就是说，对于矢量 dx_μ 的任意选择都是不变量。因此立刻可以得出：

$$A_\mu = \frac{\partial\phi}{\partial x_\mu} \tag{24}$$

是一个协变 4-矢量，即 ϕ 的“梯度”。

根据我们的规则，在一条曲线上所取的微商

$$\chi = \frac{d\psi}{ds}$$

同样也是一个不变量，将 ψ 的值代入上式，可得

$$\chi = \frac{\partial^2 \phi}{\partial x_\mu \partial x_\nu} \frac{dx_\mu}{ds} \frac{dx_\nu}{ds} + \frac{\partial \phi}{\partial x_\mu} \frac{d^2 x_\mu}{ds^2}.$$

从这里不能立刻推出一个张量的存在，但是我们可以把我们沿着进行微分的曲线取为测地线，那么通过（22）将 d^2x_ν/ds^2 代入，得

$$\chi = \left(\frac{\partial^2 \phi}{\partial x_\mu \partial x_\nu} - \{\mu\nu, \tau\} \frac{\partial \phi}{\partial x_\tau}\right) \frac{dx_\mu}{ds} \frac{dx_\nu}{ds}.$$

因为我们可以改变微分的次序，又因为根据（23）和（21），克利斯朵夫记号对于 μ 和 ν 都是对称的，所以式子对 μ 和 ν 都是对称的。由于在连续统中的测地线，在某点可以沿任意方向出发，所以 dx_μ/ds 是一个 4−矢量，其分量之比可以是任意的。由 §7 可知，

$$A_{\mu\nu} = \frac{\partial^2 \phi}{\partial x_\mu \partial x_\nu} - \{\mu\nu, \tau\} \frac{\partial \phi}{\partial x_\tau} \tag{25}$$

是一个二秩协变张量。于是我们得到下列结果：我们通过微分，从一个一秩协变张量

$$A_\mu = \frac{\partial \phi}{\partial x_\mu}$$

得到一个二秩协变张量

$$A_{\mu\nu} = \frac{\partial A_\mu}{\partial x_\nu} - \{\mu\nu, \tau\} A_\tau \tag{26}$$

我们称 $A_{\mu\nu}$ 为 A_μ 的扩张（协变导数）。首先，我们可以证明，即使矢量 A_μ 不能表为梯度，这一操作也会导致一个张量。为看出这一点，我们首先注意到，如果 ψ 和 ϕ 都是标量，则

$$\psi \frac{\partial \phi}{\partial x_\mu}$$

就是协变矢量。如果 $\psi^{(1)}$，$\phi^{(1)}$，⋯，$\psi^{(4)}$，$\phi^{(4)}$ 都是标量的话，4 个此类项之和，

$$S_\mu = \psi^{(1)} \frac{\phi \partial^{(1)}}{\partial x_\mu} + . + . + \psi^{(4)} \frac{\partial \phi^{(4)}}{\partial x_\mu},$$

也是协变矢量。因为，如果 A_μ 是矢量，它的各分量都是 x_ν 的任意函数，为了保证 S_μ 等于 A_μ，只需令（用选定的坐标系表示）

$$\begin{aligned}
\psi^{(1)} &= A_1, \quad \phi^{(1)} = x_1, \\
\psi^{(2)} &= A_2, \quad \phi^{(2)} = x_2, \\
\psi^{(3)} &= A_3, \quad \phi^{(3)} = x_3, \\
\psi^{(4)} &= A_4, \quad \phi^{(4)} = x_4,
\end{aligned}$$

即可。

因此，如果用任何协变矢量取代 A_μ 放入右边，为了证明 $A_{\mu\nu}$ 是一个张量，只需证明对矢量 S_μ 有这样的性质即可。可是（26）的右边告诉我们，为了完成这后一任务，只需提供下述情况

$$A_\mu = \psi \frac{\partial \phi}{\partial x_\mu}.$$

的证明即可。现在，将（25）的右边乘以 ψ，

$$\psi \frac{\partial^2 \phi}{\partial x_\mu \partial x_\nu} - \{\mu\nu, \tau\} \psi \frac{\partial \phi}{\partial x_\tau}$$

这是一个张量，同样，两个矢量的外积

$$\frac{\partial \psi}{\partial x_\mu} \frac{\partial \phi}{\partial x_\nu}$$

也是一个张量。两者相加，就证明了下式

$$\frac{\partial}{\partial x_\nu}\left(\psi \frac{\partial \phi}{\partial x_\mu}\right) - \{\mu\nu, \tau\}\left(\psi \frac{\partial \phi}{\partial x_\tau}\right).$$

的张量性质。利用（26），我们将看到，到此就证明了

$$\psi \frac{\partial \phi}{\partial x_\mu}$$

是一个矢量，作为推论，也就完成了对任何矢量 A_μ 的证明。

借助于矢量的扩张，我们很容易定义任意秩的协变张量的“扩张”。这是矢量扩张的推广，我们只就二秩张量的情况作一讨论，因为这就足以给出形成法则的清楚概念。

正如已经提到过的那样，任意二秩协变张量都可以表示为 $A_\mu B_\nu$ 类型的张量之和[①]。只要导出这种特殊类型的张量扩张就足够了。根据（26）式，下列两式

$$\frac{\partial A_\mu}{\partial x_\sigma} - \{\sigma\mu, \tau\} A_\tau,$$
$$\frac{\partial B_\nu}{\partial x_\sigma} - \{\sigma\nu, \tau\} B_\tau,$$

都是张量，将第一式用 B_ν 外乘，将第二式用 A_μ 外乘，我们可得到两个三秩张量。将这两个三秩张量相加，并令 $A_{\mu\nu}=A_\mu B_\nu$，即得到一个三秩张量：

$$A_{\mu\nu\sigma} = \frac{\partial B_{\mu\nu}}{\partial x_\sigma} - \{\sigma\mu, \tau\} A_{\tau\nu} - \{\sigma\nu, \tau\} A_{\mu\tau} \tag{27}$$

由于（27）对于 $A_{\mu\nu}$ 及其一阶导数是线性和齐次的，所以，这种构造张量的规律不仅对于 $A_\mu B_\nu$ 类型的情况有效，而且对于这种类型的和也有效，这就是说，也是对任意二秩协变张量有效，我们称 $A_{\mu\nu\sigma}$ 为张量 $A_{\mu\nu}$ 的扩张。

显然，（26）和（24）只是张量扩张的两个特殊情况（分别是一秩张量和零秩张量的扩张）。

一般来说，所有构造张量的特殊规律都包含在（27）和张量的乘法结合之中。

§11. 一些特别重要的情形

基本张量　我们首先证明几个以后有用的引理。根据行列式的微分规则有

$$dg = g^{\mu\nu} g dg_{\mu\nu} = -g_{\mu\nu} g dg^{\mu\nu}. \tag{28}$$

（28）式中，后面的等号是由下述等式导出的，如果我们记得 $g_{\mu\nu}g^{\mu'\nu}=\delta_\mu^{\mu'}$，就有 $g_{\mu\nu}g^{\mu\nu}=4$，因而

$$g_{\mu\nu} dg^{\mu\nu} + g^{\mu\nu} dg_{\mu\nu} = 0.$$

---

① 将一个有任意分量 A_{11}，A_{12}，A_{13}，A_{14} 的矢量与一个分量为1，0，0，0的矢量作外积，即可得出一个分量为

$$\begin{matrix} A_{11} & A_{12} & A_{13} & A_{14} \\ 0 & 0 & 0 & 0 \\ 0 & 0 & 0 & 0 \\ 0 & 0 & 0 & 0. \end{matrix}$$

的张量。将类似形式的4个张量加起来，就可以得到具有任意给定分量的张量 $A_{\mu\nu}$。

由（28）得

$$\frac{1}{\sqrt{-g}}\frac{\partial\sqrt{-g}}{\partial x_\sigma}=\frac{1}{2}\frac{\partial\log(-g)}{\partial x_\sigma}=\frac{1}{2}g^{\mu\nu}\frac{\partial g_{\mu\nu}}{\partial x_\sigma}=\frac{1}{2}g_{\mu\nu}\frac{\partial g^{\mu\nu}}{\partial x_\sigma}. \tag{29}$$

再有，从 $g_{\mu\sigma}g^{\nu\sigma}=\delta_\mu^\nu$，经过微分得

$$\left.\begin{aligned} g_{\mu\sigma}dg^{\nu\sigma}&=-g^{\nu\sigma}dg_{\mu\sigma}\\ g_{\mu\sigma}\frac{\partial g^{\nu\sigma}}{\partial x_\lambda}&=-g^{\nu\sigma}\frac{\partial g_{\mu\sigma}}{\partial x_\lambda}\end{aligned}\right\} \tag{30}$$

由此，分别混合乘以 $g^{\sigma\tau}$ 和 $g_{\nu\lambda}$，然后改变指标，得

$$\left.\begin{aligned} dg^{\mu\nu}&=-g^{\mu\alpha}g^{\nu\beta}dg_{\alpha\beta}\\ \frac{\partial g^{\mu\nu}}{\partial x_\sigma}&=-g^{\mu\alpha}g^{\nu\beta}\frac{\partial g_{\alpha\beta}}{\partial x_\sigma}\end{aligned}\right\} \tag{31}$$

以及

$$\left.\begin{aligned} dg^{\mu\nu}&=-g_{\mu\alpha}g_{\nu\beta}dg^{\alpha\beta}\\ \frac{\partial g_{\mu\nu}}{\partial x_\sigma}&=-g_{\mu\alpha}g_{\nu\beta}\frac{\partial g^{\alpha\beta}}{\partial x_\sigma}\end{aligned}\right\} \tag{32}$$

由（31）可得出一个我们以后常用的公式，根据（21），有

$$\frac{\partial g_{\alpha\beta}}{\partial x_\sigma}=[\alpha\sigma,\beta]+[\beta\sigma,\alpha] \tag{33}$$

将此式代入（31）的第二式，再考虑到（23）得

$$\frac{\partial g^{\mu\nu}}{\partial x_\sigma}=-g^{\mu\tau}\{\tau\sigma,\nu\}-g^{\nu\tau}\{\tau\sigma,\mu\} \tag{34}$$

将（34）的右边代入（29），得

$$\frac{1}{\sqrt{-g}}\frac{\partial\sqrt{-g}}{\partial x_\sigma}=\{\mu\sigma,\mu\} \tag{29a}$$

逆变矢量的散度 如果我们取（26）与逆变基本张量 $g^{\mu\nu}$ 的内积，并对其第一项作一变换之后，右边就约化成

$$\frac{\partial}{\partial x_\nu}\left(g^{\mu\nu}\mathrm{A}_\mu\right) - \mathrm{A}_\mu\frac{\partial g^{\mu\nu}}{\partial x_\nu} - \frac{1}{2}g^{\tau\alpha}\left(\frac{\partial g_{\mu\alpha}}{\partial x_\nu} + \frac{\partial g_{\nu\alpha}}{\partial x_\mu} - \frac{\partial g_{\mu\nu}}{\partial x_\alpha}\right)g^{\mu\nu}A_\tau.$$

根据（31），（29）两式，上式的最后一项可以改写成

$$\frac{1}{2}\frac{\partial g^{\tau\nu}}{\partial x_\nu}\mathrm{A}_\tau + \frac{1}{2}\frac{\partial g^{\tau\mu}}{\partial x_\mu}\mathrm{A}_\tau + \frac{1}{\sqrt{-g}}\frac{\partial\sqrt{-g}}{\partial x_\alpha}g^{\mu\nu}\mathrm{A}_\tau.$$

由于求和指标是无关紧要的，此式的头两项，与上一式的第二项互相抵消，如果我们记 $g^{\mu\nu}\mathrm{A}_\mu = \mathrm{A}^\nu$，于是，$\mathrm{A}^\nu$与 A_μ一样是一个任意矢量，最后得标量

$$\Phi = \frac{1}{\sqrt{-g}}\frac{\partial}{\partial x_\nu}\left(\sqrt{-g}\,\mathrm{A}^\nu\right) \tag{35}$$

这就是逆变矢量 A^ν的散度。

协变矢量的旋度 （26）中的第二项对于指标 μ 和 ν 是对称的，因此 $\mathrm{A}_{\mu\nu} - \mathrm{A}_{\nu\mu}$是一个构造特别简单的反对称张量。我们得到

$$\mathrm{B}_{\mu\nu} = \frac{\partial\mathrm{A}_\mu}{\partial x_\nu} - \frac{\partial\mathrm{A}_\nu}{\partial x_\mu} \tag{36}$$

6 矢量的反对称扩张 将（27）应用于反对称二秩张量 $\mathrm{A}_{\mu\nu}$，再依次循环置换此式的指标得出两个公式，然后将三式相加，就得到一个三秩张量：

$$\mathrm{B}_{\mu\nu\sigma} = \mathrm{A}_{\mu\nu\sigma} + \mathrm{A}_{\nu\sigma\mu} + \mathrm{A}_{\sigma\mu\nu} + \frac{\partial\mathrm{A}_{\mu\nu}}{\partial x_\sigma} + \frac{\partial\mathrm{A}_{\nu\sigma}}{\partial x_\mu} + \frac{\partial\mathrm{A}_{\sigma\mu}}{\partial x_\nu} \tag{37}$$

很容易证明，这个张量是反对称的。

6 矢量的散度 将（27）与 $g^{\mu\alpha}g^{\nu\beta}$作混合乘积，我们也能得到一个张量。（27）右边第一项可以写成

$$\frac{\partial}{\partial x_\sigma}\left(g^{\mu\alpha}g^{\nu\beta}\mathrm{A}_{\mu\nu}\right) - g^{\mu\alpha}\frac{\partial g^{\nu\beta}}{\partial x_\sigma}\mathrm{A}_{\mu\nu} - g^{\nu\beta}\frac{\partial g^{\mu\alpha}}{\partial x_\sigma}\mathrm{A}_{\mu\nu}.$$

如果我们把 $g^{\mu\alpha}g^{\nu\beta}\mathrm{A}_{\mu\nu\sigma}$ 记作 $\mathrm{A}_\sigma^{\alpha\beta}$，把 $g^{\mu\alpha}g^{\nu\beta}\mathrm{A}_{\mu\nu}$ 记作 $\mathrm{A}^{\alpha\beta}$，再在改写后的第一项中，用（34）的右边代替

$$\frac{\partial g^{\nu\beta}}{\partial x_\sigma} \quad 和 \quad \frac{\partial g^{\mu\alpha}}{\partial x_\sigma}$$

结果得到的（27）的右边共有 7 项，其中 4 项互相抵消掉，得

$$A^{\alpha\beta}_{\sigma} = \frac{\partial A^{\alpha\beta}}{\partial x_\sigma} + \{\sigma\gamma,\alpha\} A^{\gamma\beta} + \{\sigma\gamma,\beta\} A^{\alpha\gamma} \tag{38}$$

这是一个二秩逆变张量的扩张的表达式，同样也可以构成更高秩或更低秩的逆变张量的扩张。

我们注意到，用类似方法也可以构成混合张量A^{α}_{μ}的扩张：

$$A^{\alpha}_{\mu\sigma} = \frac{\partial A^{\alpha}_{\mu}}{\partial x_\sigma} - \{\sigma\mu,\tau\} A^{\alpha}_{\tau} + \{\sigma\tau,\alpha\} A^{\tau}_{\mu} \tag{39}$$

当对（38）进行关于二指标β和σ的缩并（就是与δ^{σ}_{β}作内积）时，我们得到矢量

$$A^{\alpha} = \frac{\partial A^{\alpha\beta}}{\partial x_\beta} + \{\beta\gamma,\beta\} A^{\alpha\gamma} + \{\beta\gamma,\alpha\} A^{\gamma\beta}.$$

考虑到克利斯朵夫记号$\{\beta\gamma,\alpha\}$对于β和γ二个指标的对称性，若$A^{\alpha\beta}$正如我们假设那样是一个反对称张量时，则右边第三项成为零。而第二项可按（29a）进行变换，于是得

$$A^{\alpha} = \frac{1}{\sqrt{-g}} \frac{\partial\left(\sqrt{-g}\,A^{\alpha\beta}\right)}{\partial x_\beta} \tag{40}$$

这是一个逆变 6 矢量的散度的表达式。

二秩混合张量的散度　将（39）对指标进行缩并，并考虑到（29a），得

$$\sqrt{-g}\,A_{\mu} = \frac{\partial\left(\sqrt{-g}\,A^{\sigma}_{\mu}\right)}{\partial x_\sigma} - \{\sigma\mu,\tau\}\sqrt{-g}\,A^{\sigma}_{\tau} \tag{41}$$

如果在最后一项中引入一个逆变张量$A^{\rho\sigma} = g^{\rho\tau} A^{\sigma}_{\tau}$，则这一项成为

$$-[\sigma\mu,\rho]\sqrt{-g}\,A^{\rho\sigma}.$$

如果进一步设$A^{\rho\sigma}$是对称的，则简化为

$$-\frac{1}{2}\sqrt{-g}\,\frac{\partial g_{\rho\sigma}}{\partial x_\mu} A^{\rho\sigma}.$$

我们曾经引入过一个协变张量$A_{\rho\sigma} = g_{\rho\alpha}\, g_{\sigma\beta} A^{\alpha\beta}$来代替$A^{\rho\sigma}$，这个张量也是对称的，根据（31），这最后一项成为

$$\frac{1}{2}\sqrt{-g}\,\frac{\partial g^{\rho\sigma}}{\partial x_\mu} A_{\rho\sigma}.$$

在对称的情况下，（41）也可以用下面两式来代替：

$$\sqrt{-g}\,A_{\mu}=\frac{\partial\left(\sqrt{-g}\,A_{\mu}^{\sigma}\right)}{\partial x_{\sigma}}-\frac{1}{2}\frac{\partial g_{\rho\sigma}}{\partial x_{\mu}}\sqrt{-g}\,A^{\rho\sigma} \tag{41a}$$

$$\sqrt{-g}\,A_{\mu}=\frac{\partial\left(\sqrt{-g}\,A_{\mu}^{\sigma}\right)}{\partial x_{\sigma}}-\frac{1}{2}\frac{\partial g^{\rho\sigma}}{\partial x_{\mu}}\sqrt{-g}\,A_{\rho\sigma} \tag{41b}$$

上述两个式子在后面还要用到。

§12. 黎曼－克利斯朵夫张量

现在我们寻找一种通过微分方法，单独地从基本张量获得的张量。初看起来，解答是显而易见的，在（27）中用基本张量 $g_{\mu\nu}$ 去代替式中的任意张量 $A_{\mu\nu}$ 即可，这样就得出了新的张量，即进行了基本张量的扩张。不过，容易验证，这样得出的基本张量的扩张恒等于零。为了达到这一目的，我们采用下述方法。在（27）中，取

$$A_{\mu\nu}=\frac{\partial A_{\mu}}{\partial x_{\nu}}-\{\mu\nu,\rho\}A_{\rho},$$

即求这个 4－矢量 A_{μ} 的扩张。于是（在经过某些指标变动之后）得到的一个三秩张量

$$\begin{aligned}A_{\mu\sigma\tau}=&\frac{\partial^{2}A_{\mu}}{\partial x_{\sigma}\partial x_{\tau}}-\{\mu\sigma,\rho\}\frac{\partial A_{\rho}}{\partial x_{\tau}}-\{\mu\tau,\rho\}\frac{\partial A_{\rho}}{\partial x_{\sigma}}-\{\sigma\tau,\rho\}\frac{\partial A_{\mu}}{\partial x_{\rho}}\\&+\left[-\frac{\partial}{\partial x_{\tau}}\{\mu\sigma,\rho\}+\{\mu\tau,\alpha\}\{\alpha\sigma,\rho\}+\{\sigma\tau,\alpha\}\{\alpha\mu,\rho\}\right]A_{\rho}.\end{aligned}$$

此式建议我们构建张量 $A_{\mu\sigma\tau}-A_{\mu\tau\sigma}$。因为如果我们这样做，$A_{\mu\sigma\tau}$ 中的下列各项将同 $A_{\mu\tau\sigma}$ 中的相应项抵消：第 1 项，第 4 项和方括号中的最后一项，因为它们都是对 σ 和 τ 是对称的；第 2 项和第 3 项之和也是如此。于是我们得到

$$A_{\mu\sigma\tau}-A_{\mu\tau\sigma}=B_{\mu\sigma\tau}^{\rho}A_{\rho} \tag{42}$$

其中

$$B_{\mu\sigma\tau}^{\rho}=\frac{\partial}{\partial x_{\tau}}\{\mu\sigma,\rho\}+\frac{\partial}{\partial x_{\sigma}}\{\mu\tau,\rho\}-\{\mu\sigma,\alpha\}\{\alpha\tau,\rho\}+\{\mu\tau,\alpha\}\{\alpha\sigma,\rho\} \tag{43}$$

这一结果的主要特点是（42）的右边只有 A_{ρ}，而它的导数并不出现。根据 $A_{\mu\sigma\tau}-A_{\mu\tau\sigma}$ 的张量性质以及 A_{ρ} 是任意矢量的事实，由 §7 的论证得知，$B_{\mu\sigma\tau}^{\rho}$ 是一个张量，这就

是黎曼-克利斯朵夫张量。

这个张量在数学上具有如下的重要性：如果连续统具有这样一种性质，即存在一个坐标系而相对此坐标系 $g_{\mu\nu}$ 为常数，则所有 $B^{\rho}_{\mu\sigma\tau}$ 都等于零。如果我们选取另一新坐标系来取代原来那个坐标系，而对于新坐标系 $g_{\mu\nu}$ 不是常数的话，由于其张量性质，变换到新坐标系去的 $B^{\rho}_{\mu\sigma\tau}$ 的各分量仍然等于零。因此，黎曼张量为零，是下述事实的必要条件：选择适当的坐标系可以使 $g_{\mu\nu}$ 成为常数[①]。在我们所讨论的问题中，这一点相当于选择适当的坐标系，使得在连续统的有限区域中，狭义相对论能很好地成立。

将（43）对于指标 τ 和 ρ 进行缩并，得到一个二秩协变张量

$$G_{\mu\nu} = B^{\rho}_{\mu\nu\rho} = R_{\mu\nu} + S_{\mu\nu}$$

其中

$$\left.\begin{aligned} R_{\mu\nu} &= -\frac{\partial}{\partial x_\alpha}\{\mu\nu,\alpha\} + \{\mu\alpha,\beta\}\{\nu\beta,\alpha\} \\ S_{\mu\nu} &= \frac{\partial^2 \log\sqrt{-g}}{\partial x_\mu \partial x_\nu} - \{\mu\nu,\alpha\}\frac{\partial \log\sqrt{-g}}{\partial x_\alpha} \end{aligned}\right\} \tag{44}$$

关于选择坐标系的注释 从§8的方程（18a）中已经明显看到，通过选取坐标系以使 $\sqrt{-g}=1$ 较为有利。观察一下在前两节中所得到的方程可以看出，在这种选择之下，构造张量的规则将会大大简化。这对我们刚刚得到的张量 $G_{\mu\nu}$ 也同样适用。这个张量在下面将要提出的理论中，将起着重要作用。因为坐标系的这种选择能够带来 $S_{\mu\nu}=0$ 的结果，从而可使 $G_{\mu\nu}$ 约化到 $R_{\mu\nu}$。

因此，在以后的讨论中，我给出的所有关系式，都将是这样特殊选择坐标系情况下的简化形式。如果在特殊情形下是令人满意的，那么恢复到广义协变方程也是一件容易的事了。

C. 引力场理论

§13. 粒子在引力场中的运动方程，引力场分量的表达式

在狭义相对论中，一个不受外力的自由质点做匀速直线运动，而根据广义相对论，对于四维空间的一部分，其中坐标系可以被选为，而且实际上确被选为其 $g_{\mu\nu}$ 具有（4）给出的特殊常数值的 K_0 时，情况也和狭义相对论一样。

---

① 数学家已经证明，这也是充分条件。

如果我们从任意一个坐标系 K_1 来考查这一运动。根据 §2 的讨论，从 K_1 看来，质点是在引力场中运动。质点对于 K_1 的运动规律，不难从下面的讨论中得出。对于 K_0 来说，运动规律相当于一条四维的直线，即相当于一条测地线。现在，由于测地线是与参考系无关的，它的方程也就是质点对于 K_1 的运动方程。如果我们令

$$\Gamma_{\mu\nu}^{\tau} = -\{\mu\nu, \tau\} \quad (45)$$

则质点对于 K_1 的运动方程就是

$$\frac{d^2 x_\tau}{ds^2} = \Gamma_{\mu\nu}^{\tau} \frac{dx_\mu}{ds} \frac{dx_\nu}{ds} \quad (46)$$

现在我们作一个很自然的假设：即使没有 K_0，即不存在有限空间中狭义相对论很好成立的坐标系，质点在引力场中的运动也服从协变的方程组（46）。我们作这个假设还有更多的根据，因为（46）中只包含 $g_{\mu\nu}$ 的一阶导数，在它们之间没有任何联系[①]，即使在 K_0 存在的特殊情况下也是如此。

假如克利斯朵夫记号的分量都为零，则质点做匀速直线运动。所以这些量规定了运动对于匀速直线的偏离，它们是引力场的分量。

§14. 无物质的引力场方程

此后，我们将对“引力场”和“物质”作一个区分，我们称引力场以外的一切东西为“物质”。因此“物质”一词不仅包括通常意义下的物质，也包括电磁场。

我们下一个任务是寻求在不存在物质情况下的引力场方程。在这里，我们依然使用上一节写出质点运动方程时所用的方法。所求的方程必须满足的一种特殊情况，即 $g_{\mu\nu}$ 是某些常数值的狭义相对论的情况。考虑在某一确定的坐标系 K_0 中的某一有限空间。相对于这个坐标系，（43）所定义的黎曼张量的所有分量 $B_{\mu\sigma\tau}^{\rho}$ 都等于零。对于所考虑的空间，它们为零，所以对于任意其他的坐标系，也应该等于零。

因此，如果所有的 $B_{\mu\sigma\tau}^{\rho}$ 分量都为零的话，则所求的无物质引力场方程，一定在任何情况下都满足。然而，这一条件太过分了。因为很明显，例如质点在其附近所产生的引力场肯定不会被变换掉，无论选择怎样的坐标系都不行。这就是说，它不会被变换到 $g_{\mu\nu}$ 等于常数的情况。

这一点促使我们转而要求，由张量 $B_{\mu\nu\tau}^{\rho}$ 导出的对称张量 $G_{\mu\nu}$ 对无物质引力场为

---

① 从 § 12可知，$B_{\mu\sigma\tau}^{\rho}=0$ 成立，仅仅是二阶（与一阶）导数之间的关系。

零。这样一来，我们对于 10 个量 $g_{\mu\nu}$ 得到了 10 个方程，所有 $B^{\rho}_{\mu\nu\tau}$ 都等于零的特殊情况满足这些方程。在坐标系这样的选定之下，并考虑到（44），无物质引力场的方程成为

$$\left.\begin{array}{l}\frac{\partial\Gamma^{\alpha}_{\mu\nu}}{\partial x_{\alpha}}+\Gamma^{\alpha}_{\mu\beta}\Gamma^{\beta}_{\nu\alpha}=0\\ \sqrt{-g}=1\end{array}\right\} \tag{47}$$

必须指出，在这一组方程的选择中，仅有最低的任意性。因为由 $g_{\mu\nu}$ 及其不高于二阶的导数构成的二秩张量，而且这个张量又是这些二阶导数的线性式，则这个张量只能是 $G_{\mu\nu}$。①

根据相对论广义理论的要求，通过纯数学方法得到的这些方程，和运动方程（46）一起，在一级近似下给出了牛顿万有引力定律，在二级近似下给出了由勒维耶（Leverrier）发现的水星近日点的进动的解释（这种进动在作了扰动校正后仍然存在）。这些事实，在我看来，必然是这一理论正确性的令人信服的证明。

§ 15. 引力场的哈密顿函数，能量动量定律

为了证明引力场方程与能量动量定律相对应，最方便的办法是把它们写成下述哈密顿形式：

$$\left.\begin{array}{l}\delta\int Hd\tau=0\\ H=g^{\mu\nu}\Gamma^{\alpha}_{\mu\beta}\Gamma^{\beta}_{\nu\alpha}\\ \sqrt{-g}=1\end{array}\right\} \tag{47a}$$

其中，在我们所考虑的四维区域的边界上，变分为零。

首先我们必须证明，（47a）的形式与方程（47）等价。为此，我们把 H 看作为是 $g^{\mu\nu}$ 和 $g^{\mu\nu}_{\sigma}(=\partial g^{\mu\nu}/\partial x_{\sigma})$ 的函数。

---

① 准确地说，仅能确认的张量是

$$G_{\mu\nu}+\lambda g_{\mu\nu}g^{\alpha\beta}G_{\alpha\beta},$$

其中λ是常数。然而，倘若设该张量为零，我们再次回到等式 $G_{\mu\nu}=0$。

$$\delta H = \Gamma^{\alpha}_{\mu\beta}\Gamma^{\beta}_{\nu\alpha}\delta g^{\mu\nu} + 2g^{\mu\nu}\Gamma^{\alpha}_{\mu\beta}\delta\Gamma^{\beta}_{\nu\alpha}$$
$$= -\Gamma^{\alpha}_{\mu\beta}\Gamma^{\beta}_{\nu\alpha}\delta g^{\mu\nu} + 2\Gamma^{\alpha}_{\mu\beta}\delta\left(g^{\mu\nu}\Gamma^{\beta}_{\nu\alpha}\right).$$

但是

$$\delta\left(g^{\mu\nu}\Gamma^{\beta}_{\nu\alpha}\right) = -\tfrac{1}{2}\delta\left[g^{\mu\nu}g^{\beta\lambda}\left(\frac{\partial g_{\nu\lambda}}{\partial x_{\alpha}} + \frac{\partial g_{\alpha\lambda}}{\partial x_{\nu}} - \frac{\partial g_{\alpha\nu}}{\partial x_{\lambda}}\right)\right].$$

式中圆括号内最后两项的符号相反，而且通过交换指标μ和β可以由一个得到另一个（因为求和指标的标记是无关紧要的），它们在δH的式子中所乘的又是对于指标μ和β为对称的量$\Gamma^{\alpha}_{\mu\beta}$，所以这两项互相抵消，只剩下圆括号中的第一项，再考虑到（31），我们得

$$\delta H = -\Gamma^{\alpha}_{\mu\beta}\Gamma^{\beta}_{\nu\alpha}\delta g^{\mu\nu} + \Gamma^{\alpha}_{\mu\beta}\delta g^{\mu\beta}_{\alpha}.$$

于是

$$\left.\begin{aligned}\frac{\partial H}{\partial g^{\mu\nu}} &= -\Gamma^{\alpha}_{\mu\beta}\Gamma^{\beta}_{\nu\alpha}\\ \frac{\partial H}{\partial g^{\mu\nu}_{\sigma}} &= \Gamma^{\sigma}_{\mu\nu}\end{aligned}\right\} \tag{48}$$

对（47a）变分，我们首先得

$$\frac{\partial}{\partial x_{\alpha}}\left(\frac{\partial H}{\partial g^{\mu\nu}_{\alpha}}\right) - \frac{\partial H}{\partial g^{\mu\nu}} = 0, \tag{47b}$$

考虑到（48），此式与（47）一致，即得所证。

将（47b）乘以$g^{\mu\nu}_{\sigma}$，由于

$$\frac{\partial g^{\mu\nu}_{\sigma}}{\partial x_{\alpha}} = \frac{\partial g^{\mu\nu}_{\alpha}}{\partial x_{\sigma}}$$

从而有

$$g^{\mu\nu}_{\sigma}\frac{\partial}{\partial x_{\alpha}}\left(\frac{\partial H}{\partial g^{\mu\nu}_{\alpha}}\right) = \frac{\partial}{\partial x_{\alpha}}\left(g^{\mu\nu}_{\sigma}\frac{\partial H}{\partial g^{\mu\nu}_{\alpha}}\right) - \frac{\partial H}{\partial g^{\mu\nu}_{\alpha}}\frac{\partial g^{\mu\nu}_{\alpha}}{\partial x_{\sigma}},$$

我们得到方程

$$\frac{\partial}{\partial x_{\alpha}}\left(g^{\mu\nu}_{\sigma}\frac{\partial H}{\partial g^{\mu\nu}_{\alpha}}\right) - \frac{\partial H}{\partial x_{\sigma}} = 0$$

或者[①]

$$\left.\begin{aligned}\frac{\partial t_{\sigma}^{\alpha}}{\partial x_{\alpha}}&=0\\-2\kappa t_{\sigma}^{\alpha}&=g_{\sigma}^{\mu\nu}\frac{\partial \mathrm{H}}{\partial g_{\alpha}^{\mu\nu}}-\delta_{\sigma}^{\alpha}\mathrm{H}\end{aligned}\right\}\tag{49}$$

其中，考虑到（48），（47）的第二式和（34），有

$$\kappa t_{\sigma}^{\alpha}=\frac{1}{2}\delta_{\sigma}^{\alpha}g^{\mu\nu}\Gamma_{\mu\beta}^{\lambda}\Gamma_{\nu\lambda}^{\beta}-g^{\mu\nu}\Gamma_{\mu\beta}^{\alpha}\Gamma_{\nu\sigma}^{\beta}\tag{50}$$

值得注意的是，t_{σ}^{α} 并不是张量，另一方面，（49）适用于所有$\sqrt{-g}=1$的坐标系。这一方程表示了引力场的能量动量守恒定律。事实上，这一方程对于三维体积 V 的积分得出下述 4 个方程

$$\frac{d}{dx_{4}}\int t_{\sigma}^{4}dV=\int\left(lt_{\sigma}^{1}+mt_{\sigma}^{2}+nt_{\sigma}^{3}\right)ds\tag{49a}$$

其中 l，m，n 表示边界表面的面元 dS 上向内的法线方向余弦（在欧几里得几何的意义上）。这是通常形式的能量动量守恒定律。我们把 t_{σ}^{α} 称为引力场的“能量分量”。

我现在赋予（47）以第三种形式，这种形式对于真正领会本文内容，是特别有用的。将场方程（47）乘以$g^{\nu\sigma}$，得到“混合”形式的方程

$$g^{\nu\sigma}\frac{\partial\Gamma_{\mu\nu}^{\alpha}}{\partial x_{\alpha}}=\frac{\partial}{\partial x_{\alpha}}\left(g^{\nu\sigma}\Gamma_{\mu\nu}^{\alpha}\right)-\frac{\partial g^{\nu\sigma}}{\partial x_{\alpha}}\Gamma_{\mu\nu}^{\alpha},$$

根据（34），这个量等于

$$\frac{\partial}{\partial x_{\alpha}}\left(g^{\nu\sigma}\Gamma_{\mu\nu}^{\alpha}\right)-g^{\nu\beta}\Gamma_{\alpha\beta}^{\sigma}\Gamma_{\mu\nu}^{\alpha}-g^{\sigma\beta}\Gamma_{\beta\alpha}^{\nu}\Gamma_{\mu\nu}^{\alpha},$$

或者（通过改变求和指标）写作

$$\frac{\partial}{\partial x_{\alpha}}\left(g^{\sigma\beta}\Gamma_{\mu\beta}^{\alpha}\right)-g^{\gamma\delta}\Gamma_{\gamma\beta}^{\sigma}\Gamma_{\delta\mu}^{\beta}-g^{\nu\sigma}\Gamma_{\mu\beta}^{\alpha}\Gamma_{\nu\alpha}^{\beta}.$$

此式的第三项与从场方程（47）的第二项中产生的一项抵消了，利用（50），第二项可以写成

① 引入因子-2κ 的理由见后。

$$\kappa\left(t_\mu^\sigma - \frac{1}{2}\delta_\mu^\sigma t\right),$$

其中$t = t_\alpha^\alpha$。代入（47），可得

$$\left.\begin{aligned}\frac{\partial}{\partial x_\alpha}\left(g^{\alpha\beta}\Gamma_{\mu\beta}^\alpha\right) &= -\kappa\left(t_\mu^\sigma - \frac{1}{2}\delta_\mu^\sigma t\right)\\ \sqrt{-g} &= 1\end{aligned}\right\} \qquad (51)$$

§ 16. 引力场方程的普遍形式

将在 § 15 得到的没有物质空间的引力场方程与牛顿理论的场方程

$$\nabla^2\phi = 0$$

进行比较，我们希望得到一个与泊松（Poisson）方程对应的方程：

$$\nabla^2\phi = 4\pi\kappa\rho,$$

式中ρ为物质的密度。

狭义相对论已经得出结论：惯性质量恰恰就是能量，它的完整的数学表示是一个二秩对称张量，即能量张量。因此在广义相对论中也必须引入一个相对应的物质的能量张量T_σ^α，这个张量与引力场的能量分量t_σ [见（49）、（50）二式] 相类似，将具有混合张量的特性，并且应是对称的协变张量[①]。

方程组（51）告诉我们，能量张量（对应于泊松方程中的密度ρ）是怎样引入引力场方程的。因为，如果我们考虑一个完整的系统（例如太阳系），这一系统的总质量，因而也包括它的引力作用，将取决于系统的总能量，即取决于有质体的能量和引力能量。这将导致（51）中引入$t_\mu^\sigma + T_\mu^\sigma$，即物质的能量分量和引力场的能量分量之和，以取代单独的引力场的能量分量。

这样，我们得到代替（51）的张量方程：

$$\left.\begin{aligned}\frac{\partial}{\partial x_\alpha}\left(g^{\sigma\beta}T_{\mu\beta}^\alpha\right) &= -\kappa\left[\left(t_\mu^\sigma + T_\mu^\sigma\right) - \frac{1}{2}\delta_\mu^\sigma(t + T)\right],\\ \sqrt{-g} &= 1\end{aligned}\right\} \qquad (52)$$

---

① $g_{\alpha\tau}T_\sigma^\alpha = T_{\sigma\tau}$和$g^{\sigma\beta}T_\sigma^\alpha = T^{\alpha\beta}$都是对称张量。

其中我们已令$T=T_{\mu}^{\mu}$（劳厄标量）。这就是我们所要找的混合形式的普遍的引力场方程。由此倒推回去，得到替代（47）的方程为

$$\left.\begin{aligned}\frac{\partial}{\partial x_{\alpha}}\Gamma_{\mu\nu}^{\alpha}+\Gamma_{\mu\beta}^{\alpha}\Gamma_{\nu\alpha}^{\beta}&=-\kappa\left(T_{\mu\nu}-\frac{1}{2}g_{\mu\nu}T\right),\\ \sqrt{-g}&=1\end{aligned}\right\}\tag{53}$$

必须承认，这种引入物质的能量张量的方法，不能单独由相对性公设来证明合理。由于这个原因，我们在这里的推理，是从下述要求出发的，即引力场的能量和其他别的能量一样在引力方面起作用。然而选用这些方程的最充足的理由，与（49）和（49a）精确对应的，关于动量和能量守恒的方程，对于总能量分量很好地成立。这将在§17中讨论。

§17. 普遍情形下的守恒律

对（52）进行变换，容易使其右边第二项为零。将此式对指标μ和σ进行缩并，将所得结果乘以$\frac{1}{2}\delta_{\mu}^{\sigma}$，再将所得结果与（52）相减，可得

$$\frac{\partial}{\partial x_{\alpha}}\left(g^{\sigma\beta}\Gamma_{\mu\beta}^{\alpha}-\frac{1}{2}\delta_{\mu}^{\sigma}g^{\lambda\beta}\Gamma_{\lambda\beta}^{\alpha}\right)=-\kappa\left(t_{\mu}^{\sigma}+T_{\mu}^{\sigma}\right).\tag{52a}$$

对此式作$\partial/\partial x_{\sigma}$运算，得

$$\frac{\partial^{2}}{\partial x_{\alpha}\partial x_{\sigma}}\left(g^{\sigma\beta}\Gamma_{\beta\mu}^{\alpha}\right)=-\frac{1}{2}\frac{\partial^{2}}{\partial x_{\alpha}\partial x_{\sigma}}\left[g^{\sigma\beta}g^{\alpha\lambda}\left(\frac{\partial g_{\mu\lambda}}{\partial x_{\beta}}+\frac{\partial g_{\beta\lambda}}{\partial x_{\mu}}-\frac{\partial g_{\mu\beta}}{\partial x_{\lambda}}\right)\right].$$

将圆括号中第三项中的求和指标α和σ对调，β和λ对调，即可看出右边圆括号中的第一项和第三项互相抵消。将其第二项利用（31）改写，从而得

$$\frac{\partial^{2}}{\partial x_{\alpha}\partial x_{\sigma}}\left(g^{\sigma\beta}\Gamma_{\mu\beta}^{\alpha}\right)=\frac{1}{2}\frac{\partial^{3}g^{\alpha\beta}}{\partial x_{\alpha}\partial x_{\beta}\partial x_{\mu}}\tag{54}$$

（52a）左边第二项给出

$$-\frac{1}{2}\frac{\partial^{2}}{\partial x_{\alpha}\partial x_{\mu}}\left(g^{\lambda\beta}\Gamma_{\lambda\beta}^{\alpha}\right)$$

或者

$$\frac{1}{4}\frac{\partial^2}{\partial x_\alpha \partial x_\mu}\left[g^{\lambda\beta}g^{\alpha\delta}\left(\frac{\partial g_{\delta\lambda}}{\partial x_\beta}+\frac{\partial g_{\delta\beta}}{\partial x_\lambda}-\frac{\partial g_{\lambda\beta}}{\partial x_\delta}\right)\right].$$

对于我们已经选定的坐标系，从圆括号最后一项所导出的式子根据（29）等于零。另外两项可以根据（31）结合在一起给出

$$-\frac{1}{2}\frac{\partial^3 g^{\alpha\beta}}{\partial x_\alpha \partial x_\beta \partial x_\mu},$$

再考虑到（54），我们得到下列恒等式：

$$\frac{\partial^2}{\partial x_\alpha \partial x_\sigma}\left(g^{\rho\beta}\Gamma_{\mu\beta}-\frac{1}{2}\delta_\mu^\sigma g^{\lambda\beta}\Gamma_{\lambda\beta}^\alpha\right)\equiv 0 \qquad (55)$$

由（55）和（52a），最后得

$$\frac{\partial\left(t_\mu^\sigma+T_\mu^\sigma\right)}{\partial x_\sigma}=0 \qquad (56)$$

这样，我们从引力场方程导出了能量动量守恒定律。这一点从导出（49a）时的考虑中最容易看出。两处彼此相异的是，这里用的是物质和引力场的能量分量，而不是那里仅有的引力场的能量分量。

§ 18. 物质能量动量定律作为场方程的推论

将（53）乘以 $\partial g^{\mu\nu}/\partial x_\sigma$，按照 § 15 中所用的方法，并考虑到下式为零：

$$g_{\mu\nu}\frac{\partial g^{\mu\nu}}{\partial x_\sigma},$$

得到下列方程

$$\frac{\partial t_\sigma^\alpha}{\partial x_\alpha}+\frac{1}{2}\frac{\partial g^{\mu\nu}}{\partial x_\sigma}T_{\mu\nu}=0,$$

或者考虑到（56），

$$\frac{\partial T_\sigma^\alpha}{\partial x_\alpha}+\frac{1}{2}\frac{\partial g^{\mu\nu}}{\partial x_\sigma}T_{\mu\nu}=0 \qquad (57)$$

此式与（41b）的比较表明，在我们已经选定的坐标系中，此式正好是物质能量的散度为零的预言。在物理上，上式左方第二项的出现表明，能量动量守恒定律在严格意义上并不单独对物质成立，或者说只在 $g^{\mu\nu}$ 为常数时，即引力场强处处为零时成立。这第二项表示在单位体积、单位时间内引力场传给物质的能量和动量。利用（41），可将（57）改写成

$$\frac{\partial T_{\sigma}^{\alpha}}{\partial x_{\alpha}}=-\Gamma_{\alpha\sigma}^{\beta}T_{\beta}^{\alpha} \tag{57a}$$

该式使我们看得更加清楚。式中右边表示引力场对于物质在能量方面的影响。

因此，引力场方程中包含着 4 个决定物质现象过程的条件。这 4 个条件完全地给出了物质现象过程的方程，只要这 4 个的微分方程相互独立即可[①]。

D. 物质现象

对于在狭义相对论中所表述的那些物理定律（流体力学，麦克斯韦的电动力学），利用 B 部分中已阐述的数学工具，我们能立即进行推广，使它们也适用于广义相对论。这样做了之后，广义相对性原理并没有进一步限制我们的可能性，却使我们不必引入任何新的假设，而认识到引力对所有过程的作用。

于是，不必再引入关于（局限意义下的）物质的物理本性的确定的假设。特别是可以把电磁场理论和引力场理论结合起来，能否成为物质理论的充分的基础，这一问题留待以后解决。关于这一点广义相对论性原理不能告诉我们什么。电磁场理论和引力学说结合起来，能否解决前者单独解决不了的问题，还要看理论发展的进程来决定。

§ 19. 无摩擦绝热流体的欧拉方程

假设 p 和 ρ 为两个标量，我们称前者是流体的“压强”，后者是流体的“密度”，并且假设它们之间存在一个关系式。假设一个逆变对称张量

$$T^{\alpha\beta}=-g^{\alpha\beta}p+\rho\frac{dx_{\alpha}}{ds}\frac{dx_{\beta}}{ds} \tag{58}$$

① 关于这个问题，参见 H. Hilbert，《Göttingen 经典学会经典数学物理信息》，1915，p. 3。

是此流体的逆变能量张量。与这个张量相关的协变张量为

$$T_{\mu\nu} = -g_{\mu\nu}p + g_{\mu\alpha}g_{\mu\beta}\frac{dx_\alpha}{ds}\frac{dx_\beta}{ds}\rho, \tag{58a}$$

而混合张量为[①]

$$T_\sigma^\alpha = -\delta_\sigma^\alpha p + g_{\sigma\beta}\frac{dx_\beta}{ds}\frac{dx_\alpha}{ds}\rho \tag{58b}$$

将（58b）的右边代入（57a），我们得到广义相对论中的欧拉流体动力学方程。既然我们有 4 个方程（57a）加上已知的 p 和 ρ 之间的方程，以及方程

$$g_{\alpha\beta}\frac{dx_\alpha}{ds}\frac{dx_\beta}{ds} = 1,$$

当 $g_{\alpha\beta}$ 已知时，上述这 6 个方程对于决定 6 个未知量

$$p, \rho, \frac{dx_1}{ds}, \frac{dx_2}{ds}, \frac{dx_3}{ds}, \frac{dx_4}{ds}.$$

就是充分的，这些方程在理论上给出了运动问题的一个完整的解。当 $g_{\alpha\beta}$ 也是未知时，还需要用到（53）。存在确定 $g_{\mu\nu}$ 的 10 个函数的 11 个方程，这些函数似乎是过度定义的。然而应当记住，（57a）已经被包含在（53）中，这样实际上后者只代表 7 个独立方程。这种不确定性，是坐标充分自由选择的很好的理由，其留下的数学上的不确定性，达到了这样的程度，以至于人们可以任意选择 3 个空间函数。[②]

§ 20. 自由空间的麦克斯韦电磁场方程

设 ϕ_ν 是协变矢量的分量，即为一个电磁矢量。根据（36），可由此构成电磁场协变 6 矢量 $F_{\rho\sigma}$。它们满足下列方程组

① 在无穷小区域中，人们可取狭义相对论意义下的参考系，对于共动观测者而言，能量密度 T_4^4 等于 $\rho - p$。这给出了 ρ 的定义。于是，在不可压缩流体中，ρ 并不是常数。

② 在坐标选择放弃 $g=-1$ 条件时，还余下 4 个自由选择的空间函数，对应于我们处理坐标选择时的 4 个任意函数。

$$F_{\rho\sigma}=\frac{\partial\phi_\rho}{\partial x_\sigma}-\frac{\partial\phi_\sigma}{\partial x_\rho} \tag{59}$$

根据（59），电磁场将满足下述方程组

$$\frac{\partial F_{\rho\sigma}}{\partial x_\tau}+\frac{\partial F_{\sigma\tau}}{\partial x_\rho}+\frac{\partial F_{\tau\rho}}{\partial x_\sigma}=0 \tag{60}$$

根据（37），上式的左边是一个三秩反对称张量。因此（60）实质上含有 4 个方程，具体为

$$\left.\begin{aligned}
\frac{\partial F_{23}}{\partial x_4}+\frac{\partial F_{34}}{\partial x_2}+\frac{\partial F_{42}}{\partial x_3}=0\\
\frac{\partial F_{34}}{\partial x_1}+\frac{\partial F_{41}}{\partial x_3}+\frac{\partial F_{13}}{\partial x_4}=0\\
\frac{\partial F_{41}}{\partial x_2}+\frac{\partial F_{12}}{\partial x_4}+\frac{\partial F_{24}}{\partial x_1}=0\\
\frac{\partial F_{12}}{\partial x_3}+\frac{\partial F_{23}}{\partial x_1}+\frac{\partial F_{31}}{\partial x_2}=0
\end{aligned}\right\} \tag{60a}$$

上式相当于麦克斯韦第二方程组，作如下定义

$$\left.\begin{aligned}
F_{23}=H_x,\quad F_{14}=E_x\\
F_{31}=H_y,\quad F_{24}=E_y\\
F_{12}=H_z,\quad F_{34}=E_z
\end{aligned}\right\} \tag{61}$$

就立刻可以看出这一点。于是，我们可以用通常的三维矢量分析的符号，将（60a）写作

$$\left.\begin{aligned}
-\frac{\partial H}{\partial t}=\operatorname{curl}E\\
\operatorname{div}H=0
\end{aligned}\right\} \tag{60b}$$

我们将由闵可夫斯基给出的方程形式来进行推广，就获得麦克斯韦的第一方程组。我们引入一个与 $F^{\alpha\beta}$ 有关的逆变 6 矢量

$$F^{\mu\nu}=g^{\mu\alpha}g^{\nu\beta}F_{\alpha\beta} \tag{62}$$

以及一个逆变矢量电流密度 J^μ。于是，考虑到（40），下列方程对于任何行列式为 1 的坐标变换（与我们选取的坐标一致）将是不变的

$$\frac{\partial}{\partial x_\nu}F^{\mu\nu}=J^\mu \tag{63}$$

令

$$
\left.\begin{array}{ll}
F^{23} = H'_x, & F^{14} = -E'_x \\
F^{31} = H'_y, & F^{24} = -E'_y \\
F^{12} = H'_z, & F^{34} = -E'_z
\end{array}\right\} \qquad (64)
$$

其中的量，与狭义相对论中的量 $H_x \cdots E_z$ 相同，再取

$$
J^1 = j_x, J^2 = j_y, J^3 = j_z, J^4 = \rho,
$$

则（63）成为

$$
\left.\begin{array}{l}
\dfrac{\partial E'}{\partial t} + j = \operatorname{curl} H' \\
\operatorname{div} E' = \rho
\end{array}\right\} \qquad (63a)
$$

于是，（60）、（62）和（63）三式，在我们选择坐标的约定下，构成了自由空间中麦克斯韦方程的推广。

电磁场的能量分量 我们构成一个内积

$$
\kappa_\sigma = F_{\sigma\mu} J^\mu \qquad (65)
$$

根据（61），此式的各分量写成三维形式为

$$
\left.\begin{array}{l}
\kappa_1 = \rho E_x + [j \cdot H]^x \\
\cdot \quad \cdot \quad \cdot \quad \cdot \\
\cdot \quad \cdot \quad \cdot \quad \cdot \\
\kappa_4 = -(jE)
\end{array}\right\} \qquad (65a)
$$

k_σ是一个协变矢量，其分量依次为单位体积，单位时间内带电物质，传送给电磁场的动量和能量的负值。如果不存在带电物质，即单独在电磁场的影响下，协变矢量k_σ将等于零。

为了得出电磁场的能量分量T_σ^ν，我们只需要以（57）的形式，给出方程$k_\sigma = 0$。首先由（63）和（65）有

$$
\kappa_\sigma = F_{\sigma\mu} \frac{\partial F^{\mu\nu}}{\partial x_\nu} = \frac{\partial}{\partial x_\nu}(F_{\sigma\mu} F^{\mu\nu}) - F^{\mu\rho} \frac{\partial F_{\sigma\mu}}{\partial x_\nu}.
$$

根据（60），上式右边第二项可以变为

$$F^{\mu\nu}\frac{\partial F_{\sigma\mu}}{\partial x_\nu}=-\frac{1}{2}F^{\mu\nu}\frac{\partial F_{\mu\nu}}{\partial x_\sigma}=-\frac{1}{2}g^{\mu\alpha}g^{\nu\beta}F_{\alpha\beta}\frac{\partial F_{\mu\nu}}{\partial x_\sigma},$$

根据对称性，上式中最后一式又可以写成

$$-\frac{1}{4}\left[g^{\mu\alpha}g^{\nu\beta}F_{\alpha\beta}\frac{\partial F_{\mu\nu}}{\partial x_\sigma}+g^{\mu\alpha}g^{\nu\beta}\frac{\partial F_{\alpha\beta}}{\partial x_\sigma}F_{\mu\nu}\right].$$

此式又可写成

$$-\frac{1}{4}\frac{\partial}{\partial x_\sigma}\left(g^{\mu\alpha}g^{\nu\beta}F_{\alpha\beta}F_{\mu\nu}\right)+\frac{1}{4}F_{\alpha\beta}F_{\mu\nu}\frac{\partial}{\partial x_\sigma}\left(g^{\mu\alpha}g^{\nu\beta}\right).$$

此式的第一项，可以写成较简单的形式

$$-\frac{1}{4}\frac{\partial}{\partial x_\sigma}\left(F^{\mu\nu}F_{\mu\nu}\right);$$

第二项在进行微分运算和整理之后成为

$$-\frac{1}{2}F^{\mu\tau}F_{\mu\nu}g^{\nu\rho}\frac{\partial g_{\sigma\tau}}{\partial x_\sigma}.$$

将全部三项合并在一起，我们有

$$\kappa_\sigma=\frac{\partial T_\sigma^\nu}{\partial x_\nu}-\frac{1}{2}g^{\tau\mu}\frac{\partial g_{\mu\nu}}{\partial x_\sigma}T_\tau^\nu \qquad (66)$$

其中

$$T_\sigma^\nu=-F_{\sigma\alpha}F^{\nu\alpha}+\frac{1}{4}\delta_\sigma^\nu F_{\alpha\beta}F^{\alpha\beta}.$$

如果k_σ等于零，则考虑到（30），方程（66）将等价于（57）或（57a）。因此，T_σ^ν是电磁场的能量分量，借助于（61）和（64）两式，很容易证明，这个电磁场的能量分量就是狭义相对论中的著名的麦克斯韦−坡因廷（Poynting）表达式。

我们在一直使用$\sqrt{-g}=1$的坐标系情况之下，已经推导出引力场和物质所满足的普遍规律，我们用这种使用特殊坐标系的方法，达到了对公式和计算相当大的简化，没有堕入处处协变要求的束缚。

尽管如此，提出下列问题是有意义的：不用特殊的坐标系，能否从引力场和物质的能量分量的普遍定义出发，去构成（56）形式的能量守恒定律和（52）或（52a）形式的引力场方程，使得左边是（通常意义下的）散度，而右边是物质和引力场的能量分量之和。我已经找到了，上述两点确实都是有可能的。我认为就这个问题进行再扩大范围的思考是不值得的，因为这些想法毕竟没有给我们任何实质性的新东西。

E

§ 21. 作为一级近似的牛顿理论

我们已经不止一次说过，狭义相对论是广义相对论的特殊情况，其特征是 $g_{\mu\nu}$ 取（4）给出的常数值。我们也已说过，这样就意味着完全忽略引力的效应。如果我们考虑到 $g_{\mu\nu}$ 与（4）给出的值的差值，与 1 相比为小量的情形，而且忽略二阶或更高阶小量时，我们就达到了与实在较接近的近似（第一种近似方式）。

还可以进一步假设，如果在我们考虑的时空领域中，在适当选择坐标系的情况下，在空间趋向无限远时，$g_{\mu\nu}$ 趋向于（4）给出的值，这时我们所考虑的引力场，可以认为是完全由有限区域内的物质所产生的。

也许会想到这些近似必然会导致牛顿理论。但是，为了得到牛顿理论，我们还必须对基本方程采用第二种近似方式。我们来注意一个质点按照方程（16）的运动。在狭义相对论的情况下，下列分量

$$\frac{dx_1}{ds}, \frac{dx_2}{ds}, \frac{dx_3}{ds}$$

可以取任意值，这就意味着小于真空光速（$v<1$）的任意的速度

$$v = \sqrt{\left(\frac{dx_1}{dx_4}\right)^2 + \left(\frac{dx_2}{dx_4}\right)^2 + \left(\frac{dx_3}{dx_4}\right)^2}$$

都可以发生。如果仅限于讨论那些几乎所有的经验提供给我们的情形，即速度 v 远小于光速。这表明下列分量

$$\frac{dx_1}{ds}, \frac{dx_2}{ds}, \frac{dx_3}{ds}$$

应该作为小量来处理，而 dx_4/ds 在精确到二阶小量的情况下应等于 1（第二种近似方式）。

现在我们注意到，根据第一种近似方式，$\Gamma_{\mu\nu}^{\tau}$ 中的各值至少是一阶小量，看一下（46）就知道：从第二种近似观点来看，我们只需要考虑 $\mu=\nu=4$ 的那些项。我

们限于仅取最低阶的项，首先获得了代替（46）的

$$\frac{d^2x_\tau}{dt^2}=\Gamma^\tau_{44}$$

其中我们已经令 $ds=dx_4=dt$；或者根据第一种近似观点只保留那些一阶项：

$$\frac{d^2x_\tau}{dt^2}=[44,\tau]\quad(\tau=1,2,3)$$
$$\frac{d^2x_4}{dt^2}=-[44,4].$$

此外，如果我们假设引力场是拟静态的，即仅讨论产生物质运动（与光速相比）是很慢的引力场，我们可以在右边，与对空间坐标微分的项相比，忽略对时间微分的项。于是我们得到

$$\frac{d^2x_\tau}{dt^2}=-\frac{1}{2}\frac{\partial g_{44}}{\partial x_\tau}\quad(\tau=1,2,3)\tag{67}$$

（67）就是牛顿理论中，质点的运动方程，其中 $\frac{1}{2}g_{44}$ 起着引力势的作用。在这一结果中，引人注目的是，在一阶近似下，基本张量的 g_{44} 分量独自决定了质点的运动。

现在我们讨论场方程（53）。这里我们必须考虑到，“物质”的能量张量密度几乎全部由局限意义下的“物质”的密度，即由（58）[或者（58a）或（58b）] 的右边第二项决定。如果我们作这样的近似，除了一个分量 $T_{44}=\rho=T$ 之外，其他所有的分量都等于零。在（53）的左边的第二项是一个二阶小量，而第一项在我们的近似下为

$$\frac{\partial}{\partial x_1}[\mu\nu,1]+\frac{\partial}{\partial x_2}[\mu\nu,2]+\frac{\partial}{\partial x_3}[\mu\nu,3]-\frac{\partial}{\partial x_4}[\mu\nu,4].$$

对于 $\mu=\nu=4$，忽略对时间微分的各项后，此式给出

$$-\frac{1}{2}\left(\frac{\partial^2 g_{44}}{\partial x_1^2}+\frac{\partial^2 g_{44}}{\partial x_2^2}+\frac{\partial^2 g_{44}}{\partial x_3^2}\right)=-\frac{1}{2}\nabla^2 g_{44}.$$

于是，（53）的最后一个方程给出

$$\nabla^2 g_{44}=\kappa\rho\tag{68}$$

（67）和（68）一起等价于牛顿引力定律。

根据（67）和（68）两式，引力势的表达式成为

$$-\frac{\kappa}{8\pi}\int\frac{\rho d\tau}{r} \tag{68a}$$

而对于我们所选定的时间单位，牛顿理论给出

$$-\frac{K}{c^2}\int\frac{\rho d\tau}{r}$$

式中 K 表示常数 6.7×10^{-8}，通常称为引力常数。两者比较，我们得到

$$\kappa=\frac{8\pi K}{c^2}=1.87\times10^{-27} \tag{69}$$

§22. 静态引力场中的尺和钟行为，光线的弯曲，水星轨道的近日点运动

为了获得作为一级近似的牛顿理论，我们在引力场的 10 个 $g_{\mu\nu}$ 中只计算了一个分量 g_{44}，因为只有这一个分量进入了质点在引力场中的运动方程的一阶近似（67）中。由此也可看出，$g_{\mu\nu}$ 的其他分量必然比（4）给出的值，差一个一阶小量。这是由条件 $g=-1$ 所要求的。

对于一个位于坐标原点的点质量所产生的场，在一级近似下，径向对称解为

$$\left.\begin{aligned} g_{\rho\sigma}&=-\delta_{\rho\sigma}-a\frac{x_\rho x_\sigma}{r^3} &&(\rho,\sigma=1,2,3)\\ g_{\rho4}&=g_{4\rho}=0 &&(\rho=1,2,3)\\ g_{44}&=1-\frac{a}{r} \end{aligned}\right\} \tag{70}$$

式中 $\delta_{\rho\sigma}$ 当 $\rho=\sigma$ 时为 1，当 $\rho\neq\sigma$ 时为零，r 是 $+\sqrt{x_1^2+x_2^2+x_3^2}$。考虑到（68a），令 M 表示产生引力场的质量，有

$$a=\frac{\kappa M}{4\pi}, \tag{70a}$$

很容易验证，在一阶小量的情况下，满足质点 M 的场方程（在质点之外）。

现在我们来考虑质点 M 所产生的场，对于空间的度规性质的影响。在“局域”测量（§4）的长度和时间 ds 与坐标差 dx_ν 之间的关系式

$$ds^2 = g_{\mu\nu}dx_\mu dx_\nu.$$

是永远成立的。

例如，与 x 轴“平行的”一把单位直尺，我们应当令 $ds^2 = -1$，而 $dx_2 = dx_3 = dx_4 = 0$。因此 $-1 = g_{11}dx_1^2$。如果再加上单位直尺在 x 轴上，（70）的第一个方程给出

$$g_{11} = -\left(1 + \frac{a}{r}\right).$$

在第一阶近似下由这两个关系得出：

$$dx = 1 - \frac{a}{2r} \tag{71}$$

因此，由于引力场的存在，如果单位直尺沿着半径方向放置，单位直尺相对于该坐标系来说，显得稍微短了一些。

用类似方法可以得出在切向坐标的长度。例如令

$$ds^2 = -1; dx_1 = dx_3 = dx_4 = 0; x_1 = r, x_2 = x_3 = 0.$$

所得结果是

$$-1 = g_{22}dx_2^2 = -dx_2^2 \tag{71a}$$

因此，点质量的引力场，对于切向直尺的长度没有影响。

存在引力场时，即使在一阶近似的情况下，欧几里得几何学也是不成立的，因为我们想用同一把直尺，在不同地点和不同方向上，实现同样的间隔是做不到的。尽管如此，但从（70a）和（69）可以看出，对地面上的测量来说，这种偏差是太小了，根本无法察觉。

现在我们来考察静止于一个静态引力场中的单位时钟速率，对于一个时钟周期 $ds = 1; dx_1 = dx_2 = dx_3 = 0$，因此得

$$1 = g_{44}dx_4^2;$$
$$dx_4 = \frac{1}{\sqrt{g_{44}}} = \frac{1}{\sqrt{(1+(g_{44}-1))}} = 1 - \frac{1}{2}(g_{44} - 1)$$

或者

$$dx_4 = 1 + \frac{\kappa}{8\pi}\int \rho \frac{d\tau}{r} \tag{72}$$

因此，时钟若放在有质量物体的附近，它走得要慢一些。由此可以得出，由大的星体表面发出，并到达地球的光线的谱线，要向光谱的红端移动[①]。

现在我们考查光线在静引力场中的过程。根据狭义相对论，光的速度由下式给出

$$-dx_1^2-dx_2-dx_3^2+dx_4^2=0$$

因此，在广义相对论中由下式给出

$$ds^2=g_{\mu\nu}dx_\mu dx_\nu=0 \qquad (73)$$

如果方向已知，即给定比 $dx_1 : dx_2 : dx_3$，（73）将给出

$$\frac{dx_1}{dx_4},\frac{dx_2}{dx_4},\frac{dx_3}{dx_4}$$

因而也就给出在欧几里得几何学意义下的速度 γ：

$$\sqrt{\left(\frac{dx_1}{dx_4}\right)^2+\left(\frac{dx_2}{dx_4}\right)^2+\left(\frac{dx_3}{dx_4}\right)^2}=\gamma$$

我们很容易认可，如果 $g_{\mu\nu}$ 不是常数，光线将相对于坐标系发生弯曲。如果 n 是垂直于光传播的方向，则惠更斯（Huyghens）原理指出，在（γ, n）平面中看来，光线将具有曲率 $-\partial\gamma/\partial n$。

我们看一下光线在质量 M 旁边经过距离为 Δ 时的曲率。如果我们采用附图所示的坐标系，光线的总的弯曲（若弯向原点作为正值）在充分的近似下为

$$\mathrm{B}=\int_{-\infty}^{+\infty}\frac{\partial\gamma}{\partial x_1}dx_2,$$

而（73）及（70）给出

$$\gamma=\left(-\frac{g_{44}}{g_{22}}\right)=1-\frac{a}{2r}\left(1+\frac{x_2^2}{r^2}\right).$$

从而，得到最后计算结果

---

① 根据E. Freundlich所说，对某些类型恒星的光谱测量，表明存在这一类效应，但尚未对这结论作出决定性的核实。

$$B = \frac{2a}{\Delta} = \frac{\kappa M}{2\pi\Delta} \tag{74}$$

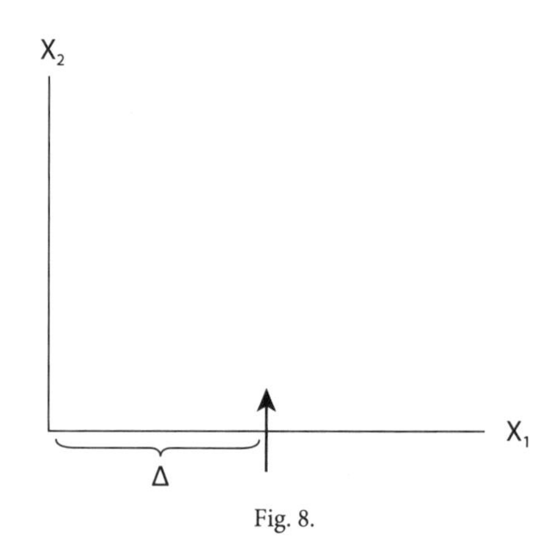

Fig. 8.

根据此式，光线经过太阳邻近时的偏折为 1.7″；经过木星邻近的偏折约为 0.02″。

如果我们以更高阶的近似去计算引力场，而以同样的精度去计算一个相对无穷小质量的物质的轨道运动，我们将发现其运动与行星运动的开普勒-牛顿定律的差异如下，即其轨道椭圆将在运动方向上有一个缓慢的进动，它的每圈进动大小为

$$\varepsilon = 24\pi^3 \frac{a^2}{T^2 c^2 (1-e^2)} \tag{75}$$

其中 a 为长半轴，c 为通常意义下的光速，e 为偏心率，T 为以秒为单位的公转周期[①]。

计算给出了水星轨道每百年旋转 43″，与勒维耶的天文观测完全一致，而天文学家们已经发现了，在这颗行星的近日点运动中，在考虑了其他行星的扰动后，有这样大小的一个不能解释的剩余部分。

① 有关计算我参考了原始论文，A.Einstein，《普鲁士皇家科学院学报》，1915，P. 831；K.Schwarzschild，同上，1916，P. 189。

哈密顿原理和广义相对论

阿尔伯特·爱因斯坦

洛伦兹（H. A. Lorentz）和希尔伯特（D. Hilbert）最近成功地将广义相对论表述为一种极有理解力的形式①，他们从单一的变分原理导出了广义相对论的基本方程。本文也将作同样的事情。我的目的是，在广义相对性原理允许的范围内，将二者的基本联系表述得尽可能清晰和全面。与希尔伯特不同的是，对物质结构我将使用尽可能少的假设。另一方面也与我自己最近对这方面有关工作不同，本文对坐标系选择仍然是完全自由的。

§1. 变分原理和引力及物质的场方程

引力场像通常那样用张量② $g_{\mu\nu}$（或 $g^{\mu\nu}$）描写，物质（包括电磁场）则用任意多个时空函数 $q_{(\rho)}$ 描写，我们略去了其不变性理论特征。令 $\mathfrak{H}$ 为下述各个量的函数[1]：

$$g^{\mu\nu}, g^{\mu\nu}_{\sigma}\left(=\frac{\partial g^{\mu\nu}}{\partial x_{\sigma}}\right) \text{ 和 } g^{\mu\nu}_{\sigma\tau}\left(=\frac{\partial^2 g^{\mu\nu}}{\partial x_{\sigma}\partial x_{\tau}}\right), q_{(\rho)} \text{ 和 } q_{(\rho)\alpha}\left(=\frac{\partial q_{(\rho)}}{\partial x_{\alpha}}\right).$$

变分原理为

$$\delta\left\{\int \mathfrak{H} d\tau\right\}=0 \tag{1}$$

① H. A. Lorentz的4篇论文发表在《阿姆斯特丹皇家科学院学报》1915卷和1916卷；D. Hilbert的论文发表在《哥廷根通讯》，1915，Heft. 3。

② 到目前为止，尚未用到 $g_{\mu\nu}$ 的张量性质。

倘若我们假定在变分时要求这些函数 $g^{\mu\nu}$和 $q_{(\rho)}$ 互相之间是独立变化的，而且在积分边界上$\delta q_{(\rho)}$，$\delta g^{\mu\nu}$及$\partial\delta g_{\mu\nu}/\partial x_\sigma$均为零，(1) 将提供函数 $g^{\mu\nu}$和 $q_{(\rho)}$ 的数目同样多个微分方程，而这些函数正是理论所要求确定的。

现在我们假设 $\mathfrak{H}$ 是 $g_{\sigma\tau}^{\mu\nu}$ 的线性函数[2]，而 $g_{\sigma\tau}^{\mu\nu}$ 的系数只依赖于 $g^{\mu\nu}$ 。这时，变分原理 (1) 可用对我们更简便的形式取代。利用适当的分部积分，可得：

$$\int \mathfrak{H} d\tau = \int \mathfrak{H}^* d\tau + F, \tag{2}$$

式中 F 是一个积分，其积分范围是我们所研究的整个区域的边界上，而$\mathfrak{H}^*$则只依赖于 $g^{\mu\nu}$，$g_\sigma^{\mu\nu}$，$q_{(\rho)}$，$q_{(\rho)\alpha}$，而与 $g_{\sigma\tau}^{\mu\nu}$ 无关。对我们感兴趣的变分，由 (2) 得

$$\delta\left\{\int \mathfrak{H} d\tau\right\} = \delta\left\{\int \mathfrak{H}^* d\tau\right\}, \tag{3}$$

根据此式，我们可以将变分原理 (1) 式改为更简便的形式

$$\delta\left\{\int \mathfrak{H}^* d\tau\right\} = 0. \tag{1a}$$

分别对 $g^{\mu\nu}$以及 $q_{(\rho)}$ 进行变分，得到引力和物质的场方程①

$$\frac{\partial}{\partial x_\alpha}\left(\frac{\partial \mathfrak{H}^*}{\partial g_\alpha^{\mu\nu}}\right) - \frac{\partial \mathfrak{H}^*}{\partial g^{\mu\nu}} = 0 \tag{4}$$

$$\frac{\partial}{\partial x_\alpha}\left(\frac{\partial \mathfrak{H}^*}{\partial q_{(\rho)\alpha}}\right) - \frac{\partial \mathfrak{H}^*}{\partial q_{(\rho)}} = 0. \tag{5}$$

§2. 引力场单独存在的情况

一般而言，能量分量不能分成分离的两部分，使得一部分属于引力场，另一部分属于物质。因此，我们必须作出关于 $\mathfrak{H}$ 如何依赖于 $g^{\mu\nu}$，$g_{\sigma\tau}^{\mu\nu}$，$q_{(\rho)}$，$q_{(\rho)\alpha}$ 的特殊的假设。为了达到这一目的，我们假设

$$\mathfrak{H} = \mathfrak{G} + \mathfrak{M}, \tag{6}$$

① 作为一种简写，公式中的求和号均已省去，在一项中一个指标重复出现两次的，就应对此指标求和，例如在 (4) 式中的 $\partial/\partial x_\alpha(\partial\mathfrak{H}^*/\partial g_\alpha^{\mu\nu})$ 即表示 $\sum_\alpha \partial/\partial x_\alpha(\partial\mathfrak{H}^*/\partial g_\alpha^{\mu\nu})$。

式中 $\mathfrak{G}$ 只依赖于 $g^{\mu\nu}$，$g_{\sigma}^{\mu\nu}$，$g_{\sigma\tau}^{\mu\nu}$，而 $\mathfrak{M}$ 只依赖于 $g^{\mu\nu}$，$q_{(\rho)}$，$q_{(\rho)\alpha}$。

于是方程（4）、（5）[3] 成为

$$\frac{\partial}{\partial x_{\alpha}}\left(\frac{\partial \mathfrak{G}^{*}}{\partial g_{\alpha}^{\mu\nu}}\right)-\frac{\partial \mathfrak{G}^{*}}{\partial g^{\mu\nu}}=\frac{\partial \mathfrak{M}}{\partial g^{\mu\nu}} \tag{7}$$

$$\frac{\partial}{\partial x_{\alpha}}\left(\frac{\partial \mathfrak{M}}{\partial q_{(\rho)\alpha}}\right)-\frac{\partial \mathfrak{M}}{\partial q_{(\rho)}}=0 \tag{8}$$

式中 $\mathfrak{G}^{*}$ 与 $\mathfrak{G}$ 的关系和 $\mathfrak{H}^{*}$ 与 $\mathfrak{H}$ 的关系相同。

必须指出，如果我们假设 $\mathfrak{M}$ 或 $\mathfrak{H}$ 依赖于 $q_{(\rho)}$ 的一阶以上的高阶导数，则方程（8）或（5）将变成另一种形式。同样，如果我们认为 $q_{(\rho)}$ 不是相互独立而是根据某些条件相互联系的话，方程（8）和（5）也将变成另一种形式。所有这些注释都与下面的讨论无关，因为下面的讨论只根据（7），而（7）是对 $g^{\mu\nu}$[4] 变分而得出的。

§3. 基于不变量理论的引力场方程的性质

现在我们假设 ds^2 是个不变量：

$$ds^2=g_{\mu\nu}dx_{\mu}dx_{\nu} \tag{9}$$

由此而确定了 $g_{\mu\nu}$ 的变换性质。我们并不预先对描述物质的 $q_{(\rho)}$ 作任何假设。但是认为在任意时空坐标变换之下，下述 3 个量 $H=\mathfrak{H}/\sqrt{-g}$，$G=\mathfrak{G}/\sqrt{-g}$ 和 $M=\mathfrak{M}/\sqrt{-g}$ 都是不变量。由这些假设可以得出，从（1）式推出的方程（7）和（8）具有广义协变性。由此进一步得出，G 等于（在一个常数因子内）黎曼曲率张量的标量，因为再没有别的不变量具有 G 所需要的性质①。由此 $\mathfrak{G}^{*}$ 以及方程（7）的左边也就完全确定了②。

由广义相对性的假设，可产生函数 $\mathfrak{G}^{*}$ 的一些性质，我们现在就来推导它们。为此目的，我们作一个无限小的坐标变换，令

$$x_{\nu}'=x_{\nu}+\Delta x_{\nu}, \tag{10}$$

---

① 这也就是为什么广义相对论的要求，导致一个截然不同的引力理论的原因。

② 进行分部积分可得

$$\mathfrak{G}^{*}=\sqrt{-g}g^{\mu\nu}\left[\begin{Bmatrix}\mu\alpha\\ \beta\end{Bmatrix}\begin{Bmatrix}\mu\beta\\ \alpha\end{Bmatrix}-\begin{Bmatrix}\mu\nu\\ \alpha\end{Bmatrix}\begin{Bmatrix}\alpha\beta\\ \beta\end{Bmatrix}\right].$$

其中 Δx_ν是任意符合条件的无限小的坐标的函数。x'_ν是世界点在新坐标系中的坐标，而在原坐标中的该点坐标为 x_ν。与坐标的变换一样，任意量 ψ 也有下列形式的变换规律

$$\psi' = \psi + \Delta\psi,$$

其中的 $\Delta\psi$ 总能用 Δx_ν表示出来。由 $g^{\mu\nu}$的协变性质，我们可以很容易地导出 $g^{\mu\nu}$和 $g_\sigma^{\mu\nu}$ 的变换规律：

$$\Delta g^{\mu\nu} = g^{\mu\alpha}\frac{\partial \Delta x_\nu}{\partial x_\alpha} + g^{\nu\alpha}\frac{\partial \Delta x_\mu}{\partial x_\alpha} \tag{11}$$

$$\Delta g_\sigma^{\mu\nu} = \frac{\partial(\Delta g^{\mu\nu})}{\partial x_\sigma} - g_\alpha^{\mu\nu}\frac{\partial \Delta x_\alpha}{\partial x_\sigma}. \tag{12}$$

$\Delta\mathfrak{G}^*$ 可以利用（11）和（12）式算出[5]，因为 $\mathfrak{G}^*$ 只依赖于 $g^{\mu\nu}$和 $g_\sigma^{\mu\nu}$ 。这样一来，我们可以得到下述方程

$$\sqrt{-g}\,\Delta\left(\frac{\mathfrak{G}^*}{\sqrt{-g}}\right) = S_\sigma^\nu \frac{\partial \Delta x_\sigma}{\partial x_\nu} + 2\frac{\partial \mathfrak{G}^*}{\partial g_\alpha^{\mu\nu}} g^{\mu\nu}\frac{\partial^2 \Delta x_\sigma}{\partial x_\nu \partial x_\alpha}, \tag{13}$$

在上式中我们使用了下列缩写：

$$S_\sigma^\nu = 2\frac{\partial \mathfrak{G}^*}{\partial g^{\mu\sigma}} g^{\mu\nu} + 2\frac{\partial \mathfrak{G}^*}{\partial g_\alpha^{\mu\sigma}} g_\alpha^{\mu\nu} + \mathfrak{G}^*\delta_\sigma^\nu - \frac{\partial \mathfrak{G}^*}{\partial g_\nu^{\mu\alpha}} g_\sigma^{\mu\alpha}. \tag{14}$$

由这两个方程我们可以得出对于下文很重要的两个结论。我们知道对于任意变换，$\mathfrak{G}/\sqrt{-g}$ 是不变量，而 $\mathfrak{G}^*/\sqrt{-g}$ 不是。然而可以很容易地证明，后者对于坐标的线性变换是一个不变量。因而当所有的 $\partial^2\Delta x_\sigma/\partial x_\nu\partial x_\alpha$ 都为零时，（13）的右边必然总是等于零。由此得出，$\mathfrak{G}^*$ 必然满足下列恒等式

$$S_\sigma^\nu \equiv 0. \tag{15}$$

如果我们进一步选择 Δx_ν，使它们在所考虑的区域内不为零，而在无限接近边界处为零。则方程（2）中的直到边界上的积分之值不因坐标变换而改变，因此我们有

$$\Delta(F) = 0$$

因而①

① 引入 $\mathfrak{G}$ 和 $\mathfrak{G}^*$ 来代替 $\mathfrak{H}$ 和 $\mathfrak{H}^*$。

$$\Delta\left\{\int \mathfrak{G} d\tau\right\} = \Delta\left\{\int \mathfrak{G}^* d\tau\right\}.$$

但是，上式的左边必须为零，因为 $\mathfrak{G}/\sqrt{-g}$ 和 $\sqrt{-g}\,d\tau$ 都是不变量，从而此式的右边也必为零。由（13），（14）和（15）[6]，我们进一步得到

$$\int \frac{\partial \mathfrak{G}^*}{\partial g_\alpha^{\mu\sigma}} g^{\mu\nu} \frac{\partial^2 \Delta x_\sigma}{\partial x_\nu \partial x_\alpha} d\tau = 0. \tag{16}$$

进行两次分部积分并重新整理，并考虑到 Δx_σ 是可以任意选择的，于是得到下述恒等式

$$\frac{\partial^2}{\partial x_\nu \partial x_\alpha}\left(\frac{\partial \mathfrak{G}^*}{\partial g_\alpha^{\mu\sigma}} g^{\mu\nu}\right) \equiv 0. \tag{17}$$

现在我们将从两个恒等式（15）[7]和（17）得出结论，而这些式子是由 $\mathfrak{G}/\sqrt{-g}$ 的不变性得出的，即是由广义相对论的公设得出的。

引力场方程（7）首先与 $g^{\mu\nu}$ 混合相乘加以变换，那么我们得到（交换指标 σ 和 ν）一个与场方程（7）等价的方程

$$\frac{\partial}{\partial x_\alpha}\left(\frac{\partial \mathfrak{G}^*}{\partial g_\alpha^{\mu\sigma}} g^{\mu\nu}\right) = -(\mathfrak{T}_\sigma^\nu + \mathbf{t}_\sigma^\nu), \tag{18}$$

其中已令

$$\mathfrak{T}_\sigma^\nu = -\frac{\partial \mathfrak{M}}{\partial g^{\mu\sigma}} g^{\mu\nu} \tag{19}$$

$$\mathbf{t}_\sigma^\nu = -\left(\frac{\partial \mathfrak{G}^*}{\partial g_\alpha^{\mu\sigma}} g_\alpha^{\mu\nu} + \frac{\partial \mathfrak{G}^*}{\partial g^{\mu\sigma}} g^{\mu\nu}\right) = \frac{1}{2}\left(\mathfrak{G}^* \delta_\sigma^\nu - \frac{\partial \mathfrak{G}^*}{\partial g_\nu^{\mu\alpha}} g_\sigma^{\mu\alpha}\right). \tag{20}$$

对于 $\mathbf{t}_\sigma^\nu$ 的后一表示可由（14）和（15）核实。（18）式对 x_n 微分之后，再对 ν 求和，并考虑到（17），得

$$\frac{\partial}{\partial x_\nu}(\mathfrak{T}_\sigma^\nu + \mathbf{t}_\sigma^\nu) = 0. \tag{21}$$

（21）表示能量和动量守恒。我们称 $\mathfrak{T}_\sigma^\nu$ 为物质的能量分量，$\mathbf{t}_\sigma^\nu$ 为引力场的能量分量。

由引力场方程（7）（在乘以 $g_\sigma^{\mu\nu}$ 后，对 μ 和 ν 求和，并考虑到（20）)，可得

$$\frac{\partial \mathbf{t}_\sigma^\nu}{\partial x_\nu} + \frac{1}{2} g_\sigma^{\mu\nu} \frac{\partial \mathfrak{M}}{\partial g^{\mu\nu}} = 0,$$

或者，考虑到（19）和（21），得

$$\frac{\partial \mathfrak{T}_{\sigma}^{\nu}}{\partial x_{\nu}}+\frac{1}{2} g_{\sigma}^{\mu\nu} \mathfrak{T}_{\mu\nu}=0, \tag{22}$$[8]

式中$\mathfrak{T}_{\mu\nu}$表示$g_{\nu\sigma}\mathfrak{T}_{\mu}^{\sigma}$。这些是物质的能量分量必须满足的四个方程。

值得强调的是，（广义协变的）守恒定理（21）和（22）已经单独从引力场方程（7）以及广义协变性（相对论）的公设导出过，而没有使用物质过程的场方程（8）。

附注：

在方程（4）、（5）前的脚注①中，爱因斯坦引进了张量分析中求和形式写法，现在一般称为爱因斯坦求和约定。

[1] 具有两个下标和两个上标的“q”已更正为“g”；编者注[6]、[7]也涉及这类错误的更正。

[2] “$q_{\sigma\tau}^{\mu\nu}$”已更正为“$g_{\sigma\tau}^{\mu\nu}$”。

[3] “（4a）”已更正为“（5）”。

[4] “$q^{\mu\nu}$”已更正为“$g^{\mu\nu}$”。

[5] “（13）”和“（14）”已更正为“（11）”和“（12）”。

[6] “（14），（15）和（16）”已更正为“（13），（14）和（15）”。

[7] “（16）”更正为“（15）”。

[8] 因子1/2前的“−”已更正为“+”。

索引

A

C

E

F

G

H

J

K

L

M

N

O

P

Q

S

T

W

Y

Z

图书在版编目（CIP）数据

相对论之路 /（以色列）哈诺赫·古特弗罗因德，（德）于尔根·雷恩著；李新洲，翟向华译著，— 长沙：湖南科学技术出版社，2019.8
ISBN 978-7-5710-0241-1

Ⅰ．①相… Ⅱ．①哈…②于…③李…④翟… Ⅲ．①相对论—普及读物 Ⅳ．① O412.1-49

中国版本图书馆 CIP 数据核字（2019）第 138502 号

XIANGDUILUN ZHI LU
相对论之路

著者
［以色列］哈诺赫·古特弗罗因德
［德］于尔根·雷恩
译者
李新洲 翟向华
责任编辑
杨波 李蓓 吴炜 孙桂均
书籍设计
李星霖 邵年
出版发行
湖南科学技术出版社
社址
长沙市湘雅路 276 号
http://www.hnstp.com
湖南科学技术出版社
天猫旗舰店网址
http://hnkjcbs.tmall.com
印刷
长沙超峰印刷有限公司
厂址
宁乡市金州新区泉州北路100号

邮编
410600
版次
2019 年 8 月第 1 版
印次
2019 年 8 月第 1 次印刷
开本
889mm × 1194mm 1/16
印张
16
字数
295000
书号
ISBN 978-7-5710-0241-1
定价
98.00 元